软件开发与测试丛书

软件开发与测试文档
编写指南

刘文红 董 锐 张卫祥 马贤颖 陈 青 编著

U0286765

清华大学出版社

北京

内 容 简 介

本书是"软件开发与测试丛书"中的一册，是一本指导软件开发与测试文档编写的实用指南。全书以大型软件的常用开发过程为例，参考相关标准规范要求，系统地介绍了软件需求文档、软件设计文档、软件测试文档、软件使用性文档和软件项目管理文档 5 大类 20 种具体文档的编写要求，给出了文档内容模板和部分文档内容的具体示例，并总结了常见的文档编写问题。全书共 21 章，介绍的具体文档包括系统规格说明、接口需求规格说明、软件研制任务书、软件需求规格说明、系统设计说明、接口设计说明、数据库设计说明、软件概要设计说明、软件详细设计说明、软件测试计划、软件测试说明、软件测试报告、软件回归测试方案、软件产品规格说明、软件版本说明、软件使用手册、软件开发计划、软件配置管理计划、软件质量保证和软件研制总结报告。

本书旨在帮助软件从业人员提升对软件文档重要性的认识，提高软件文档的编写质量，针对性和实用性较强。既可供需要进行软件文档编写的工程实践人员参考，也可供相关单位进行标准化推广和质量管理体系建设工作借鉴。

图书在版编目(CIP)数据

软件开发与测试文档编写指南/刘文红等编著. —北京：清华大学出版社，2020.12（2025.2重印）
（软件开发与测试丛书）
ISBN 978-7-302-51818-1

Ⅰ．①软…　Ⅱ．①刘…　Ⅲ．①软件开发－程序测试－指南　Ⅳ．①TP311.55-62

中国版本图书馆 CIP 数据核字(2018)第 285123 号

责任编辑：薛　慧　刘嘉一
封面设计：常雪影
责任校对：王淑云
责任印制：沈　露

出版发行：清华大学出版社
　　　　　网　　　址：https://www.tup.com.cn，https://www.wqxuetang.com
　　　　　地　　　址：北京清华大学学研大厦 A 座　　　　　　　　邮　　编：100084
　　　　　社 总 机：010-83470000　　　　　　　　　　　　　　邮　　购：010-62786544
　　　　　投稿与读者服务：010-62776969，c-service@tup.tsinghua.edu.cn
　　　　　质量反馈：010-62772015，zhiliang@tup.tsinghua.edu.cn
印 装 者：天津鑫丰华印务有限公司
经　　销：全国新华书店
开　　本：185mm×260mm　　　印　　张：20.75　　　字　　数：501 千字
版　　次：2020 年 12 月第 1 版　　　印　　次：2025 年 2 月第 4 次印刷
定　　价：79.00 元

产品编号：077006-01

"软件开发与测试丛书"
编审委员会

"软件开发与测试"丛书序

为应对"软件危机"的挑战,人们在 20 世纪 60 年代末提出借鉴传统行业在质量管理方面的经验,用工程化的思想来管理软件,以提高复杂软件系统的质量和开发效率,即软件工程化。40 多年以来,软件已广泛应用到各个工程领域乃至生活的各个方面,极大地提高了社会信息化水平,软件工程也早已深入人心。

质量是产品的生命,对软件尤其如此。软件的直观性远不及硬件,软件的质量管理相对困难得多;但与传统行业类似,大型复杂软件的质量在很大程度上取决于软件过程质量。质量评估是质量管理的关键,没有科学的评估标准和方法,就无从有效地管理质量,软件评测是质量评估的最有效和最重要的手段之一。

北京跟踪与通信技术研究所软件评测中心是从事软件评测与工程化管理的专业机构,是在我国大力发展航天事业的背景下,为保障载人航天工程软件质量,经原国防科工委批准,国内最早成立的第三方软件评测与工程化管理的技术实体组织之一。自成立以来,软件评测中心出色地完成了以载人航天工程、探月工程为代表的数百项重大工程关键软件评测项目,自主研发了测试仿真软件系统、测试辅助设计工具、评测项目与过程管理软件等一系列软件测试工具,为主制订了 GB/T 15532—2008《计算机软件测试规范》、GB/T 9386—2008《计算机软件测试文档编制规范》、GJB 141《军用软件测试指南》等软件测试标准,深入研究了软件测试自动化、缺陷分析与预测、可信性分析与评估、测试用例复用等软件测试技术,在嵌入式软件、非嵌入式软件和可编程逻辑器件软件等不同类型软件测试领域,积累了丰富的测试经验和强大的技术实力。

为进一步促进技术积累和对外交流,北京跟踪与通信技术研究所组织编写了本套丛书。本丛书是软件评测中心多年来技术经验的结晶,致力于以资深软件从业者和工程一线技术人员的视角,融会贯通软件工程特别是软件测试、质量评估与过程管理等领域相关的知识、技术和方法。本丛书的特色是重点突出、实用性强,每本书针对不同方向,着重介绍实践中常用的、好用的技术内容,并配以相应的范例、模板、算法或工具,具有很高的参考价值。

本丛书将为具有一定知识基础和工作经验、想要实现快速进阶的从业者提供一套内容丰富的实践指南。对于要对工作经验较少的初入职人员进行技术培训、快速提高其动手能力的单位或机构,本丛书也是一套难得的参考资料。

丛书编审委员会

2015 年 5 月 6 日

前 言

　　软件文档是软件的重要组成部分,在软件管理人员、开发人员、测试人员、维护人员、用户之间发挥着重要的沟通桥梁作用,同时使不可见的软件变得可视和可控。软件项目管理文档能够展示软件开发的预期目标和为达成目标采取的措施及成效,软件需求、设计及测试文档则记录了软件分析、设计实现和验证的具体技术细节,软件使用文档是交付用户时不可缺少的使用说明。可见,文档编写贯穿于软件开发的整个生命周期,在软件开发活动中占有突出的地位和相当的工作量,高质量的软件文档是软件开发项目成功的有力支撑。同时,软件文档是软件开发组织的重要资产,记录了软件开发过程中的全部信息,对于提高组织的软件开发能力也具有积极作用。

　　本书是"软件开发与测试丛书"中的一册,定位于指导软件开发与测试文档编写的实用指南,在文档类型选择、内容要求上都与基于 CMMI 的软件工程实施、软件质量管理、软件测试管理有呼应和体现,是相关要求在文档编写上的具体呈现。

　　本书以大型软件开发常用开发过程为例,参考相关标准规范要求,系统地介绍了软件需求文档、软件设计文档、软件测试文档、软件使用文档和软件项目管理文档 5 大类 20 种文档的编写要求,给出了文档内容模板和部分文档内容的具体示例,并总结了常见的文档编写问题。本书旨在帮助软件从业人员提升对软件文档重要性的认识,提高软件文档的编写质量,针对性和实用性较强。本书既可供需要进行软件文档编写的工程实践人员参考,也可供相关单位进行标准化推广和质量管理体系建设工作借鉴。

　　本书共有 21 章,分为六篇。第一篇(第 1 章)基础篇,简要介绍了常用软件开发过程——W 模型的主要过程活动及其产生的相关文档的种类、作用、裁剪准则和有关文档标准等。第二篇到第六篇分别详细介绍了软件需求类、设计类、测试类、项目管理类和使用类共 20 种具体文档的编写要求和内容模板,每种文档都给出部分具体内容的示例,并指出编写中常见的问题。其中,第二篇(第 2～5 章)软件需求文档,介绍了系统规格说明、软件研制任务书、软件需求规格说明、接口需求规格说明 4 种需求文档;第三篇(第 6～10 章)软件设计文档,分别介绍了系统设计说明、接口设计说明、数据库设计说明、软件概要设计说明、软件详细设计说明 5 种设计文档;第四篇(第 11～14 章)软件测试文档,分别介绍了软件测试计划、软件测试说明、软件测试报告、软件回归测试方案 4 种测试文档;第五篇(第 15～17 章)软件使用文档,分别介绍了软件产品规格说明、软件版本说明、软件用户手册 3 种软件使用文档;第六篇(第 18～21 章)软件项目管理文档,分别介绍软件开发计划、软件配置管理计划、软件质量保证计划、软件研制总结报告 4 种软件项目管理文档。

　　本书第 1 章、11～13 章、18、19 章由刘文红编写,第 2～5 章由张卫祥编写,第 6～10 章由董锐编写,第14、20、21章由陈青编写,第15～17章由马贤颖编写。全书由刘文红负责策划、组织、整理和统稿。衷心感谢赵辉、杜会森、鲍忠贵、张卫民、杨宝明、牛胜芬等专家以及清华大学出版社在编写过程中给予的大力支持和帮助。由于理论和实践水平有限,书中难免有错误和不妥之处,敬请读者批评指正。

编　者
2019 年 2 月

目　录

第一篇　基　础　篇

第1章　软件开发和测试文档要求 ··· 3
1.1　软件开发过程概述 ·· 3
1.2　相关术语 ·· 5
1.3　软件开发文档要求 ··· 5
　　1.3.1　文档的作用 ··· 5
　　1.3.2　软件文档标准 ··· 6
　　1.3.3　软件文档的种类 ·· 6
1.4　软件文档裁剪指南 ··· 8
　　1.4.1　软件规模等级 ··· 9
　　1.4.2　软件关键等级 ··· 9
　　1.4.3　文档的裁剪 ··· 10

第二篇　软件需求文档

第2章　系统规格说明 ·· 15
2.1　系统规格说明的编写要求 ·· 15
2.2　系统规格说明的内容 ·· 16
2.3　系统规格说明编写示例 ·· 20
　　2.3.1　系统概述 ·· 20
　　2.3.2　系统功能 ·· 21
　　2.3.3　系统外部接口需求 ··· 22
　　2.3.4　安全性需求 ··· 22
　　2.3.5　操作需求 ·· 22
2.4　系统规格说明的常见问题 ··· 23

第3章　软件研制任务书 ··· 24
3.1　软件研制任务书的编写要求 ··· 24
3.2　软件研制任务书的内容 ·· 25

　　3.3　软件研制任务书编写示例 ·· 26

　　　　3.3.1　软件概述 ··· 27

　　　　3.3.2　总体开发要求 ··· 28

　　　　3.3.3　功能要求 ··· 28

　　　　3.3.4　性能要求 ··· 28

　　　　3.3.5　接口关系 ··· 29

　　　　3.3.6　运行环境 ··· 30

　　　　3.3.7　支持环境 ··· 31

　　　　3.3.8　设计约束 ··· 31

　　　　3.3.9　管理要求 ··· 31

　　　　3.3.10　验收与交付 ··· 32

　　　　3.3.11　维护 ··· 33

　　3.4　软件研制任务书的常见问题 ·· 33

第4章　软件需求规格说明 ·· 35

　　4.1　软件需求规格说明的编写要求 ·· 35

　　4.2　软件需求规格说明的内容 ·· 36

　　　　4.2.1　软件需求规格说明(结构化方法) ································ 36

　　　　4.2.2　软件需求规格说明(面向对象方法) ······························ 40

　　4.3　软件需求规格说明编写示例 ·· 42

　　　　4.3.1　外部接口需求 ··· 43

　　　　4.3.2　功能需求说明 ··· 44

　　　　4.3.3　性能需求说明 ··· 46

　　　　4.3.4　设计约束 ··· 47

　　　　4.3.5　运行环境要求 ··· 47

　　　　4.3.6　合格性需求 ··· 47

　　　　4.3.7　交付需求 ··· 48

　　　　4.3.8　维护保障需求 ··· 48

　　4.4　软件需求规格说明的常见问题 ·· 49

第5章　接口需求规格说明 ·· 51

　　5.1　接口需求规格说明的编写要求 ·· 51

　　5.2　接口需求规格说明的内容 ·· 51

　　5.3　接口需求规格说明编写示例 ·· 53

　　　　5.3.1　接口示意图 ··· 53

　　　　5.3.2　接口需求 ··· 55

　　5.4　接口需求规格说明的常见问题 ·· 57

第三篇　软件设计文档

第 6 章　系统设计说明 ································· 61

6.1　系统设计说明的编写要求 ························· 61

6.2　系统设计说明的内容 ····························· 62

6.3　系统设计说明示例 ······························· 63

　　6.3.1　系统设计 ······························· 63

　　6.3.2　CSCI 标识 ····························· 65

　　6.3.3　接口关系 ······························· 66

　　6.3.4　软件配置项关键与规模等级划分 ··········· 66

6.4　系统设计说明的常见问题 ························· 67

第 7 章　软件接口设计说明 ····························· 68

7.1　软件接口设计说明的编写要求 ····················· 68

7.2　软件接口设计说明的内容 ························· 69

7.3　软件接口设计说明示例 ··························· 70

　　7.3.1　接口示意图 ····························· 70

　　7.3.2　数据元素 ······························· 72

　　7.3.3　消息描述 ······························· 73

　　7.3.4　通信协议 ······························· 74

7.4　软件接口设计说明的常见问题 ····················· 74

第 8 章　数据库设计说明 ······························· 75

8.1　数据库设计说明的编写要求 ······················· 75

8.2　数据库设计说明的内容 ··························· 76

8.3　数据库设计说明示例 ····························· 78

　　8.3.1　数据库概要设计 ························· 78

　　8.3.2　数据库详细设计 ························· 80

　　8.3.3　数据库访问和操作软件单元设计 ··········· 82

8.4　数据库设计说明的常见问题 ······················· 84

第 9 章　软件概要设计说明 ····························· 85

9.1　软件概要设计说明的编写要求 ····················· 85

9.2　软件概要设计说明的内容 ························· 87

9.3　结构化设计方法概要设计说明示例 ················· 92

　　9.3.1　CSCI 结构设计 ························· 92

　　9.3.2　CSCI 接口设计 ························· 92

　　9.3.3　内存和处理时间分配 ····················· 94

9.3.4　CSCI 设计说明 ·· 94

9.3.5　CSCI 数据 ·· 98

9.3.6　CSCI 数据文件 ··· 99

9.4　面向对象设计方法概要设计说明示例 ······················ 100

9.4.1　逻辑视图 ··· 100

9.4.2　进程视图 ··· 101

9.4.3　实现视图 ··· 103

9.4.4　部署视图 ··· 104

9.5　软件概要设计说明的常见问题 ···························· 104

第 10 章　软件详细设计说明 ······································ 106

10.1　软件详细设计说明的编写要求 ·························· 106

10.2　软件详细设计说明的内容 ······························ 107

10.3　结构化方法详细设计说明示例 ·························· 110

10.4　面向对象方法详细设计说明示例 ························ 112

10.5　软件详细设计说明的常见问题 ·························· 116

第四篇　软件测试文档

第 11　软件测试计划 ·· 123

11.1　软件测试计划的编写要求 ······························ 124

11.2　软件测试计划的内容 ·································· 125

11.2.1　软件测试计划模板 ······································ 125

11.2.2　软件测评大纲模板 ······································ 129

11.3　软件测试计划编写示例 ································ 131

11.3.1　被测软件概述 ·· 131

11.3.2　测试总体要求的描述 ···································· 133

11.3.3　测试项及测试方法 ······································ 134

11.3.4　测试环境 ·· 142

11.3.5　测试结束条件 ·· 144

11.3.6　软件质量评价方法与内容 ································ 144

11.3.7　测试通过准则 ·· 147

11.4　软件测试计划的常见问题 ······························ 147

第 12 章　软件测试说明 ·· 150

12.1　软件测试说明的编写要求 ······························ 150

12.2　软件测试说明的内容 ·································· 152

12.3　软件测试说明编写示例 ································ 154

12.3.1　文档审查 ·· 154

12.3.2　代码审查 ……………………………………… 155

12.3.3　静态分析 ……………………………………… 163

12.3.4　逻辑测试 ……………………………………… 165

12.3.5　功能测试 ……………………………………… 166

12.3.6　性能及余量测试 ……………………………… 168

12.3.7　接口测试 ……………………………………… 170

12.3.8　强度测试 ……………………………………… 172

12.3.9　安全性测试 …………………………………… 174

12.3.10　恢复性测试 ………………………………… 177

12.3.11　边界测试 …………………………………… 178

12.3.12　互操作性测试 ……………………………… 179

12.3.13　安装性测试 ………………………………… 181

12.4　软件测试说明的常见问题 …………………………… 183

第 13 章　软件测试报告 …………………………………… 185

13.1　软件测试报告编写要求 ……………………………… 186

13.2　软件测试报告内容 …………………………………… 186

13.3　软件测试报告示例 …………………………………… 191

13.3.1　测试过程概述 ………………………………… 191

13.3.2　未执行测试用例情况说明 …………………… 192

13.3.3　测试有效性、充分性说明 …………………… 193

13.3.4　评价结论 ……………………………………… 193

13.3.5　改进建议 ……………………………………… 196

13.3.6　软件问题报告 ………………………………… 197

13.4　软件测试报告常见问题 ……………………………… 198

第 14 章　软件回归测试方案 ……………………………… 200

14.1　软件回归测试方案的编写要求 ……………………… 201

14.2　软件回归测试方案的内容 …………………………… 203

14.3　软件回归测试方案编写示例 ………………………… 206

14.3.1　文档概述 ……………………………………… 206

14.3.2　回归测试策略 ………………………………… 206

14.3.3　软件更动影响域分析 ………………………… 207

14.4　软件回归测试方案的常见问题 ……………………… 208

第五篇　软件使用文档

第 15 章　软件产品规格说明 ……………………………… 211

15.1　软件产品规格说明的编写要求 ……………………… 211

15.2　软件产品规格说明的内容 ··· 211
15.3　软件产品规格说明编写示例 ··· 213
　　15.3.1　可执行软件 ··· 213
　　15.3.2　源文件 ·· 214
　　15.3.3　"已建成"软件设计 ······································ 217
　　15.3.4　计算机硬件资源使用 ··································· 218
15.4　软件产品规格说明的常见问题 ······································· 218

第 16 章　软件版本说明 ··· 220
16.1　软件版本说明的编写要求 ·· 220
16.2　软件版本说明的内容 ·· 220
16.3　软件版本说明编写示例 ··· 222
　　16.3.1　发布的材料清单 ·· 222
　　16.3.2　软件内容清单 ··· 222
　　16.3.3　更改说明 ··· 223
　　16.3.4　适应性数据 ··· 224
　　16.3.5　有关的文档 ··· 224
　　16.3.6　安装说明 ··· 224
　　16.3.7　可能的问题和已知的错误 ······························ 224
16.4　软件版本说明的常见问题 ·· 225

第 17 章　软件用户手册 ··· 226
17.1　软件用户手册的编写要求 ·· 226
17.2　软件用户手册的内容 ·· 227
17.3　软件用户手册编写示例 ··· 229
　　17.3.1　安装和设置 ··· 229
　　17.3.2　处理规程 ··· 230
　　17.3.3　错误、故障和紧急情况下的恢复 ····················· 233
17.4　软件用户手册的常见问题 ·· 234

第六篇　软件项目管理文档

第 18 章　软件开发计划 ··· 243
18.1　软件开发计划编写要求 ··· 244
18.2　软件开发计划内容 ·· 244
18.3　软件开发计划示例 ·· 247
　　18.3.1　环境资源 ··· 247
　　18.3.2　软件开发模型 ··· 249
　　18.3.3　软件开发标准 ··· 251

18.3.4 项目估计 …………………………………………………… 252

18.3.5 进度计划 …………………………………………………… 255

18.3.6 关键依赖关系 ……………………………………………… 258

18.3.7 风险管理 …………………………………………………… 259

18.3.8 利益相关方管理 …………………………………………… 259

18.3.9 知识和技能获取计划 ……………………………………… 260

18.3.10 数据管理计划 …………………………………………… 261

18.3.11 需求管理计划 …………………………………………… 263

18.3.12 项目监控计划 …………………………………………… 265

18.3.13 用户交付要求 …………………………………………… 266

18.4 软件开发计划常见问题 …………………………………………… 267

第 19 章 软件配置管理计划 ……………………………………………… 268

19.1 软件配置管理计划编写要求 ……………………………………… 269

19.2 软件配置管理计划内容 …………………………………………… 270

19.3 软件配置管理计划示例 …………………………………………… 272

19.3.1 基线划分与配置标识 ……………………………………… 272

19.3.2 配置控制 …………………………………………………… 276

19.3.3 配置状态报告 ……………………………………………… 277

19.3.4 配置审核 …………………………………………………… 279

19.4 软件配置管理计划常见问题 ……………………………………… 280

第 20 章 软件质量保证计划 ……………………………………………… 281

20.1 软件质量保证计划的编写要求 …………………………………… 282

20.2 软件质量保证计划的内容 ………………………………………… 283

20.3 软件质量保证计划编写示例 ……………………………………… 285

20.3.1 与其他文档的关系 ………………………………………… 285

20.3.2 组织与人员 ………………………………………………… 285

20.3.3 资源 ………………………………………………………… 286

20.3.4 审核依据 …………………………………………………… 287

20.3.5 过程评价活动 ……………………………………………… 287

20.3.6 产品评价活动 ……………………………………………… 288

20.3.7 质量保证进度 ……………………………………………… 290

20.3.8 过程检查准则 ……………………………………………… 292

20.3.9 产品检查准则 ……………………………………………… 292

20.4 软件质量保证计划的常见问题 …………………………………… 293

第 21 章 软件研制总结报告 ……………………………………………… 295

21.1 软件研制总结报告的编写要求 …………………………………… 296

21.2　软件研制总结报告的内容···297

21.2.1　软件研制总结报告模板···297

21.2.2　软件阶段/里程碑总结报告模板　·································301

21.3　软件研制总结报告编写示例···303

21.3.1　设计原则和指导思想···303

21.3.2　软件开发工作综述···303

21.3.3　软件管理工作综述···306

21.4　软件研制总结报告的常见问题···311

参考文献···313

第一篇

基 础 篇

　　软件开发活动一般包括系统需求分析、系统设计、软件需求分析、软件设计、实现和测试等活动,每个活动都会产生相应的文档。文档作为软件产品的组成,其质量直接关系到最终产品的质量。因此,应努力提高文档编写能力和水平。

软件开发和测试文档要求

1.1　软件开发过程概述

随着计算机应用的深入,软件的规模、复杂程度不断提高,软件开发团队分工合作越来越复杂、越来越不容易控制,迫使人们不断深入地研究软件开发的规律和特点。在长期的研究与实践过程中,产生了许多类型的软件生存周期模型,通过这些模型可以跟踪、控制和改进软件的开发过程,有效地提高软件的质量。

软件生存周期模型是一个描述软件产品开发、运行和维护中有关过程、活动和任务的框架。软件生存周期模型确立了软件开发活动之间的关系,是软件开发过程的概括,也是软件工程的重要内容。

例如,图 1-1 所示 W 模型一般是高可靠性软件开发时的首选模型。主要是便于客户实时监控项目的进展情况,同时为软件开发顺利开展建立信心和必要的沟通协调机制。

W 模型主要是突出验证与确认过程伴随着软件开发活动,验证与确认的手段可以是分析、评审和测试等方式。

W 模型强调软件验证与确认伴随着整个软件开发周期,而且验证与确认的对象不仅是程序,还应包括需求、设计等阶段的工作产品,也就是说,验证与确认是和开发同步进行的。同时,可采用测试的方式对完成的代码进行不同级别的测试。W 模型有助于尽早地、全面地发现问题。例如,在需求分析完成后,测试人员就可参与到对需求的验证和确认活动中,以便及时地找出存在的错误;同时,对需求的验证与确认也有利于了解掌握项目情况和测试风险,及早制定应对措施。

不论采用何种软件开发模型,软件开发过程都应包括用户需求分析、系统分析、系统设计、软件需求分析、软件设计、软件编码、软件测试和验收与交付。各活动的主要内容如下所述。

(1) 用户需求分析。用户需求分析主要是收集用户对系统的需求,包括功能、性能、用户界面、安全性等内容。用户需求分析后应形成研制任务书或研制总要求/合同/协议等。

(2) 系统分析。系统分析是根据用户需求对系统功能、性能、接口和运行环境等进行定义的过程,完成系统分析后应编写系统规格说明和接口需求规格说明。

(3) 系统设计。系统设计是根据系统需求以配置项为单位进行设计,划分系统的组成,明确每个配置项的功能、性能、接口和安全性要求等。如果是复杂系统应先将系统划分为子系统,再进行子系统设计,划分配置项,并编写系统设计说明和接口设计说明。

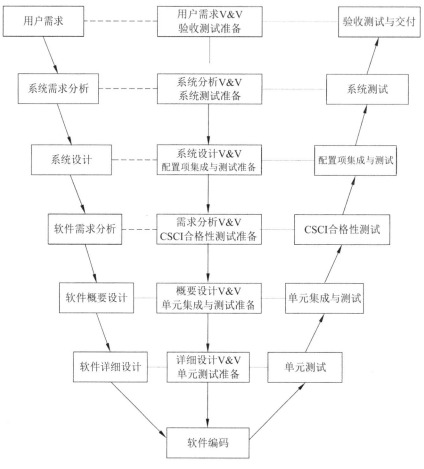

图 1-1　W 模型示意图

（4）软件需求分析。软件需求分析的任务是以软件配置项为单位开展软件需求分析工作。根据软件研制任务要求、系统设计说明和接口设计说明，细化、确定被开发软件的功能、性能、接口、可靠性、安全性以及运行环境等要求，编写软件需求规格说明。

（5）软件设计。软件设计分为概要设计和详细设计。概要设计根据软件需求规格说明，设计软件的结构，设计全局数据库和数据结构，编写软件概要设计说明；详细设计是对概要设计中产生的单元描述程序算法、接口、数据结构和数据库的详细设计（若需要），编写软件详细设计说明，其详细程度应达到根据详细设计说明能够进行软件实现的程度。

（6）软件编码。软件编码的任务是根据软件详细设计说明、数据库设计说明进行编码和调试。

（7）软件测试。软件测试分为单元测试、集成测试、配置项测试和系统测试。测试过程中需要制定测试计划，编写测试说明，测试执行过程中需要记录实测结果。如果有问题需要形成软件问题报告，最后还应编写测试报告。如果有回归测试时，还需要制定回归测试方案，记录回归测试的实测结果。

（8）验收与交付。验收与交付工作主要由用户组织完成，软件开发单位需要配合软件验收测试，准备需要移交的软件产品，包括软件代码、可执行程序、文档和数据等，并保证移交的产品符合软件研制任务要求中规定的所有内容。

另外,在整个开发过程中还需要开展项目管理、配置管理和质量保证活动。相应地,需要制定软件开发计划、软件配置管理计划和软件质量保证计划,项目阶段结束、里程碑到达和项目结束时,应编写研制阶段/里程碑报告和软件研制总结报告。

1.2　相关术语

本书中使用的相关术语和缩略语如下。

(1) 软件单元,是软件配置项设计中的一个独立的、可测试的元素,指软件配置项中的一个类、对象、模块、函数、子程序或者数据库。

(2) 集成测试,是指把软件单元组装成软件配置项或把配置项组装成系统所进行的测试。

(3) 回归测试,是指在软件更改之后,对更改及更改所影响的软件单元、软件配置项、系统以及集成过程进行的有选择的再测试,用以验证更改后的软件单元、软件配置项、系统仍满足规定的需求,且更改未引起不希望的有害效果。

(4) 委托方,是指软件开发或测试工作的交办方。

1.3　软件开发文档要求

1.3.1　文档的作用

为了保证软件开发、使用和维护等环节的有效管理和软件开发人员与用户等之间的交流,软件开发过程中需要编写不同的文档,文档编写贯穿于软件开发整个生命周期。文档编写是软件开发项目成功的基础,软件文档的编写在软件开发活动中占有突出的地位和相当的工作量。高质量的软件文档对软件开发活动的意义也十分显著。

软件文档是软件的重要组成部分,在软件管理人员、开发人员、维护人员和用户之间发挥着重要的桥梁作用。同时,软件文档使不可见的软件变得可视和可控,具体表现如下。

(1) 项目管理的依据。软件文档展示了软件开发过程的进度和项目的预期目标。同时,将不可见的软件变得可视和可控,使项目管理人员能够确定项目的既定目标是否实现,并进行后续工作计划的安排。

(2) 技术交流语言。软件开发活动包括系统分析与设计、软件需求分析、软件设计和测试等,大型工程项目一般将这些活动安排给不同的人员完成。此时,每个活动产生的文档就成为各类人员沟通和交流的语言。

(3) 项目质量的保证。软件文档是保证软件项目质量的重要手段,也是进行项目质量审查和评价的依据。软件测试需要按照需求、设计文档开展,也是评估软件是否正确实现功能、性能等的评判标准。

（4）培训资料。软件文档为运行、维护人员提供软件的信息，使其能够掌握软件的功能、性能，了解操作要求等。

（5）维护的技术支持。软件文档为维护人员提供软件维护必需的信息。

（6）组织资产。软件文档是组织的重要资产，记录了软件开发过程中的全部信息，便于组织积累资产，不断提高组织的软件开发能力。

1.3.2 软件文档标准

软件文档的标准主要包括：

GB/T 8567—2006《计算机软件文档编制规范》，规定了软件需求规格说明、软件设计说明、软件测试文档、软件质量保证计划和软件配置管理计划等文档的编写要求。

GB/T 9385—2008《计算机软件需求规格说明规范》，描述了软件需求规格说明所必须的内容和质量要求。

GB/T 9386—2008《计算机软件测试文档编制规范》，规定了软件测试文档的编写要求，对测试过程的完备性给出了检查标准。

GJB 438B—2009《军用软件开发文档通用要求》，规定了军用软件开发文档编写的种类、结构、格式和内容等要求。

这些标准对软件文档的作用和意义进行了说明，并对各种文档的编制都作了详细要求。

1.3.3 软件文档的种类

表 1-1 中给出了软件开发和测试活动中常用的 20 种文档和文档标识。

表 1-1 文档类型和标识

序号	标识	文 档 名 称	序号	标识	文 档 名 称
1	SSS	系统规格说明	11	SPD	软件详细设计说明
2	IRS	接口需求规格说明	12	DBDD	数据库设计说明
3	SSDD	系统设计说明	13	STP	软件测试计划
4	IDD	软件接口设计说明	14	STD	软件测试说明
5	SDTD	软件研制任务书	15	STR	软件测试报告
6	SDP	软件开发计划	16	SRTP	软件回归测试方案
7	SCMP	软件配置管理计划	17	SPS	软件产品规格说明
8	SQAP	软件质量保证计划	18	SVD	软件版本说明
9	SRS	软件需求规格说明	19	SUM	软件用户手册
10	SSD	软件概要设计说明	20	SDSR	软件研制总结报告

本书将介绍下列软件文档的编写要求和编写指南。

(1)《系统规格说明》。《系统规格说明》描述系统或子系统的需求,以及确保满足各需求所使用的方法。系统外部接口相关需求,可引用一个或多个《接口需求规格说明》。《系统规格说明》的编写指南见第 2 章。

(2)《接口需求规格说明》。《接口需求规格说明》描述作用于一个或多个系统、硬件配置项(HWCI)、计算机软件配置项(CSCI)、人工操作,或者其他系统部件之间的需求,从而实现这些实体间的一个或多个接口。《接口需求规格说明》可用来补充《系统需求规格说明》和《软件需求规格说明》,构成系统和 CSCI 设计与合格性测试的基础。《接口需求规格说明》的编写指南见第 5 章。

(3)《系统设计说明》。《系统设计说明》描述系统的系统级设计决策与体系结构设计。《系统设计说明》与其相关联的《软件接口设计说明》和《数据库设计说明》,共同构成系统实现的基础。《系统设计说明》的编写指南见第 6 章。

(4)《软件接口设计说明》。《软件接口设计说明》描述一个或多个系统、HWCI、CSCI、人工操作,或者其他系统部件的接口特性。可作为《系统设计说明》《软件设计说明》和《数据库设计说明》的补充。《软件接口设计说明》及与其相关的《接口需求规格说明》用于接口设计决策的交流和控制。《软件接口设计说明》的编写指南见第 7 章。

(5)《软件研制任务书》。《软件研制任务书》描述软件开发的目的、目标、主要任务、功能及性能指标、设计约束、质量控制、验收和交付、软件保障,以及进度和里程碑等要求,是软件开发的基础和依据。《软件研制任务书》的编写指南见第 3 章。

(6)《软件开发计划》。《软件开发计划》描述软件开发工作的计划。软件开发活动包含新开发、修改、重用、再工程、维护和由软件产品引起的其他所有活动。软件开发计划的内容包括软件开发过程、所使用的方法、每项活动的途径、项目的进度、组织及资源的可视性和监督工具。软件开发计划是动态的,随着项目的进展,在出现重大偏差或者在里程碑处应进行分析,必要时重新策划并修订软件开发计划。《软件开发计划》的编写指南见第 18 章。

(7)《软件配置管理计划》。《软件配置管理计划》描述在项目中如何实施软件配置管理。《软件配置管理计划》的编写指南见第 19 章。

(8)《软件质量保证计划》。《软件质量保证计划》描述在项目中采用的软件质量保证的措施、方法和步骤。《软件质量保证计划》的编写指南见第 20 章。

(9)《软件需求规格说明》。《软件需求规格说明》描述对 CSCI 的需求,以及确保满足每个需求所使用的方法。与 CSCI 外部接口有关的需求既可在《软件需求规格说明》中描述,也可在引用的一个或多个《接口需求规格说明》中描述。《软件需求规格说明》的编写指南见第 4 章。

(10)《软件概要设计说明》。《软件概要设计说明》描述 CSCI 级设计决策和 CSCI 体系结构设计,与《软件详细设计说明》《接口设计说明》《数据库设计说明》一起,共同构成软件实现的基础。《软件概要设计说明》的编写指南见第 9 章。

(11)《软件详细设计说明》。《软件详细设计说明》描述 CSCI 每个单元的详细设计,与《软件概要设计说明》《接口设计说明》《数据库设计说明》一起,共同构成软件实现的基础。

《软件详细设计说明》的编写指南见第 10 章。

（12）《数据库设计说明》。《数据库设计说明》描述数据库的设计以及存取或操纵数据所使用的软件单元。《数据库设计说明》是实现数据库及相关软件单元的基础。《数据库设计说明》的编写指南见第 8 章。

（13）《软件测试计划》。《软件测试计划》描述对 CSCI 和软件系统或子系统进行测试的计划。软件测试计划的内容包括测试环境、要执行的测试、测试活动的进度。委托方可根据软件测试计划评估 CSCI 和软件系统或子系统测试的策划是否充分。《软件测试计划》的编写指南见第 11 章。

（14）《软件测试说明》。《软件测试说明》描述执行 CSCI、系统或子系统测试所需的测试准备、测试用例及测试过程。委托方根据《软件测试说明》可评估所执行的测试是否充分。《软件测试说明》的编写指南见第 12 章。

（15）《软件测试报告》。《软件测试报告》是对 CSCI、系统或子系统进行测试的记录。委托方根据《软件测试报告》可评估测试及其结果。《软件测试报告》的编写指南见第 13 章。

（16）《软件回归测试方案》。《软件回归测试方案》描述进行 CSCI、系统或子系统回归测试的计划和回归测试用例。《软件回归测试方案》的编写指南见第 14 章。

（17）《软件产品规格说明》。《软件产品规格说明》描述或引用可执行软件、源文件以及软件保障信息。《软件产品规格说明》的内容包括 CSCI 的设计信息，以及编译、构建和修改规程等。《软件产品规格说明》可用于为 CSCI 订购可执行软件和（或）源文件，是 CSCI 主要的软件保障文档。《软件产品规格说明》的编写指南见第 15 章。

（18）《软件版本说明》。《软件版本说明》标识并描述由一个或多个 CSCI 组成的软件版本，用于发布、追踪以及控制软件版本。《软件版本说明》的编写指南见第 16 章。

（19）《软件用户手册》。《软件用户手册》描述操作该软件的用户如何安装与使用 CSCI，相关的 CSCI、软件系统或子系统。《软件用户手册》可能还包括软件运行的某些特殊方面，例如特定位置或任务的说明等。如果软件由用户操作且具有用户接口以获取联机用户输入或解释输出显示，则需要《软件用户手册》。如果软件是一个硬件-软件系统中的嵌入式软件，则该系统的用户手册可能包括了《软件用户手册》的内容，不必单独编写《软件用户手册》。《软件用户手册》的编写指南见第 17 章。

（20）《软件研制总结报告》。《软件研制总结报告》描述软件整个开发情况，包括任务来源与开发依据、软件概况、开发过程、满足任务指标情况、质量保证情况、配置管理情况、测量与分析等，以及给出软件是否可以交付给委托方使用的结论。《软件研制总结报告》的编写指南见第 21 章。

1.4　软件文档裁剪指南

软件开发过程中产生的文档可根据软件特点、用户要求等对其进行裁剪。裁剪的依据首先应根据用户要求，其次应根据软件规模和关键等级来决定。本节按照 GJB 8000—2003《军用软件开发能力等级要求》对软件规模等级进行划分。

1.4.1　软件规模等级

按照代码行进行软件规模等级划分见表 1-2。

表 1-2　代码行软件规模等级划分定义

规模等级	嵌入式软件	非嵌入式软件
巨	$100\ 000 \leqslant n$	$1\ 000\ 000 \leqslant n$
大	$30\ 000 \leqslant n < 100\ 000$	$300\ 000 \leqslant n < 1\ 000\ 000$
中	$5000 \leqslant n < 30\ 000$	$50\ 000 \leqslant n < 300\ 000$
小	$500 \leqslant n < 5000$	$5000 \leqslant n < 50\ 000$
微	$n < 500$	$n < 5000$

注：n 为以 C 语言为例的代码行数(不记空行、注释行等)。

按照功能点进行软件规模等级划分见表 1-3。

表 1-3　功能点软件规模等级划分定义

规模等级	嵌入式软件	非嵌入式软件
巨	$1000 \leqslant FP$	$10\ 000 \leqslant FP$
大	$300 \leqslant FP < 1000$	$3000 \leqslant FP < 10\ 000$
中	$50 \leqslant FP < 300$	$500 \leqslant FP < 3000$
小	$5 \leqslant FP < 50$	$50 \leqslant FP < 500$
微	$FP < 5$	$FP < 50$

注：FP 是功能点估算方法估算出的功能点数。

1.4.2　软件关键等级

软件关键等级的划分原则见表 1-4。

表 1-4　软件关键等级划分

软件关键等级	软件失效可能的影响
Ⅰ级(A)	灾难性影响,出现下列情况之一: (1) 人员死亡; (2) 系统报废; (3) 基本任务失败; (4) 重大泄密或核心数据损坏、遗失等; (5) 环境灾难; (6) 重大经济或社会损失

软件关键等级	软件失效可能的影响
Ⅱ级（B）	严重性影响,出现下列情况之一: （1）人员严重伤害； （2）系统严重损坏； （3）基本任务的主要部分无法完成； （4）严重泄密或重要数据损坏、遗失等； （5）环境严重破坏； （6）严重经济或社会损失
Ⅲ级（C）	轻度影响,出现下列情况之一: （1）人员轻度伤害； （2）系统轻度损坏； （3）对完成任务有轻度影响； （4）一般泄密或一般数据损坏、遗失等； （5）环境轻度破坏； （6）轻度经济或社会损失
Ⅳ级（D）	轻微影响,出现下列情况之一: （1）对人员的伤害或系统的损坏可忽略； （2）虽然执行任务有障碍但是能够完成； （3）数据损坏或遗失程度等可忽略； （4）对环境的破坏可忽略； （5）经济或社会损失和忽略

注：决定成败的任务为基本任务。

1.4.3 文档的裁剪

文档的裁剪应在项目策划时,根据用户要求、软件规模等级和关键等级等确定。文档裁剪的示例如表 1-5 所示。

表 1-5 文档裁剪示例

文档＼性质	规模等级		关键等级	
	巨、大、中	小、微	A、B	C、D
系统规格说明	☆	☆	☆	☆
接口需求规格说明	☆	☆	☆	☆
系统设计说明	☆	☆	☆	☆
软件接口设计说明	☆	☆	☆	☆
软件研制任务书	√	√	√	√
软件开发计划	√			
软件质量保证计划	√	☆	☆	☆
软件配置管理计划	√			

续表

文档 ＼ 性质	规模等级		关键等级	
	巨、大、中	小、微	A、B	C、D
软件需求规格说明	√	√	√	√
软件概要设计说明	√	☆	☆	☆
软件详细设计说明	√			
数据库设计说明	√			
软件测试计划	√	☆	√	☆
软件测试说明	√		√	
软件测试报告	√	√	√	√
软件产品规格说明	√	√	√	√
软件版本说明	√	√	√	√
软件用户手册	根据软件本身的性质选择			
软件研制总结报告	√	√	√	√

注：当软件同时适用于几个类别时,按最高的要求处理。如果软件设计包括数据库设计,应编写数据库设计说明。√为独立文档,☆为可合并文档。

第二篇

软件需求文档

需求是软件开发的基础。软件产品用来解决现实世界中的某个或某些问题，而软件需求表达了需要和置于软件产品之上的约束。好的需求是项目成功的必要条件。不正确地理解需求、不准确地描述需求、未能有效地控制需求变更等将不可避免地导致开发费用的增加、交付的延迟和产品质量的低下，也就无法达到客户满意。

需求分析的主要目的是：与客户和其他相关方在系统的工作内容方面达成并保持一致，定义系统用户的需要和目标，使系统开发人员能够更清楚地了解系统需求、定义系统边界，为软件实施计划、系统成本和进度估算提供基础。

确定大型软件系统的需求是一项艰巨的任务，用户、系统分析人员和软件开发人员往往需要进行反复讨论和协商，才能使得需求逐步精确化、一致化和完全化。

需求分析的主要活动包括需求分析与规范、需求变更管理及需求跟踪管理。需求分析与规范活动的目标是确定待开发软件的功能需求、性能需求和运行环境约束，编制需求规格说明书。软件的功能需求应指明软件必须完成的功能；软件的性能需求包括软件的安全性、可靠性、可维护性、精度、错误处理、适应性等；软件系统在运行环境方面的约束指待开发的软件系统必须满足的运行环境方面的要求。

需求变更管理活动贯穿于项目全过程。需求变化是难以避免的，有许多原因可能导致需求变更，其中最重要的原因是系统生存环境在不断变化，而待开发的软件系统必须跟上这种变化。在项目策划期间,要与客户商讨变更出现时需要遵循的变更流程;变更出现时,要有变更申请及得到批准的过程;另外,要记录跟踪变更的实施情况。

需求跟踪管理活动的目标是确保所有的需求都在最后交付的产品中得以体现,同时交付产品中的每一功能都源自于用户的原始需求。需求跟踪使得需求确认成为可能,也使得对需求变更的影响进行分析有了基础。

软件需求文档主要包括系统规格说明、软件需求规格说明以及接口需求规格说明、研制任务书等。在编制系统规格说明、软件需求规格说明文档时需注意,应选择适合的方法正确而恰当地定义软件的功能、性能等所有软件需求。当使用结构化方法时,主要采用数据流图(DFD)、控制流图(CFD)、状态转换图(STD)、处理说明与数据字典(DD)等方法来表示有关功能、信息模型;当使用面向对象方法时,主要采用用况图、顺序图、状态图、类图、包图等方法来表示有关功能、信息模型。功能需求的定义应包括每项功能的目的、输入、处理和输出,并覆盖所有异常情况的处理要求和应急措施。文档应包括软件所采用的与业务相关的数学模型、处理流程、容错和异常处理要求。还应对软件的处理时间、吞吐量和占用空间等进行初步分析。

软件需求文档编制的质量要求主要有:完整性,指的是包括全部有意义的功能、性能、设计约束和外部接口方面的需求描述,所有可能环境下各种可能的输入数据定义,以及合法和非法输入数据的处理方案等;准确性,指的是对软件需求的描述要明确无误,保证每一项需求只有一种解释,不能有二义性;一致性,指的是各项需求的描述不矛盾,所采用和描述的概念、定义、术语统一化、标准化;可验证性,指的是不使用不可度量的词(例如"通常""一般""基本"等)描述需求,保证描述的每一项需求都能通过检查判断是否满足。

系统规格说明

系统规格说明(system specification,SSS)是软件系统开发早期的一份重要技术文档,其目的是描述系统的需求,以及指定保证每个需求得到满足所使用的方法。适用时,"系统"也可解释为"子系统",所形成的文档名分别为"系统规格说明"或"子系统规格说明",下文不再区分。

SSS 是构成系统设计与合格性测试的基础。必要时,SSS 可用接口需求规格说明(interface requirement specification,IRS)加以补充,即与系统外部接口相关的需求可在SSS 引用到的一个或多个 IRS 中给出。

SSS 是系统分析阶段的主要工作产品。系统分析阶段的主要工作是确定系统需求,包括功能需求和技术需求。在这里,功能需求指的是描述系统必须完成的活动或过程的一种系统需求;技术需求指的是描述操作环境和性能目标的一种系统需求。系统分析阶段的主要活动包括收集信息、定义系统需求、划分需求优先级、构建系统原型、产生和评估候选方案等。系统分析人员在充分开展上述各项活动、了解各系统相关人员要求和意愿的基础上制定 SSS。

SSS 是后续软件系统设计、软件需求分析、软件设计以及软件系统测试等工作的基础,是软件开发任务书、软件需求规格说明、系统设计说明、软件设计说明和系统测试计划等技术文档的设计依据。

2.1　系统规格说明的编写要求

SSS 描述系统的需求以及确保满足各需求所使用的方法,编写要求主要有:

(1) 应完整清晰地描述系统需求,包括功能需求、性能需求、外部接口需求、适应性需求、安全性需求、操作需求、保密性需求以及其他各种需求;

(2) 系统需求应包含构成系统验收条件的全部系统特征,如果某些需求经批准可推迟到设计时提出,应如实陈述;

(3) 系统需求应根据实际需要制定,不宜片面求大求全,如果在给定条中没有需求可说明,应如实陈述;如果某个需求在多条中出现,可只陈述一次而在其他条中引用;

(4) 应对每个需求都说明相应的合格性验证方法;

(5) 应以一种可定义客观测试的方式来陈述需求,并给每个需求指定项目唯一标识符以支持可追踪性;

（6）应提出系统的设计约束；

（7）应清晰描述系统的运行环境以及系统的生产和部署阶段所需要的支持环境。

2.2 系统规格说明的内容

系统规格说明

1 范围

1.1 标识

写明本文档的：

（1）标识；

（2）标题；

（3）适用范围。

1.2 系统概述

概述本文档所适用的系统的用途，应描述系统的一般特性，概述系统开发、操作和维护的历史，标识项目的需求方、用户、开发方和保障机构等，标识当前和计划中的运行现场，列出其他有关的文档。

1.3 文档概述

概述本文档的用途和内容，并描述与其使用有关的保密性方面的要求。

1.4 与其他文档的关系

描述与开发过程中其他文档的关系。

2 引用文档

按文档的编号、标题、编写单位（或作者）和出版日期等，列出本文档引用的所有文档。

3 术语和定义

给出所有在本文档中出现的专用术语和缩略语的确切定义。

4 需求

4.1 要求的状态和方式

如果要求系统在多种状态和方式下运行，并且不同状态和方式具有不同的需求，则应标识和定义每一状态和方式。状态和方式的例子包括空闲、就绪、活动、事后分析、训练、降级、紧急情况和后备等。可以仅用状态描述系统，也可以仅用方式、方式中的状态、状态中的方式或其他有效的方式描述。如果不需要多个状态和方式，应如实陈述，而不需要人为加以区分；如果需要多个状态和/或方式，应使本规格说明中的每个需求或每组需求与这些状态和方式相对应，对应关系可在本条或本条所引用的附录中，通过表格或其他的方法加以指明，也可在需求出现的地方加以说明。

4.2 系统功能需求

应分条详细描述与系统各个功能相关的需求。"功能"指的是一组相关需求，可用"能力""主题""目标"或其他适合的词替代。

4.2.X （系统功能）

应标识必需的每一系统功能，并详细说明该功能相关的需求。如果系统功能可以更清晰地分解成若干子功能，则应分条对子功能进行说明。需求应指出所需的系统行为，包括适用的参数，如响应时间、吞吐时间、时序、精度、容量、优先级、连续运行需求和基本运行条件下允许的偏差等；适用时，还应包括在异常条件、非许可条件或超限条件下所需的行为，错误处理需求和任何为保证在紧急时刻运行的连续性而引入到系统中的规定。在确定与系统的输入和输出有关的需求时，应考虑在本文档 4.3.X 给出的要考虑的主题列表。

4.3　系统外部接口需求

应分条描述关于系统外部接口的需求(如有的话)。可引用一个或多个接口需求规格说明或包含这些需求的其他文档。

4.3.1　接口标识和接口图

应标识所需的系统外部接口。每个接口标识应包括项目唯一标识符,并应用名称、序号、版本和引用文件指明接口的实体(系统、配置项和用户等)。该标识应说明哪些实体具有固定的接口特性,哪些实体正被开发或修改。可用一个或多个接口图表来描述这些接口。

4.3.X　(接口的项目唯一的标识符)

(从4.3.2开始)应通过项目唯一标识符标识系统的外部接口,简单地标识接口实体,根据需要可分条描述为实现该接口而提出的系统需求。该接口所涉及的其他实体的接口特性应以假设或"当(未涵盖的实体)这样做时,系统将……"的形式描述,而不作为针对其他实体的需求。可引用其他文档(如数据字典、通信协议标准或用户接口标准等)代替在此所描述的信息。一般地,需求应包括下列内容,它们以任何适合于需求的顺序提供,并从接口实体的角度说明这些特性的区别(例如对数据元素的大小、频率或其他特性的不同期望值)。

(1) 系统必须分配给接口的优先级别。

(2) 要实现的接口的类型的需求(如实时数据传送、数据的存储和检索等)。

(3) 系统必须提供、存储、发送、访问、接收的单个数据元素的特性,如:

① 名称/标识符:

　(a) 项目唯一标识符;

　(b) 非技术(自然语言)名称;

　(c) 标准数据元素名称;

　(d) 技术名称(如代码或数据库中的变量或字段名称);

　(e) 缩写名或同义名。

② 数据类型(字母、数字、整数等);

③ 大小和格式(如字符串的长度和标点符号);

④ 计量单位(如 m、s 等);

⑤ 范围或可能值的枚举(如 0～99);

⑥ 准确度(正确程度)和精度(有效数字位数);

⑦ 优先级别、时序、频率、容量、序列和其他的约束条件,如数据元素是否可被更新、业务规则是否适用;

⑧ 保密性约束;

⑨ 来源(设置/发送实体)和接收者(使用/接收实体)。

(4) 系统必须提供、存储、发送、访问和接收的数据元素集合(记录、消息、文件、数组、显示和报表等)的特性,如:

① 名称/标识符:

　(a) 项目唯一标识符;

　(b) 非技术(自然语言)名称;

　(c) 技术名称(如代码或数据库中的记录或数据结构);

　(d) 缩写名或同义名。

② 数据元素集合中的数据元素及其结构(编号、次序和分组);

③ 媒体(如磁盘、光盘)和媒体中数据元素/数据元素集合的结构;

④ 显示和其他输出的视听特性(如颜色、布局、字体、图标和其他显示元素,蜂鸣声和亮度等);

⑤ 数据元素集合之间的关系(如排序/访问特性等);

⑥ 优先级别、时序、频率、容量、序列和其他的约束条件(如数据元素集合体是否可被修改、业务规则是否适用);

⑦ 保密性约束;

⑧ 来源(设置/发送实体)和接收者(使用/接收实体)。

(5) 系统必须使用的接口的通信方法所要求的特征,如:

① 项目唯一标识符;

② 通信链接/带宽/频率/媒体及其特性;

③ 消息格式化;

④ 流控制(如序列编号和缓冲区分配);

⑤ 数据传送速率,周期性/非周期性,传输间隔;

⑥ 路由、寻址和命名约定;

⑦ 传输服务,包括优先级别和等级;

⑧ 安全性/保密性/私密性方面的考虑(如加密、用户鉴别、隔离和审核等)。

(6) 系统必须使用的接口的协议所要求的特征,如:

① 项目唯一标识符;

② 协议的优先级别/层次;

③ 打包,包括分段和重组、路由和寻址;

④ 合法性检查、错误控制和恢复过程;

⑤ 同步,包括连接的建立、保持和终止;

⑥ 状态、标识、任何其他的报告特征。

(7) 其他所需的特征,如接口实体的物理兼容性(尺寸、公差、负荷、电压和接插件兼容性等)。

4.4 系统内部接口需求

应指明系统内部接口的需求,可考虑本文档的4.3条中列出的主题。如果所有内部接口留待设计时或在系统软件配置项的需求规格说明中规定,应如实说明。

4.5 系统内部数据需求

应指明系统内部数据的需求(若有),包括对系统中数据库和数据文件的需求,可考虑本文档4.3.X.(1)和4.3.X.(4)中列出的主题。如果所有有关内部数据的决策都留待设计时或在系统软件配置项的需求规格说明中给出,应如实说明。

4.6 适应性需求

应指明要求系统提供的、与安装有关的数据(如现场的经纬度)和要求系统使用的、根据运行需要可能变化的运行参数(如表示与运行有关的目标常量或数据记录的参数)。

4.7 安全性需求

应描述有关防止对人员、财产、环境产生潜在危险或把此类危险减少到最低的系统需求。

4.8 保密性需求

应指明维持保密性的系统需求,包括系统运行的保密性环境、提供的保密性的类型和程度、系统必须经受的保密性的风险、减少此类危险所需的安全措施、系统必须遵循的保密性政策、系统必须具备的保密性责任、保密性认可/认证必须满足的准则等。

4.9 操作需求

说明本系统在常规操作、特殊操作以及初始化操作和恢复操作等方面的要求。

4.10 计算机资源需求

分条描述,各条中所描述的计算机资源应能够组成系统环境。

4.10.1　计算机硬件需求

应描述系统使用的或引入到系统中的计算机硬件需求以及计算机硬件资源利用方面的需求,包括各类设备的数量、处理器、存储器、输入/输出设备、辅助存储器、通信/网络设备,其他所需的设备的类型、大小、能力(容量)及其他所要求的特征,以及最大许可使用的处理器能力、存储器容量、输入/输出设备能力、辅助存储器容量和通信/网络设备能力。这些要求(如每个计算机硬件资源能力的百分比)还包括测量资源时所要求具备的条件。

4.10.2　计算机软件需求

应描述系统使用的或引入到系统中的计算机软件的需求,例如包括操作系统、数据库管理系统、通信/网络软件、实用软件、输入和设备模拟器、测试软件和生产用软件。应提供每个软件项的正确名称、版本和引用文件。

4.10.3　计算机通信需求

应描述系统必须使用的或引入系统的计算机通信方面的需求,例如包括连接的地理位置、配置和网络拓扑结构、传输技术、数据传输速率、网关、要求的系统使用时间、传送/接收数据的类型和容量、传送/接收/响应的时间限制、数据的峰值和诊断功能。

4.11　系统质量因素

应描述系统质量因素方面的需求,包括可靠性、易用性、效率、维护性、可移植性及其他属性的定量需求。

4.12　设计约束

应描述约束系统设计和构造的需求。

4.13　人员需求

应描述与使用或支持系统的人员有关的需求,包括人员的数量、技术等级、责任期、培训要求及其他信息,如所提供的工作站数量、内在帮助和培训能力的需求、对人员在能力与局限性方面的考虑、在正常和极端条件下可预测的人为错误等。

4.14　保障需求

应描述有关综合保障方面的系统需求,包括系统维护、软件保障、系统运输方式、对现有设施的影响、对现有设备的影响等。

4.15　其他的需求

应描述在以上各条中没有涉及到的其他系统需求,包括在其他合同文件中没有涉及的系统文档的需求,如规格说明、图表、技术手册、测试计划和测试过程以及安装指导材料。

4.16　需求的优先顺序和关键性

应给出本规格说明中各需求的优先次序、关键性或赋予的指示其相对重要性的权值,如标识出对安全性和保密性关键的需求,以便进行特殊处理。如果所有需求具有相同的权值,应如实说明。

5　合格性规定

应定义一组合格性方法,为第 4 章中每个需求指定确保其得到满足所应使用的方法。可以用表格形式表述该信息,也可以在第 4 章的每个需求中注明要使用的方法。合格性方法包括:

(1)演示:依赖于可见的功能操作,直接运行系统或系统的一部分而不需要使用仪器、专用测试设备或进行事后分析。

(2)测试:使用仪器或其他专用测试设备运行系统或系统的某部分,以便采集数据供事后分析使用。

(3)分析:对从其他合格性方法中获得的积累数据进行处理,例如测试结果的归纳、解释或推断。

(4)审查:对系统部件、文档等进行可视化检查。

(5)特殊的合格性方法:系统的任何特殊合格性方法,如专用工具、技术、过程、设施、验收限制、标准样例的使用和生成等。

---

6 需求可追踪性

对系统规格说明不适用,对子系统规格说明,应描述:

(1)从本规格说明中每个子系统需求,到其涉及的系统需求的可追踪性。该可追踪性也可以通过对第4章中的每个需求进行注释的方法加以描述。

(2)从已分配给被本规格说明所覆盖的子系统的每个系统需求,到所涉及的子系统需求的可追踪性。分配给子系统的所有系统需求都应加以说明。追踪到IRS中所包含的子系统需求时,应引用IRS。

附录

附录可用来提供那些为便于文档维护而单独列出的信息(如分类数据、图表等)。

2.3   系统规格说明编写示例

本章将以某测试仿真系统TOTES为例,给出各文档的主要章节或重要内容的示例。

TOTES是对飞行器测控软件系统开展测试的一个测试仿真软件系统,其作用是产生软件测试所需的各种仿真数据,把仿真数据通过网络或其他所要求的方式注入到被测系统中,捕获被测系统的输出并进行结果分析。

TOTES共包含外测仿真与处理软件、遥测仿真与处理软件、故障轨道仿真软件、弹/轨道误差分析软件、数据收发软件、测试数据管理与过程支持软件等6个软件配置项。TOTES的系统需求与配置项划分的依据等将在软件系统规格说明、软件系统设计说明等章节加以说明。

后续的软件需求规格说明等章节将以外测仿真与处理软件、数据收发软件等软件配置项作为示例进行说明。

2.3.1   系统概述

系统概述部分的目的是让文档使用者了解系统的基本情况,帮助其更好地理解系统需求。在编写本部分内容时,应概述系统的用途和作用,描述系统的一般特性;概述系统开发、操作和维护的历史;标识项目的需求方、用户、开发方和保障机构等;标识当前和计划中的运行现场;列出其他有关的文档。

1.2 系统概述

飞行器测控软件测试仿真系统(TOTES)开发目的是为飞行器测控软件系统开展第三方软件测试提供一套测试仿真软件,系统开发完成后,将直接用于后续×××工程等第三方测试。TOTES是一套软件系统,运行在通用微型计算机上,实现对飞行器测控软件系统中常见的外测软件、遥测软件、数据收发软件、弹/轨道软件、安控软件等软件的测试数据模拟、仿真、分发、捕获、处理与应用。

TOTES将在现有的测试仿真程序的基础上开发而成。现有的仿真测试程序是评测中心多年积累下来的、各项目组针对具体测试项目而开发的,功能堪用,但存在诸如没有经过统一设计、版本众多、功能不完整、通用性较差、软件间的协作配合能力不够等缺点,难以应付将来更多任务和更大规模的软件测试需求。TOTES将吸收现有测试仿真程序的经验与优点,重新进行结构设计和编码实现,建成一个既能满足任务需求,又具有较好通用性和灵活性,且可维护性较强的新一代测控软件测试仿真系统。

TOTES 建设应基于适用、好用、灵活易扩展的原则,采取"外部隔离、内部组合"的策略,以便于使用和维护。建成后的 TOTES 应既能够运行在评测中心集成仿真环境下,也能够运行在便携机上以开展外场测试。

TOTES 开发项目主要由一组提出建设需求,由二组进行架构设计,由三组负责软件开发实现,由四组负责建成后的维护保障。

本文档提出 TOTES 的功能需求、性能需求、软件接口关系、系统运行环境等系统分析要求,是后续进行系统设计和系统验收的依据。

2.3.2 系统功能

系统功能部分应分条详细描述与系统各个功能相关的需求。"功能"指的是一组相关需求,可用"能力""主题""目标"或其他适合的词替代。

在编写时,应详细说明每一系统功能相关的需求。如果系统功能可以更清晰地分解成若干子功能,则应分条对子功能进行说明。需求应指出所需的系统行为,包括适用的参数,如响应时间、吞吐时间、时序、精度、容量、优先级、连续运行需求和基本运行条件下允许的偏差等;适用时,还应包括在异常条件、非许可条件或超限条件下所需的行为,错误处理需求和任何为保证在紧急时刻运行的连续性而引入到系统中的规定。

4.2.1 数据模拟与仿真功能

(1) 仿真测控所需雷达、光学设备等各种外测设备的测量元素,并能够根据要求容易地加入噪声、野值。外测设备主要包括雷达、光学设备、GPS 等各种外测设备,并可以进行灵活添加。

(2) 仿真测控所需的各种外测设备数据。可以仿真不同外测设备的正常数据、异常数据;仿真数据可以是固定值,也可以是按时间变化的值。

(3) 能够控制各种外测设备的输出时机,可以开启或关闭任一设备的输出;提供不同设备的输出组合。

(4) 能够灵活配置和方便修改仿真数据包帧格式,能够灵活定制所有仿真数据参数的位置、格式、仿真值;对于遥测数据,支持副帧和各种组合帧。

4.2.2 数据分发与捕获功能

(1) 能够提供多种数据发送和传输方式,支持 UDP、TCP 等多种网络协议,支持点对点、组播、广播等多种方式,支持串口发送方式,支持时间驱动、事件驱动等多种数据输出方式。

(2) 能够读取预置的数据,支持 Access、Excel、xml、txt 等多种格式的文件;支持 PDXP、HDLC 等规定的多种包帧格式,能够按照配置文件进行组包;提供操作界面,能够进行灵活配置。

(3) 能够捕获各种方式传输的网络数据,支持数据过滤功能,过滤方式包括按源地址(IP 地址、组播地址、端口号、MAC 地址)、按数据传输协议、按指定位置的数据内容;支持数据记盘功能;支持界面显示,能够对界面显示内容进行过滤,能够对界面显示刷新频率进行设置。

(4) 能够根据配置文件对捕获的数据进行解析,支持 Access、Excel、xml、txt 等多种格式的文件。能够按照配置文件进行信息格式转换。

(5) 支持计算机时间和时统,支持时间驱动、事件驱动等多种数据输出方式。

(6) 支持日志记录和错误报警功能。

2.3.3　系统外部接口需求

系统外部接口需求应分条描述关于系统外部接口的需求,可引用一个或多个接口需求规格说明或包含这些需求的其他文档。

在编写时,应标识所需的每一个系统外部接口,根据需要可分条描述为实现该接口而提出的系统需求。每个接口标识应包括项目唯一标识符,并应用名称、序号、版本和引用文件指明接口的实体(系统、配置项和用户等)。该标识应说明哪些实体具有固定的接口特性,哪些实体正被开发或修改。

4.3.2　时统接口(TES-IF-New-Shitong-01-1.0)

　　时统接口描述如下:

　　(1) 接口路数:2 路 IRIG-B 码(AC/DC 码);

　　(2) 接口标准:符合 GJB 2991—1997 的规定;

　　(3) 物理接口:符合 GJB 2696—1996 中时间信号接口的规定。

4.3.2　以太网接口(TES-IF-New-Yitaiwang-01-1.0)

　　以太网接口描述如下:

　　(1) 接口路数:2 路;

　　(2) 接口速率:19.2 kbps～2 Mbps;

　　(3) 物理接口:RJ-45;

　　(4) 通信协议:TCP/IP。

2.3.4　安全性需求

安全性需求应描述有关防止对人员、财产、环境产生潜在的危险或把此类危险减少到最低的系统需求。在编写时,可提出对数据、内存、关键模块等的需求。

4.7　安全性需求

　　(1) 提高安全关键模块与其他模块的分离度;

　　(2) 采用必要的数据备份措施,以便在服务器故障的情况下能够尽快恢复数据,保证数据存储的安全性;

　　(3) 设计内存使用策略,避免出现内存泄漏、数据堵塞等问题;

　　(4) 软件要具有容错处理和防止危险发生能力,遇到异常情况时不会崩溃。

2.3.5　操作需求

操作需求应说明本系统在常规操作、特殊操作以及初始化操作和恢复操作等方面的要求。

4.9 操作需求

(1) 人机操作界面清晰、可操作性好,对输入错误应有提示,要求重新输入,避免操作失误;

(2) 系统初始化操作、恢复操作简便。

2.4 系统规格说明的常见问题

在编制系统规格说明时,常出现以下 10 个方面的问题。

(1) 系统概述时未能总体介绍系统的建设背景,对系统主要用途的描述不清晰。系统概述的编写目的是让读者了解系统的整体情况,主要包括系统的背景、用途、建设目标和运行环境等,建立对系统的初步印象。

(2) 未能完整清晰地描述引用文件,常出现引用文件不全面、不准确的情况。注意不能漏写重要的引用文件,引用时应核实文件的版本和日期等是否准确。引用文件一般应声明引用文档(文件)的文档号、标题、编写单位(或作者)和日期等信息。

(3) 未能确切地给出在本文档中出现的专用术语和缩略语的定义。应准确给出文中出现的所有专用术语和缩略语的完整含义。

(4) 对系统功能需求的描述不完整、不清晰。系统需求分析时,对需求的认知一般处于较高的层面,需求描述有可能不会太详细和具体,但需求应该是完整的,不能缺少相关内容;需求描述还应是清晰的,尽量少使用定性的或修饰的词语。

(5) 对系统性能需求的描述不完整、不清晰。常见的问题包括未明确性能指标所要求的场景、所处的系统状态,导致性能指标的不可测试和不易评估。例如,提出"数据处理时间不大于 500 ms",而未说明数据处理时间的起始点和结束点。又如,提出"CPU 占用不超过60%",而未说明该指标是在系统闲时、忙时或其他确定的状态下的要求。

(6) 对系统外部接口需求的描述不完整、不清晰。常见的问题包括接口漏项,接口数据元素描述的不完整、不准确等。注意应清晰说明每一个外部接口的接口协议、接口约束,接口上所有数据元素的数据类型、取值区间等关键信息。

(7) 未能完整清晰描述系统的适应性需求、安全性需求、操作需求、可靠性需求等其他需求。这些需求相比于功能或性能需求来说,不是主要内容,但并不是可有可无的。例如,对目标运行环境多样的系统来讲,适应性需求非常重要,需要清晰地加以描述。

(8) 对系统运行环境的描述不完整、不清晰。应尽量详细地说明软件系统的运行环境,包括硬件设备、操作系统、数据库及其他支持软件或系统等。

(9) 未描述系统的生产和部署阶段所需要的支持环境。支持环境,例如软件集成开发环境、需求建模软件或测试工具等,应在此加以描述,以便准确及时地获取必要资源。

(10) 文档编写不规范、内容不完整、描述不准确。应严格遵循所要求的国标、军标或其他标准规范,开展文档编制工作。

第3章

软件研制任务书

软件研制任务书(software development task document,SDTD)的目的是明确软件开发任务要求,是由委托方或总体方向开发方或分包方下达软件开发技术要求的书面载体,类似的还有合同中的技术协议,其主要内容包括软件开发的目的、目标、主要任务、功能、性能和接口等要求,以及在必要时还包括环境要求、工作模式、设计约束、质量要求、管理要求、验收与交付和维护要求等。

SDTD 的对象既可以是软件系统,即软件系统研制任务书,也适用于软件配置项(CSCI),即软件配置项研制任务书。对于不同的对象,SDTD 的要素是一致的,但在内容描述上是有区别的。软件系统的 SDTD 应开展系统层面的需求分析,描述系统层面的需求;软件配置项的 SDTD 应开展配置项级的需求分析,描述软件配置项层面的需求。一般地,SDTD 应以软件配置项为单位,提出详细的软件开发要求。对一个大的系统来说,可先开展系统需求分析与设计,再就其包含的各 CSCI 分别编制软件研制任务书;必要时,也可下达软件系统研制任务书,或者就软件系统和 CSCI 分别下达两个层次的研制任务书。

SDTD 是 CSCI(或软件系统)开发的基础和依据。

3.1　软件研制任务书的编写要求

SDTD 描述软件研制任务技术要求,编写要求主要有:

(1) 明确描述软件系统的总体开发要求,包括软件系统的体系结构(或系统体系结构),明确定义待开发的各 CSCI 的名称、标识、关键等级等;

(2) 以待开发的各个 CSCI 为单位,分别提出详细开发要求,包括功能要求、性能要求、运行环境、支持环境、工作模式、接口关系、设计约束、可靠性、安全性和其他要求;

(3) 明确 CSCI 运行必需的硬件环境和软件环境的要求;

(4) 明确质量控制要求,包括依从标准、文档、配置管理、测试、分包方等方面的要求;

(5) 明确验收交付要求,包括软件验收准则、交付形式、交付的文档清单以及版权保护等方面的要求等;

(6) 明确规定进度和里程碑,包括进度要求、里程碑和需要需方参加的评审等;

(7) 明确规定软件的维护保障要求;

(8) 明确规定测试要求。

3.2　软件研制任务书的内容

软件研制任务书

1　范围

1.1　标识

写明本文档的：

(1) 标识(含版本号)；

(2) 标题；

(3) 适用范围,说明本文档所适用对象的名称与标识。

1.2　系统概述

概述本文档所适用的系统和软件的用途,应描述系统的一般特性；概述系统开发、操作和维护的历史；标识项目的需求方、用户、开发方和保障机构等；标识当前和计划中的运行现场；列出其他有关的文档。

1.3　文档概述

概述本文档的用途和内容,并描述与其使用有关的保密性方面的要求。

1.4　与其他文档的关系

描述与开发过程中其他文档的关系。

2　引用文档

按文档的编号、标题、编写单位(或作者)和出版日期等,列出本文档引用的所有文档。

3　术语和定义

给出所有在本文档中出现的专用术语和缩略语的确切定义。

4　总体开发要求

提出软件总体开发要求。

5　详细开发要求

以软件配置项为单位分别提出开发要求。软件系统的集成要求可作为独立的一节进行描述。

5.X　(软件配置项名称和项目唯一标识号)

5.X.1　功能要求

描述要开发的 CSCI 的功能要求。

5.X.2　性能要求

描述要开发的 CSCI 的性能要求。例如数据收发和处理时延、双工/双机切换时间、软件重启动时间等要求。

5.X.3　接口关系

分小节描述待开发的 CSCI 的外部接口、接口连接的实体、接口的用途和连接方式。

5.X.3.Y　(接口名称和项目唯一标识号)

从 5.X.3.1 节开始编号。分小节详细说明接口的需求以及接口间数据传递的要求,包括接口间的优先级别、通信协议和通信数据元素的定义(名称、单位、类型、格式、值域、分辨率等)信息。

5.X.4　环境

可分小节说明待开发软件的运行与支持环境。

5.X.4.1　运行环境

从硬件、软件和固件 3 方面阐明待开发的 CSCI 运行的设备和资源。例如目标机的 CPU、主频、存储器和系统软件的情况。

5.X.4.2 支持环境

从硬件、软件和固件3方面阐明待开发的CSCI使用的设备、工具和资源。

5.X.5 工作模式

分小节描述软件的工作模式(亦称任务剖面)。描述为完成规定任务,待开发的CSCI各工作阶段和工作模式的细节及安装、操作方面的要求。

5.X.5.Y (工作模式名称)

从5.X.5.1节开始编号。分小节详细说明各工作阶段和工作模式的进入/触发条件、初始状态、输入信息、信息处理过程、输出信息和过程结束的条件等内容。

5.X.6 设计约束

指明待开发软件系统和/或CSCI在设计时应考虑的约束条件。例如开发方法、中断能力、中断处理时间、关键数据的保护和校核、冗余信息处理原则、偶发异常事件处理和设计余量等。

5.X.7 其他软件要求

根据CSCI的情况,可分小节描述除功能要求、性能要求外的软件要求。例如安全性、可靠性、软件效率、人机工程、可测试性、可理解性、可维护性和可移植性等方面的要求。一般情况下,应描述软件安全性和可靠性的要求。

6 管理要求

6.1 配置项关键等级

说明待开发的各CSCI的软件关键等级。

6.2 进度要求

说明待开发的软件系统和/或CSCI的软件开发进度和质量控制节点的要求。

6.3 质量保证要求

说明待开发的软件系统和/或CSCI的质量保证方面的要求。例如标准规范的采用、人员培训、配置管理、外协管理等方面的要求。

6.4 评审要求

说明待开发CSCI的各阶段的评审要求。

6.5 测试要求

说明软件开发方应完成的测试级别,以及测试应达到的定性、定量要求。当软件需要进行第三方评测时,应说明支持第三方评测的相关要求,例如被测软件、测试环境、测试时间等相关要求。

6.6 文档要求

说明待开发的软件系统和/或CSCI开发过程中,应完成的文档资料和文档规范要求。

7 验收与交付

说明待开发的软件系统和/或CSCI的完成形式和交付内容,验收准则和验测试的运行环境等。另外,还应说明软件承制方应提供的服务和内容(例如软件安装、检查和培训等)。

8 维护

规定验收后出现问题的处理原则,说明待开发的软件系统和/或CSCI的纠错、适应、完善和预防性维护工作的要求。

3.3 软件研制任务书编写示例

前面已经说过,SDTD的对象既可以是软件系统,即软件系统研制任务书,也适用于软件配置项,即软件配置项研制任务书。一般地,软件配置项是研制任务书的最小对象,即便是在软件系统研制任务书中,所提出的开发要求也应容易地被分解到软件配置项,以免过于粗放和缺少可操作性。

下面以 TOTES 测试仿真系统的数据收发软件为例给出示例。

3.3.1 软件概述

概述本文档所适用的软件配置项的用途,描述软件的主要功能、接口和其他特性。一般地,还应说明在其所属的软件系统中的位置以及与系统中其他软件配置项的关系。

1.2 软件概述

测试仿真系统 TOTES 共包括外测仿真与处理软件、遥测仿真与处理软件、故障轨道仿真软件、弹/轨道误差分析软件、数据收发软件、测试数据管理与过程支持软件等 6 个软件配置项。

数据收发软件用于测试数据的输入和测试输出结果的捕获接收,主要功能包括发送测试输入数据,提供多种数据传输方式,支持 UDP、TCP 等多种网络协议,支持点对点、组播、广播等多种方式,支持串口发送方式,支持时间驱动、事件驱动等多种数据输出方式;捕获网络传输的测试输出结果,支持数据过滤功能,支持数据记盘和界面显示。

数据收发软件是测试仿真系统与被测软件系统进行数据交换的出入口,对内与外测仿真与处理软件、遥测仿真与处理软件、弹/轨道误差分析软件、故障轨道仿真软件、测试数据管理与过程支持软件等存在接口关系,对外与被测软件系统存在接口关系。接口示意图如图 3-1 所示。

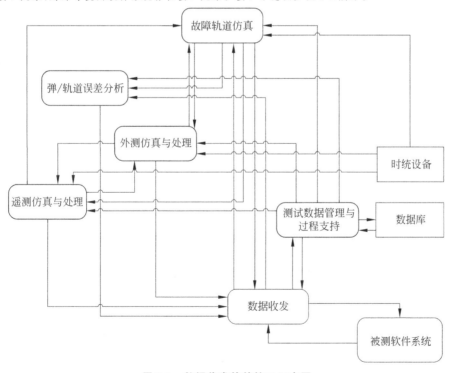

图 3-1 数据收发软件接口示意图

数据收发软件运行在 Windows 平台/Linux 平台下。

3.3.2 总体开发要求

本部分应提出软件配置项的总体开发要求。

---

4 总体开发要求

数据收发软件是测试仿真系统的重要组成部分,是测试仿真系统与被测软件系统进行数据交换的出入口。数据收发软件对内与外测仿真与处理软件、遥测仿真与处理软件、弹/轨道误差分析软件、故障轨道仿真软件、测试数据管理与过程支持软件等存在接口关系,对外与被测软件系统存在接口关系,起到数据的汇集分发作用。

数据收发软件是内外部数据交换的枢纽和代理者,替代内外部软件的直接数据交换,是 TOTES "内部组合、外部隔离"开发思想的重要体现。

数据收发软件应具备良好的数据通过能力、错误处理能力,保证软件的健壮性。

3.3.3 功能要求

本部分属于详细开发要求,描述要开发的 CSCI 的功能要求。

5.1 功能要求

数据收发软件的主要功能包括:

(1)数据发送

向被测软件系统提供测试输入数据,能够提供多种数据传输方式,支持 UDP、TCP 等多种网络协议,支持点对点、组播、广播等多种方式,支持串口发送方式,支持时间驱动、事件驱动等多种数据输出方式,支持 PDXP、HDLC 等多种数据帧格式,支持数据帧格式自定义,根据用户要求进行灵活设置。

(2)数据接收

能够捕获各种方式传输的网络数据,支持数据过滤功能,过滤方式包括按源地址(IP 地址、组播地址、端口号、MAC 地址)、按数据传输协议、按指定位置的数据内容等。

(3)数据处理

能够根据配置文件对捕获的数据进行解析;能够按照配置文件进行信息格式转换;能够按照配置文件进行数据的汇集分发。

(4)人机交互界面

提供友好人机交互界面,实时显示数据接收和发送情况,显示收发数据帧计数;可以在界面查看数据源码;能够对显示数据进行过滤;能够设置界面源码显示的刷新频率。

能够在界面上对数据的收发进行控制,包括数据收发的开始、停止和结束,以及根据源地址、目的地址、数据类型等对收发数据的选择等。

(5)其他

能够识别并报告网络连接异常、数据格式异常等异常情况,不能由此导致软件退出或死机。

支持数据记盘和日志记录功能。

3.3.4 性能要求

本部分属于详细开发要求,描述要开发的 CSCI 的性能要求。

5.2　性能要求

数据收发软件的性能要求包括：

(1) 数据处理延迟不大于 20 ms。对任一帧数据,其数据处理延迟时长指的是从接收到该数据开始,到处理后生成结果并完成数据发送、存储等后置操作为止的一段时间的长度。

(2) 最小数据发送周期不大于 10 ms。数据发送周期指的是从待发送数据队列中取出数据并完成发送的循环操作所花费时间的长度。最小数据发送周期衡量的是在数据具备的条件下(等待数据生成的时间不计算在内),数据收发软件完成数据循环发送的最大能力。

(3) CPU 开销不超过 60%。这里的 CPU 开销指的是在不考虑瞬间峰值情况下的最大值,即在满负荷运行状态下,数据收发软件所有并行进程所占的 CPU 开销比例之和。

(4) 内存占用不超过 30%。这里的内存占用指的是最大的内存占用比例,即在满负荷运行状态下,数据收发软件所有并行进程所占用的内存与运行所在的计算机全部内存的比例之和。

3.3.5　接口关系

本部分属于详细开发要求,描述待开发的 CSCI 的外部接口,接口连接的实体,接口的用途和连接方式。当接口较多时,可在单独的接口需求规格说明文档中加以详细说明。

5.3　接口关系

测试仿真系统各配置项之间信息交换采用网络传输方式下的通信协议,包括链路层、网络层、传输层、应用层等各层协议。其中,链路层协议采用以太网协议,网络层采用 IPv4 协议,传输层采用 UDP 协议,应用层采用测控系统包数据交换协议(PDXP),接口连接的发送方、接收方和信息内容如表 3-1 所示。

表 3-1　接口关系一览表

序号	发送方	接收方	信息内容
1	数据收发	故障轨道仿真	各类外测数据、遥测数据
2	故障轨道仿真	数据收发	轨道数据
3	外测仿真与处理	数据收发	各类外测仿真数据
4	遥测仿真与处理	数据收发	各类遥测仿真数据
5	数据收发	弹/轨道误差分析	弹/轨道数据
6	弹/轨道误差分析	数据收发	误差分析结果
7	数据收发	测试数据管理与过程支持	遥外测数据、故障轨道信息等仿真软件产生的各类仿真数据以及弹/轨道数据、遥控指令等被测软件系统输出的各种数据
8	测试数据管理与过程支持	数据收发	数据查询结果
9	数据收发	被测软件系统	遥外测数据、故障轨道信息等各类仿真数据
10	被测软件系统	数据收发	弹/轨道数据、遥控指令等各种输出数据

数据收发软件与被测软件系统之间存在数据交换,接口关系遵循被测软件系统的接口约定。

数据收发软件与数据库之间无直接数据交换。测控仿真系统与数据库之间的信息交换通过测试数据管理与过程支持软件进行。

3.3.6 运行环境

从硬件、软件和固件 3 方面阐明待开发的 CSCI 运行的设备和资源,例如目标机的 CPU、主频、存储器和系统软件的情况。

5.4.1 运行环境

测试仿真系统运行在评测中心环境中的测试仿真域中,运行环境如图 3-2 所示。

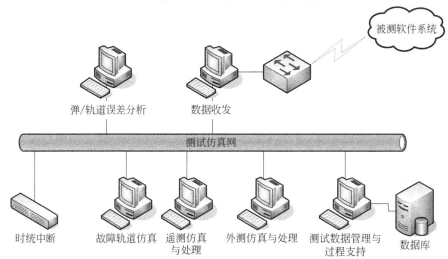

图 3-2 软件运行环境示意图

运行环境中的硬件配置如表 3-2 所示。

表 3-2 运行环境相关硬件配置表

序号	项 目	描 述	数量	用 途
1	外测仿真与处理机	HP 计算机,双核 2 GHz CPU,2 GB 内存,1000 M 网卡,320 GB 硬盘,DVD 光驱 Windows 平台,配 PCI 总线的时统板	1	运行外测仿真与处理软件
2	遥测仿真与处理机	HP 计算机,双核 2 GHz CPU,2 GB 内存,1000 M 网卡,320 GB 硬盘,DVD 光驱 Windows 平台,配 PCI 总线的时统板	1	运行遥测仿真与处理软件
3	故障轨道仿真机	HP 计算机,双核 2 GHz CPU,2 GB 内存,1000 M 网卡,320 GB 硬盘,DVD 光驱 Windows 平台,配 PCI 总线的时统板	1	运行故障轨道仿真软件
4	弹/轨道误差分析机	HP 计算机,双核 2 GHz CPU,2 GB 内存,1000 M 网卡,320 GB 硬盘,DVD 光驱 Windows 平台,配 PCI 总线的时统板	1	运行弹/轨道误差分析软件

续表

序号	项目	描述	数量	用途
5	数据收发机	HP 计算机,双核 2 GHz CPU,2 GB 内存,1000 M 网卡,320 GB 硬盘,DVD 光驱 Windows 平台,配 PCI 总线的时统板	1	运行数据收发软件
6	测试数据管理与过程支持机	HP 计算机,双核 2 GHz CPU,2GB 内存,1000 M 网卡,320 GB 硬盘,DVD 光驱 Windows 平台,配 PCI 总线的时统板	1	运行测试数据管理与过程支持软件
7	Cisco2950 24 交换机	100/1000 自适应端口 24 个,2 个 SFP 接口模块	1	与被测软件系统进行数据交换
8	时统中断设备	PCI 总线,提供 1 Hz、20 Hz 中断服务	1	提供时统信息

3.3.7　支持环境

从硬件、软件和固件 3 方面阐明待开发的 CSCI 使用的设备、工具和资源。

> 5.4.2　支持环境
> 　　系统开发需要与运行环境类似的硬件环境,以及 Microsoft Framework 3.0 和 Qt 4.0 以上的软件开发平台。

3.3.8　设计约束

指明待开发软件系统和/或 CSCI 在设计时应考虑的约束条件。

> 5.6　设计约束
> 　　(1) 在满足需求的前提下,将软件复用理念贯彻到软件的设计、开发和实现中,提高软件的重用水平,提高软件系统的可维护性、可扩展性。
> 　　(2) 软件设计和实现上采用成熟技术,特别是要继承现有系统设计和实现上的关键技术和成功经验,使用熟悉的编程语言,力求系统技术上的可靠性。

3.3.9　管理要求

本部分描述软件开发的管理要求,包括配置项关键等级、进度要求、质量保证要求、评审要求、测试要求、文档要求等。

> 6　管理要求
> 6.1　配置项关键等级
> 　　依据依从的标准,软件的规模等级为"中",安全关键等级为"D"。

6.2　进度要求

　　(略)

6.3　质量保证要求

　　按照标准要求,建立完善的软件项目组织机构,严格遵循软件质量保证、配置管理相关规定。

6.4　评审要求

　　依据标准要求开展各阶段的评审活动,保障软件开发质量。软件开发节点外部评审的控制要求如表 3-3 所示。

表 3-3　软件评审要求表

序号	开发节点	评审方式
1	软件需求分析	外部评审
2	软件验收交付	外部评审

6.5　测试要求

　　软件开发过程必须经过配置项测试,测试应遵循《软件测试细则》的要求。

6.6　文档要求

　　文档编写应满足《软件文档编制细则》的要求,各个开发阶段产生的文档包含但不限于表 3-4 所列文档。

表 3-4　开发文档清单

开　发　阶　段	文　档　要　求
软件需求分析阶段	软件需求规格说明
软件设计阶段	软件设计说明
软件实现阶段	—
软件测试阶段	软件配置项测试说明
	软件配置项测试报告
软件验收与移交阶段	软件用户手册

3.3.10　验收与交付

　　本部分应说明待开发软件的完成形式和交付内容,验收准则和验收测试的运行环境等。另外,还应说明软件承制方应提供的服务和内容(如软件安装、检查和培训等)。

7　验收与交付

7.1　验收前提

　　(1) 通过软件配置项测试评审;

　　(2) 任务书规定的各类文档齐全;

　　(3) 软件产品已置于配置管理之下。

7.2　验收依据

　　依据研制任务书及《×××软件工程规范》处理。

> 7.3　验收程序
>
> 　　软件验收程序按照《软件验收、移交和保障细则》进行。
>
> 7.4　软件移交
>
> 　　(1) 软件完成配置项测试并通过验收评审后,可进行移交工作;
>
> 　　(2) 移交的软件产品和文档资料以开发任务书为依据;
>
> 　　(3) 如用户需要,软件开发方应对用户进行培训。

3.3.11　维护

　　本部分规定验收后出现问题的处理原则,说明待开发软件的纠错、适应、完善和预防性维护工作的要求。

> **8　维护**
>
> 　　软件验收通过后,按照《×××软件工程规范》要求制定软件维护计划,实施软件维护,同时要严格控制软件技术状态变化。
>
> 　　如果发现软件错误或对软件进行改正性维护和改善性维护时,在实施更动前,要进行安全性分析和影响域分析,然后进行回归测试、审查或验收;适应性维护要在更动后的运行环境中进行测试,并作好维护记录。
>
> 　　对软件的更动应征得项目主管部门同意。

3.4　软件研制任务书的常见问题

　　在编制软件研制任务书时,常出现以下 11 个方面的问题。

　　(1) 软件概述过于简单,未说明软件在其所属的软件系统中的位置以及与软件系统中其他软件配置项的关系。软件概述的目的是让读者了解软件的大致情况,包括软件开发的目的、用途、主要功能、性能、接口以及与软件系统中其他软件配置项的关系,不应过于简略。

　　(2) 未能完整清晰地描述引用文档,常出现引用文档不全面、不准确的情况。注意不能漏写重要的引用文档,引用时应核实文档的版本和日期等是否准确。引用文档一般应声明引用文档的文档号、标题、编写单位(或作者)和日期等信息。

　　(3) 未能确切地给出在本文档中出现的专用术语和缩略语的定义。应准确给出文中出现的所有专用术语和缩略语的完整含义,缩略语的定义应与软件系统其他文档一致。

　　(4) 对软件功能、性能、接口、运行环境、支持环境、工作模式、设计约束等要求的描述不够明确。在研制任务书中,应以简练的语言描述软件的功能、性能、接口及其他开发要求,含义明确,不能模糊。

　　(5) 未明确规定合理可行的进度要求。在研制任务书中,需要明确进度要求,进度应与合同或协议等一致,作为软件开发的依据。

　　(6) 未明确规定质量保证要求,或质量保证要求不具体。在研制任务书中,需要明确质量保证要求,作为软件开发质量保证计划的编制依据。

（7）未明确规定测试要求。在研制任务书中,需要明确软件测试要求,作为软件测试计划的编制依据。

（8）未明确规定文档要求,包括文档种类和应遵循的标准或规范。在研制任务书中,需要明确软件开发的文档要求,包括文档种类和应遵循的标准或规范。

（9）未明确规定评审要求和其他的质量控制节点(如需要)。在研制任务书中,需要明确软件开发的评审要求。一般地,在开发周期的每个阶段结束时都需要开展评审,在里程碑处要进行外部评审。

（10）未明确提出软件的验收准则及维护要求。在研制任务书中,需要明确软件的验收准则及维护要求,作为后续软件验收和维护的依据。

（11）文档编写不规范、内容不完整、描述不准确。应严格遵循所要求的国标、军标或其他标准规范,开展文档编制工作。

软件需求规格说明

软件需求规格说明(software requirement specification,SRS)是软件需求分析阶段一份重要的技术文档,其目的是在软件系统规格说明、软件研制任务书等的基础上,描述对软件配置项的需求,以及确保每个要求得以满足所使用的方法,为软件开发实施、成本和进度估算等提供基础。

软件需求是软件开发的基础。软件产品用来解决现实世界中的某个或某些问题,而软件需求表达了需要和置于软件产品之上的约束。好的需求是项目成功的必要条件,不正确地理解需求,文档化需求、未能有效地控制需求变更等将不可避免地导致开发费用的增加、交付的延迟和产品质量的低下,也就无法得到客户满意。

软件需求分析的目标是确定待开发软件的功能需求、性能需求和运行环境约束,编制需求规格说明书。软件的功能需求应指明软件必须完成的功能;软件的性能需求包括软件的安全性、可靠性、可维护性、精度、错误处理、适应性等需求;软件系统在运行环境方面的约束指待开发的软件系统必须满足的运行环境方面的要求。

SRS 的主要内容包括：描述软件及其外部接口的基本需求(包括功能、性能、设计约束和属性等)、环境需求、资源需求、适应性需求、保密性需求、质量因素和其他需求,明确合格性规定及需求可追踪性等。与 CSCI 外部接口有关的需求既可在 SRS 中描述,也可在 SRS 所引用的一个或多个接口需求规格说明中描述。

SRS 是后续软件设计、软件测试等工作的基础,是软件设计说明、软件测试计划等技术文档的设计依据。

4.1 软件需求规格说明的编写要求

SRS 描述软件配置项的需求以及确保满足各需求所使用的方法,编写要求主要有：

(1) 应完整、清晰、详细地描述 CSCI 的功能,包括业务规则、处理流程、数学模型、容错处理要求、异常处理要求等专业应用领域的全部要求;

(2) 完整、清晰、详细地描述 CSCI 的全部外部接口(包括接口的名称、标识、特性、通信协议、传递的信息、流量、时序等);

(3) 应完整、清晰、详细地描述 CSCI 的性能需求;

(4) 以 CSCI 为单位,采用适当的软件需求分析方法进行软件需求分析;

(5) 应明确提出软件的安全性、可靠性、易用性、可移植性、维护性需求等其他要求;

（6）用名称和项目唯一标识号标识每个内部接口，描述在该接口上将要传递的信息的摘要，标识 CSCI 的数据元素，说明数据元素的测量单位、极限值/值域、精度、分辨率、来源/目的（对外部接口的数据元素，可引用详细描述该接口的接口需求规格说明或相关文档）；

（7）指明 CSCI 的设计约束；

（8）描述运行环境要求，包括运行软件所需要的设备能力、软件运行所需要的支持软件环境。

4.2　软件需求规格说明的内容

分结构化方法和面向对象方法分别介绍。

4.2.1　软件需求规格说明（结构化方法）

软件需求规格说明（结构化方法）

1　范围

1.1　标识

写明本文档的：

（1）标识（含版本号）；

（2）标题；

（3）适用范围，说明本文档所适用对象的名称与标识。

1.2　CSCI 概述

标识并描述本文档适用的 CSCI 在系统中的作用、运行环境。

1.3　文档概述

概述本文档的用途和内容。

1.4　与其他文档的关系

概述本文档与其他文档之间的关系。

2　引用文档

按文档的编号、标题、编写单位（或作者）和出版日期等，列出本文档引用的所有文档，如表 4-1 所示。

表 4-1　引用文档表

序号	引用文档标题	引用文档标识	编写单位	出版日期

3　术语和定义

给出所有在本文档中出现的专用术语和缩略语的确切定义。

4　工程需求

详细说明所有的工程需求，以确保 CSCI 的正确开发。本节的各项需求是从相应的软件系统规格说明和软件开发任务书所建立的要求中分配或派生出来的。

4.1　CSCI 外部接口需求

标识并说明待开发的 CSCI 的外部接口。为便于描述,可借助如图 4-1 所示的外部接口示意图,分小节(从 4.1.1 节开始编号)或引用有关的文档(例如外部接口需求规格说明)逐一加以说明。对于每个外部接口应当给出其名称和项目唯一标识号,并描述其主要特性(包括该接口上要传递的信息摘要、硬件特性、通信协议和数据流量等),还应当注明这些需求的来源或依据(例如信息流程和信息规程等)。

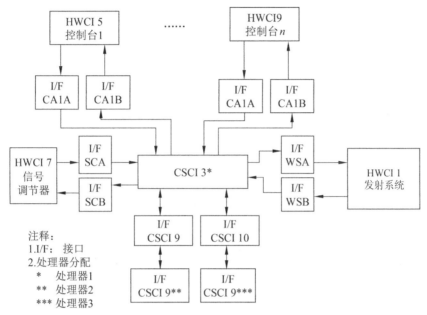

图 4-1　外部接口示意图

4.2　CSCI 功能需求

标识并阐明该 CSCI 应满足的各个功能需求。

4.2.X　(功能名称和项目唯一标识号)

从 4.2.1 节开始编号,描述 CSCI 的功能需求。借助数据流图(DFD)和控制流图(CFD)标识和陈述与其目的和用途有关的每一个输入、处理(包括正常、异常、容错等处理)、输出以及其他要求。另外,还应描述与业务处理相关的数学模型、处理流程、状态变化等内容。

4.3　性能需求

描述 CSCI 的各种性能需求。例如,数据收发和处理时延、双工/双机切换时间、软件重启动时间等。

4.4　CSCI 内部接口需求

标识上述各项功能之间的接口。每个内部接口应当用名称和项目唯一标识号加以标识,并简要描述每个接口,包括在该接口上将要传递的信息的摘要。为了帮助说明,可使用数据流图、控制流图和其他有关信息的内部接口图。

4.5　其他软件需求

描述除功能需求、性能需求和接口需求外的软件需求。例如,安全性、可靠性、软件效率、人机工程、可测试性、可理解性、可维护性和可移植性等方面的需求。

4.6　CSCI 数据元素要求

详细说明下列各项信息:

(1) 对于 CSCI 内部的数据元素,可用类似于表 4-1 的形式说明,应包括:

① 赋给数据元素一个项目唯一标识号；

② 简要描述数据元素；

③ 标识数据元素的测量单位。例如，s(秒)、m(米)、kHz(千赫)等；

④ 标识数据元素的极限值/值域(若为常数，则提供实际值)；

⑤ 标识数据元素所需的精度；

⑥ 用有效数字标识数据元素的精度或分辨率；

⑦ 对 CSCI 内部接口的数据元素(如表 4-2 所示)，还要：

(a) 用名称和项目唯一标识号标识该接口；

(b) 用名称和项目唯一标识号标识该接口数据元素的来源；

(c) 用名称和项目唯一标识号标识该接口数据元素的目的地。

表 4-2　CSCI 内部接口数据元素定义表示例

数据元素标识号	说明	来源	目的地	单位	极限值/值域	精度	分辨率
IFA001	速度	CSCI-A01	CSCI-A02 CSCI-A03	m/s	$20\sim1000$	$+20$	10^{-3}
IFA002	方位角	CSCI-A02	CSCI-A04	弧度	$0\sim\pi/2$	$+0.05$	10^{-3}

(2) 对于 CSCI 外部接口的数据元素应说明下列内容：

① 用项目唯一标识号标识数据元素；

② 用名称和项目唯一标识号标识该接口；

③ 用名称和项目唯一标识号标识数据元素的来源和目的地；

④ 引用详细描述该接口的接口需求规格说明或相关文档。

4.7　设计约束

指明约束 CSCI 设计的其他需求。例如，使用特殊的处理器配置等。

4.8　安装要求

详细说明在将 CSCI 安装到目标系统上时，为使其适应现场独特的条件和/或系统环境的改变而提出的各种需求。

4.8.1　安装依赖的数据

描述每次将 CSCI 安装到目标系统时所需的现场独特数据。例如，通用计算机系统中的用户授权参数、系统性能调谐参数和网络配置参数或嵌入式计算机系统中的硬件接口参数以及规定的系统安全限制参数、任务/用户环境订制参数等。

4.8.2　安装操作要求

描述安装 CSCI 所需的操作要求。例如，是由人工手动还是程序自动安装，是本地安装还是通过网络远程上/下行加载安装等。

4.9　追踪关系

描述把本文档中的工程需求变换到《软件系统规格说明》和/或《软件研制任务书》中的 CSCI 的需求的映射，本节还应提供自《软件系统规格说明》和/或《软件研制任务书》的 CSCI 的需求分配到本文档中的工程需求的映射。

5　运行环境要求

描述软件运行所需环境。

5.1　设备

描述运行软件所需要的设备以及配置情况。例如，目标机的 CPU、主频和存储器等。

5.2 支持软件

列出软件运行所需要的支持软件环境。例如,操作系统软件、监控软件等。

6 合格性需求

6.1 合格性审查方法

详细说明用于审查 CSCI 是否满足需求的方法。例如,可使用类似于表 4-3 的表来表示。

表 4-3 交叉引用表的例子

功能名称	功能标识号	所在章节号	合格性方法*	合格性级别**
转发数据	CAP103-A	3.2.10.3	A	3
数据记录	CAP205-C	3.2.13.5	A	1

* 合格性方法:A——分析;D——演示;Z——检查。

** 合格性级别:1——配置项级;2——系统集成级;3——系统级;4——系统安装级。

合格性审查方法包括:

(1) 演示(D):通过按选定的任务剖面运行被审查的对象,观察其在运行过程中所展示的动态特性和软硬件协调性,从宏观上判断被审查对象完成所要求任务的情况的方法;

(2) 分析(A):通过对被审查对象的各级测试数据特别是故障数据的解释和分析(可利用 FMEA 和 FTA 技术),归纳总结其功能性和可靠性,从而论证被审查对象完成所要求任务的能力的方法;

(3) 检查(Z):通过对正式交付的被审查对象的软件开发文档和源码等的直观检查即走查,评价其需求的符合情况,以判断被审查对象是否满足有关需求的方法。

合格性级别划分如下:

1——配置项级,在 CSCI 级别上进行的合格性审查;

2——系统集成级,在系统集成时进行的合格性审查;

3——系统级,在系统级别上进行的合格性审查;

4——系统安装级,在系统安装时进行的合格性审查。

6.2 特殊的合格性需求

详细说明与该 CSCI 的合格性有联系的特殊需求,标识和描述专门用于合格性审查的工具、技术(例如测试程序用到的计算公式和算法等)、过程、设施和验收限制等,对各个专门的测试应说明下列信息:

(1) 本测试的项目唯一标识号;

(2) 被测试功能需求的节号;

(3) 测试说明。例如,24 小时的可靠性测试、安全保险性测试;

(4) 测试级别(单元测试、部件测试、配置项测试或系统测试)。

7 交付需求

详细说明要交付的 CSCI 产品的介质类型和特性(例如光盘、U 盘和移动硬盘等)。任何要求独特的交付都要在本章说明。

8 维护保障需求

说明 CSCI 的纠错、适应和完善性等维护工作的需求。

4.2.2 软件需求规格说明(面向对象方法)

软件需求规格说明(面向对象方法)

1 范围

1.1 标识

写明本文档的:

(1)标识(含版本号);

(2)标题;

(3)适用范围,说明本文档所适用对象的名称与标识。

1.2 CSCI 概述

标识并描述本文档适用的 CSCI 在系统中的作用、运行环境。

1.3 文档概述

概述本文档的用途和内容。

1.4 与其他文档的关系

概述本文档与其他文档之间的关系。

2 引用文档

按文档的编号、标题、编写单位(或作者)和出版日期等,列出本文档引用的所有文档,如表 4-4 所示。

表 4-4 引用文档表

序号	引用文档标题	引用文档标识	编写单位	出版日期

3 术语和定义

给出所有在本文档中出现的专用术语和缩略语的确切定义。

4 CSCI 工程需求

详细说明所有的工程需求,以确保 CSCI 的正确开发。本节的各项需求是从相应的软件系统设计说明和软件研制任务书所建立的要求中分配或派生出来的。

4.1 外部接口需求

标识并说明待开发的 CSCI 的外部接口。

4.2 CSCI 功能需求说明

本节从高层叙述 CSCI 功能,可能包括功能的分解,其中的每一部分功能可能对应了一张用况(use case)图。

4.2.X (功能名称和项目唯一标识号)

从 4.2.1 节开始编号,用名称和项目唯一标识号标识该 CSCI 的各部分功能,并分小节说明其功能需求。此标题下包括功能概述,应包含相应的用况图及其说明。

4.2.X.1 角色(actor)说明

从 4.2.1.1 节开始编号,说明在用况图中出现的每一个角色。

4.2.X.2 用况说明

从 4.2.1.2 节开始编号,分节说明在用况图中出现的所有用况,主要说明以下内容:

(1)用况的参与者和发起者;

　　(2) 功能概述；

　　(3) 主事件流；

　　(4) 子事件流和异常事件流；

　　(5) 前提条件；

　　(6) 后置条件；

　　(7) 优先级等。

4.2. X. Y　(其他说明)

根据说明的需要从前一小节开始顺延编号，进一步说明功能需求，必要时说明针对本功能的性能、可靠性等需求。

需要说明的内容可能有：

　　(1) 业务规则：可以用文字、公式或图表等合适的方式说明；

　　(2) 处理流程：可以用时序图、活动图等合适的方式说明；

　　(3) 状态变化：可以用状态图等合适的方式说明；

　　(4) 特殊需求：说明仅适用于本功能的性能、可靠性、安全性等需求；

　　(5) 其他：说明其他需要说明的内容，表示方式不限。

4.3　性能需求

描述 CSCI 的各种性能需求。例如，数据收发和处理时延、双工/双机切换时间、软件重启动时间等。

4.4　其他软件需求

描述除功能需求、性能需求外的软件需求。例如，安全性、可靠性、软件效率、人机工程、可测试性、可理解性、可维护性和可移植性等方面的需求。

4.5　设计约束

指明约束 CSCI 设计的其他需求，如使用特殊的处理器配置等。

4.6　安装要求

详细说明在将 CSCI 安装到目标系统上时，为使其适应现场独特的条件和/或系统环境的改变而提出的各种需求。

4.6.1　安装依赖的数据

描述每次将 CSCI 安装到目标系统时所需的现场独特数据。例如，在通用计算机系统中的用户授权参数、系统性能调谐参数和网络配置参数，或嵌入式计算机系统中的硬件接口参数，以及规定的系统安全限制参数、任务/用户环境定制参数等。

4.6.2　安装操作要求

描述安装 CSCI 所需的操作要求。例如，是由人工手动，还是程序自动安装；是本地安装还是通过网络远程上/下行加载安装等。

4.7　追踪关系

描述把本文档中的 CSCI 工程需求变换到《软件系统设计说明》和/或《软件研制任务书》中的 CSCI 需求(即任务和质量要求)的映射，本节还应提供自《软件系统设计说明》和/或《软件研制任务书》的 CSCI 需求分配到本文档中的工程需求的映射。

5　运行环境要求

描述软件运行所需环境。

5.1　设备

描述运行软件所需要的设备以及配置情况。例如目标机的 CPU、主频和存储器等。

5.2　支持软件

列出软件运行所需要的支持软件环境。例如操作系统软件、监控软件等。

6　合格性需求

6.1　合格性审查方法

详细说明用于审查 CSCI 是否满足需求的方法。例如,可使用类似表 4-5 的表来表示。合格性审查方法包括:

(1) 演示(D):通过按选定的任务剖面运行被审查的对象,观察其在运行过程中所展示的动态特性和软硬件协调性,从宏观上判断审查对象完成所要求任务的情况的方法;

(2) 分析(A):通过对被审查对象的各级测试数据特别是故障数据的解释和分析(可利用 FMEA 和 FTA 技术),归纳总结其功能性和可靠性,从而论证被审查对象完成所要求任务的能力的方法;

(3) 检查(Z):通过对正式交付的被审查对象的软件研制文档和源码等的直观检查即走查,评价其需求的符合情况,以判断被审查对象是否满足有关的需求的方法。

合格性级别划分如下:

(1) 1——配置项级,在 CSCI 级别上进行的合格性审查;

(2) 2——系统集成级,在系统集成时进行的合格性审查;

(3) 3——系统级,在系统级别上进行的合格性审查;

(4) 4——系统安装级,在系统安装时进行的合格性审查。

表 4-5　交叉引用表示例

功能名称	功能标识号	所在章节号	合格性方法	合格性级别
转发数据	CAP103-A	3.2.10.3	A	3
数据记录	CAP205-C	3.2.13.5	A	1

6.2　特殊的合格性需求

详细说明与该 CSCI 的合格性有联系的特殊需求,标识和描述专门用于合格性审查的工具、技术(例如测试程序用到的计算公式和算法等)、过程、设施和验收限制等,对各个专门的测试应说明下列信息:

(1) 本测试的项目唯一标识号;

(2) 被测试功能需求的节号;

(3) 测试说明。例如 24 小时的可靠性测试、安全保险性测试;

(4) 测试级别(CSU、CSC、CSCI 或系统级)。

7　交付需求

详细说明要交付的 CSCI 产品的介质的类型和特性(例如光盘、U 盘和移动硬盘)。任何要求独特的交付都要在本节说明。

8　维护保障需求

说明 CSCI 的纠错、适应和完善性等维护工作的需求。

4.3　软件需求规格说明编写示例

以 TOTES 测试仿真系统的数据收发软件为例,给出面向对象的软件需求规格说明示例。

4.3.1 外部接口需求

标识并说明待开发的 CSCI 的外部接口。

4.1 外部接口需求

数据收发软件是整个测试仿真系统的出入口,对内与外测仿真与处理软件、遥测仿真与处理软件、弹/轨道误差分析软件、故障轨道仿真软件、测试数据管理与过程支持软件等存在接口关系,对外与被测软件系统存在接口关系,此外还与操作员存在人机接口关系,如图 4-2 所示。

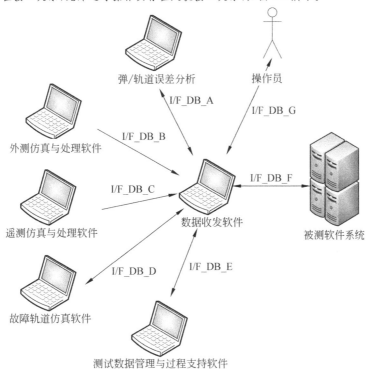

图 4-2 外部接口图

数据收发软件接收测试仿真系统中其他软件的仿真数据,根据需求进行协议转换或者透明转发给被测软件系统,同时接收被测软件系统发来的各类数据转发至对应的软件。

4.1.1 与弹/轨道误差分析软件的接口(I/F_DB_A)

数据收发软件将接收到的轨道数据、轨道数据发送至弹/轨道误差分析软件,弹/轨道误差分析软件将误差分析结果返回至数据交换软件。

4.1.2 与外测仿真与处理软件的接口(I/F_DB_B)

外测仿真与处理软件将生成的外测数据发送至数据交换软件进行转发。

4.1.3 与遥测仿真与处理软件的接口(I/F_DB_C)

遥测仿真与处理软件将生成的遥测数据发送至数据交换软件进行转发。

4.1.4 与故障轨道仿真软件的接口(I/F_DB_D)

数据收发软件将接收到的外测数据、遥测数据发送至故障轨道仿真软件,故障轨道仿真软件将生成的轨道数据发送至数据交换软件进行转发。

4.1.5 与测试数据管理与过程支持软件的接口(I/F_DB_E)

数据收发软件发送数据查询或数据操作指令至测试数据管理与过程支持软件的接口,测试数据管理与过程支持软件将查询或操作结果反馈给数据收发软件。

4.1.6 与被测软件系统的接口(I/F_DB_F)

数据收发软件发送数据查询或数据操作指令至测试数据管理与过程支持软件的接口,测试数据管理与过程支持软件将查询或操作结果反馈给数据收发软件。

4.1.7 与操作员的人机接口(I/F_DB_G)

操作员通过界面可以对数据收发软件进行配置和控制,数据收发软件实时显示数据收发状态提供操作员进行查看。

4.3.2 功能需求说明

从高层叙述 CSCI 功能,可能包括功能的分解,其中的每一部分功能可能对应了一张用况图。

4.2 CSCI 功能需求说明

数据收发软件主要功能包括:

(1) 数据接收功能;

(2) 协议转换功能;

(3) 数据发送功能;

(4) 人机交互功能。

4.2.1 数据接收功能

数据收发软件能够捕获各种方式传输的网络数据,支持数据过滤功能,过滤方式包括:按源地址(IP 地址、组播地址、端口号、MAC 地址)、按数据传输协议、按指定位置的数据内容等,如图 4-3 所示。

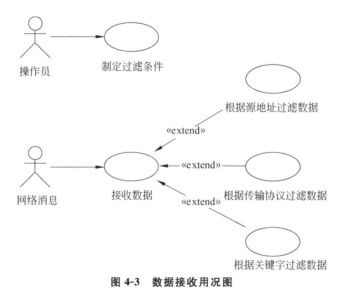

图 4-3 数据接收用况图

4.2.1.1　角色说明

操作员：制定数据的过滤规则；

网络消息：启动数据收发软件进行数据接收。

4.2.1.2　制定过滤规则的用况说明

用例名：制定过滤规则；

参与者：操作员；

描述：操作员根据需求制定网络消息的过滤规则；

主事件流：

参与者的动作	系统响应
操作员制定关于传输协议相关的过滤规则,包括选择网络类型、网络协议等	保存当前的规则

异常处理事件：

E1：保存过滤规则时,发生错误；

使用当前规则,提示相关错误信息；

前置条件：软件已启动；

后置条件：过滤规则被保存；

其他需求：无；

重要等级：高。

4.2.1.3　接收数据的用况说明

用例名：接收数据；

参与者：网络消息；

描述：接收数据收发软件所在计算机能收到的全部网络数据；

主事件流：

参与者的动作	系统响应
网络消息发出	接收此网络消息,并进行保存和显示

异常处理事件：

E1：保存网络消息时,发生错误；

不再继续保存,提示相关错误信息；

前置条件：网络消息发出；

后置条件：网络消息被保存；

其他需求：无；

重要等级：高。

4.2.1.4　根据源地址过滤数据的用况说明

用例名：根据源地址过滤数据；

参与者：网络消息、操作员；

描述：操作员制定关于源地址相关的过滤规则,根据过滤条件对网络消息的源地址进行过滤；

主事件流：

参与者的动作	系统响应
网络消息发出	接收此网络消息,并将满足过滤规则的网络消息进行保存和显示

异常处理事件：

E1：保存网络消息时，发生错误；

不再继续保存，提示相关错误信息；

前置条件：网络消息发出，且过滤条件设定；

后置条件：满足过滤条件的网络消息被保存和显示；

其他需求：无；

重要等级：高。

4.2.1.5 根据传输协议过滤数据的用况说明

用例名：根据传输协议过滤数据；

参与者：网络消息、操作员；

描述：操作员制定关于传输协议相关的过滤规则，根据过滤条件对网络消息的传输协议进行过滤；

主事件流：

参与者的动作	系统响应
网络消息发出	接收此网络消息，并将满足过滤规则的网络消息进行保存和显示

异常处理事件：

E1：保存网络消息时，发生错误；

不再继续保存，提示相关错误信息；

前置条件：网络消息发出，且过滤条件设定；

后置条件：满足过滤条件的网络消息被保存和显示；

其他需求：无；

重要等级：高。

4.2.1.6 根据关键字过滤数据的用况说明

用例名：根据关键字过滤数据；

参与者：网络消息、操作员；

描述：操作员制定关于关键字相关的过滤规则，根据过滤条件对网络消息的传输协议进行过滤；

主事件流：

参与者的动作	系统响应
网络消息发出	接收此网络消息，并将满足过滤规则的网络消息进行保存和显示

异常处理事件：

E1：保存网络消息时，发生错误；

不再继续保存，提示相关错误信息；

前置条件：网络消息发出，且过滤条件设定；

后置条件：满足过滤条件的网络消息被保存和显示；

其他需求：无；

重要等级：高。

4.3.3 性能需求说明

本部分描述 CSCI 的各种性能需求。例如，数据收发和处理时延、双工/双机切换时间、软件重启动时间等。

4.3　性能需求

(1) 数据处理延迟不大于 20 ms。对任一帧数据,其数据处理延迟时长指的是从接收到该数据开始,到处理后生成结果并完成数据发送、储存等后置操作为止的一段时间的长度。

(2) 最小数据发送周期应可设置,且满足现有的测控软件的数据发送的实际周期。数据发送周期指的是从待发送数据队列中取出数据并完成发送的循环操作所花费时间的长度。最小数据发送周期衡量的是在数据具备的条件下(等待数据生成的时间不计算在内),数据收发软件完成数据循环发送的最大能力。

(3) 软件运行 CPU 开销小于 60%。这里的 CPU 开销指的是在不考虑瞬间峰值情况下的最大值,即在满负荷运行状态下,数据收发软件所有并行进程所占的 CPU 开销比例之和。

(4) 内存占用不超过 30%。这里的内存占用指的是最大的内存占用比例,即在满负荷运行状态下,数据收发软件所有并行进程所占用的内存与所运行在的计算机全部内存的比例之和。

4.3.4　设计约束

本部分指明约束 CSCI 设计的其他需求,如使用特殊的处理器配置等。

4.5　设计约束

软件运行在通用 Windows/Linux 平台下。

Windows 平台下软件占用硬盘空间小于 500 MB,运行空间小于 250 MB。

Linux 平台下软件占用硬盘空间小于 500 MB,运行空间小于 200 MB。

4.3.5　运行环境要求

本部分应提出软件运行所需环境。

5　运行环境要求

5.1　设备

该软件在 Windows/Linux 平台运行,工作模式为单机方式。对计算机硬件的最小配置要求为 2.20 GHz 处理器、1 GB 内存、60 GB 硬盘和 2 个千兆网络接口。

5.2　支持软件

数据交换软件运行在支持.NET Framework 3.0/Qt 4.0 以上版本的环境。

数据交换软件的运行要求有 Excel 的支持。

4.3.6　合格性需求

详细说明用于审查 CSCI 是否满足需求的方法,详细说明与该 CSCI 的合格性有联系的特殊需求,标识和描述专门用于合格性审查的工具、技术(例如测试程序用到的计算公式和算法等)、过程、设施和验收限制等。

6 合格性需求

6.1 合格性审查方法

合格性审查方法包括：

（1）演示：运行数据收发软件，检查其功能、性能是否满足开发要求；

（2）分析：通过对被审查对象的测试数据分析，归纳总结其功能性和可靠性，从而论证被审查对象完成所要求任务的能力的方法；

（3）检查：通过对正式交付的被审查对象的软件开发文档和源码等的直观检查即走查，评价其需求的符合情况，以判断被审查对象是否满足有关需求的方法。

合格性级别划分如下：

1——配置项级，在 CSCI 级别上进行的合格性审查；

2——系统集成级，在系统集成时进行的合格性审查；

3——系统级，在系统级别上进行的合格性审查；

4——系统安装级，在系统安装时进行的合格性审查。

表 4-6 合格性审查方法表

功能名称	功能标识号	所在章节号	合格性方法*	合格性级别**
数据接收功能	SJSF-F1	4.2.1	A.、D	1
协议转换功能	SJSF-F2	4.2.2	A.、D	1
数据发送功能	SJSF-F3	4.2.3	A.、D	1
人机交互功能	SJSF-F4	4.2.4	A.、D	1

* 合格性方法：A——分析；D——演示；Z——检查。

**合格性级别：1——配置项；2——系统集成；3——系统；4——系统安装。

6.2 特殊的合格性需求

无。

4.3.7 交付需求

本部分应详细说明要交付的 CSCI 产品的介质的类型和特性（例如光盘、U 盘和移动硬盘）。任何要求独特的交付都要在本节说明。

7 交付需求

需要交付的内容有：工程化文档、程序源代码和可执行映像。

工程化文档需要交付电子介质和纸介质各 2 份，程序源代码和可执行映像需要交付电子介质 1 份。

4.3.8 维护保障需求

说明 CSCI 的纠错、适应和完善性等维护工作的需求。

8　维护保障要求

任务软件验收通过后,按照要求制定软件维护计划,实施软件维护。同时要严格控制软件技术状态变化。

如果发现软件错误或对软件进行改正性维护和改善性维护后进行回归测试、审查或验收;适应性维护要在更动后的运行环境中进行测试,并作好维护记录。

对软件的更动应征得项目主管部门同意。

4.4　软件需求规格说明的常见问题

在编制软件需求规格说明时,常出现以下 15 个方面的问题。

(1) 未完整、清晰、详细地描述由待开发软件实现的功能。软件需求规格说明是后续软件设计、软件测试等工作的基础,是软件设计说明、软件测试计划等技术文档的设计依据,应完整、清晰、详细地描述由待开发软件实现的功能,包括业务规则、处理流程、数学模型、容错处理要求、异常处理要求等专业应用领域的全部要求。

(2) 未完整、清晰、详细地描述由待开发软件实现的全部外部接口,包括接口的名称、标识、特性、通信协议、传递的信息、流量、时序等。常见的问题包括接口漏项、接口数据元素描述的不完整、不准确等。注意应清晰说明每一个外部接口的接口协议、接口约束、接口上所有数据元素的数据类型、取值区间等关键信息。

(3) 未能完整、清晰地描述各个 CSCI 的性能需求。常见的问题包括未明确性能指标所要求的场景、所处的系统状态,导致性能指标的不可测试和不易评估。例如,提出"数据处理时间不大于 500 ms"而未说明数据处理时间的起始点和结束点。

(4) 未明确提出软件的安全性、可靠性、易用性、可移植性、维护性需求等其他要求。这些需求相比于软件功能或性能需求来说,不是主要内容,但并不是可有可无的。例如,对目标运行环境多样的软件来讲,可移植性需求非常重要,需要清晰地加以描述。

(5) 未完整清晰地描述引用文件,包括引用文档(文件)的文档号、标题、编写单位(作者)和日期等。注意不能漏写重要的引用文件,主要的引用文件一般包括软件开发任务书、软件开发计划等,引用时应核实文件的版本和日期等是否准确。引用文件一般应声明引用文档(文件)的文档号、标题、编写单位(或作者)和日期等信息。

(6) 未确切给出所有在本文档中出现的专用术语和缩略语定义。应准确给出文中出现的所有专用术语和缩略语的完整含义,缩略语的定义应与软件系统的其他文档一致。

(7) 未标识每个内部接口,未描述在该接口上将要传递的信息摘要和 CSCI 的数据元素。应对内部接口予以标识,说明接口数据元素的测量单位、极限值/值域、精度/分辨率、来源/目的等信息。

(8) 未指明各个 CSCI 的设计约束。应指明各个 CSCI 的设计约束,作为后续软件设计的依据。

(9) 未详细说明软件对其目标系统的安装要求及安装依赖数据。应说明在将开发完成的 CSCI 安装到目标系统上时,为使其适应现场独特的条件和/或系统环境的改变而提出的各种需求。

（10）未描述运行环境要求。应详细描述软件运行环境要求，包括运行软件所需要的设备能力、软件运行所需要的支持软件环境等。

（11）未详细说明用于审查CSCI满足需求的方法。应说明软件审查方法，并标识和描述专门用于合格性审查的工具、技术、过程、设施和验收限制等。

（12）未详细说明要交付的CSCI介质的类型和特性。应说明要交付的CSCI介质的类型和特性，特别是独特的交付需求，作为后续交付和验收的依据。

（13）未描述CSCI维护保障需求。应详细描述维护保障需求，作为后续纠错、适应和完善性等维护工作的依据。

（14）未描述本文档中的工程需求与《软件系统规格说明》和/或《软件研制任务书》中的CSCI的需求的双向追踪关系。应准确描述双向追踪关系，以保证需求可追溯性。

（15）文档编制不规范、内容不完整、描述不准确。应严格遵循所要求的国标、军标或其他标准规范，开展文档编制工作。

接口需求规格说明

接口需求规格说明(interface requirement specification,IRS)描述一个或多个系统、硬件配置项、软件配置项、人工操作或其他系统部件之间的数据交换或互操作需求,从而实现这些实体间的一个或多个接口。

接口需求也可以在系统规格说明或软件需求规格说明中描述。一般地,当接口较多或较为复杂时,应单独编制 IRS,IRS 作为系统规格说明和软件需求规格说明的补充,共同构成系统或 CSCI 设计与合格性测试的基础。

IRS 是后续软件设计和软件测试阶段工作的重要依据之一。

5.1　接口需求规格说明的编写要求

IRS 主要描述接口需求,编写要求主要有:

(1)绘制一个或多个接口示意图,描述和标识各 CSCI、HWCI 和本文档适用的各关键项之间的连接关系和接口;

(2)详细说明对接口的需求,包括接口使用的通信协议、接口的优先级别等;

(3)清晰描述每个接口的数据要求,对每个通过接口的数据元素,应详细说明数据元素的项目唯一标识号、简要描述、来源/用户、度量单位、极限值/值域、精度/分辨率等。

5.2　接口需求规格说明的内容

接口需求规格说明

1　范围

1.1　标识

写明本文档的:

(1)标识(含版本号);

(2)标题;

(3)适用范围,说明本文档所适用对象的名称与标识。

1.2　CSCI 概述

标识并描述本文档适用的 CSCI 在系统中的作用、运行环境。

1.3　文档概述

概述本文档的用途和内容。

1.4　与其他文档的关系

概述本文档与其他文档之间的关系。

2　引用文档

按文档的编号、标题、编写单位(或作者)和出版日期等,列出本文档引用的所有文档,如表 5-1 所示。

表 5-1　引用文档表

序号	引用文档标题	引用文档标识	编写单位	出版日期

3　术语和定义

给出所有在本文档中出现的专用术语和缩略语的确切定义。

4　接口说明

详细说明待开发软件的接口需求。

4.1　接口示意图

描述和标识各 CSCI、HWCI 和本文档适用的各关键项之间的连接关系和接口。为了描述这些接口,应提供一个或多个接口示意图,对每个接口应标识其名称和项目唯一标识号。

4.X　(接口名称和项目唯一标识号)

从 4.2 节开始编号。各节要用名称和项目唯一标识号标识一个接口,陈述其用途,并分小节详细说明对接口的需求以及接口间数据传递的要求。

4.X.1　接口需求

从 4.2.1 节开始编号,各节应规定:

(1) 与各 CSCI 的联接是并发执行还是顺序执行,若是并发执行,则规定 CSCI 内部使用的同步方法;

(2) 接口使用的通信协议;

(3) 接口的优先级别。

4.X.2　数据要求

从 4.2.2 节开始编号,对每个通过接口的数据元素,应详细说明数据元素定义表(见表 5-2)中的下列信息:

(1) 数据元素的项目唯一标识号;

(2) 数据元素的简要描述;

(3) 数据元素来源于 CSCI、HWCI 还是关键项;

(4) 数据元素的用户是各个 CSCI、HWCI 还是各关键项;

(5) 数据元素的度量单位,例如 s(秒)和 m(米)等;

(6) 数据元素的极限值/值域,若是常数,提供实际值;

(7) 数据元素的精度或用有效数字表示的数据元素的分辨率。

表 5-2　接口数据元素定义表示例

数据元素标识号	说明	来源 CSCI	目的地 CSCI	单位	极限值/值域	精度/分辨率
IFA001	速度	CSCI-A	CSCI-B CSCI-C	m/s	$20\sim1000$	10
IFA002	方位角	CSCI-A	CSCI-D	弧度	$0\sim\pi/2$	10^{-3}

续表

数据元素标识号	说明	来源 CSCI	目的地 CSCI	单位	极限值/值域	精度/分辨率
IFA003	高度	CSCI-C	CSCI-A CSCI-B CSCI-D	m	0～1500	10^{-3}

5.3　接口需求规格说明编写示例

5.3.1　接口示意图

本部分描述和标识各 CSCI、HWCI 和本文档适用的各关键项之间的连接关系和接口。为了描述这些接口,应提供一个或多个接口示意图,对每个接口应标识其名称和项目唯一标识号。

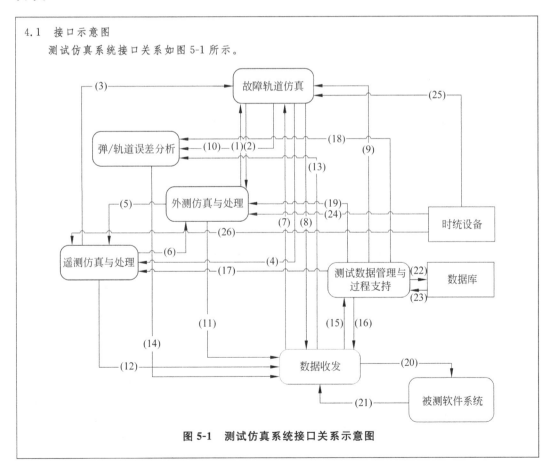

4.1　接口示意图

测试仿真系统接口关系如图 5-1 所示。

图 5-1　测试仿真系统接口关系示意图

表 5-3　测试仿真系统接口关系一览表

序号	标　识	名　称	来　源	目　的	信息内容
1	WCFZ_GZDD	从外测到故障轨道的接口	外测仿真与处理	故障轨道仿真	各类外测设备的仿真数据,包括光学设备、雷达、GPS 等各种信息
2	GZDD_WCFZ	从故障轨道到外测的接口	故障轨道仿真	外测仿真与处理	各种故障轨道数据、测量元素信息
3	YCFZ_GZDD	从遥测到故障轨道的接口	遥测仿真与处理	故障轨道仿真	各类遥测仿真数据
4	GZDD_YCFZ	从故障轨道到遥测的接口	故障轨道仿真	遥测仿真与处理	各种测量元素信息
5	WCFZ_YCFZ	从外测到遥测的接口	外测仿真与处理	遥测仿真与处理	各类外测仿真数据
6	YCFZ_WCFZ	从遥测到外测的接口	遥测仿真与处理	外测仿真与处理	各类遥测仿真数据
7	SJSF_GZDD	从数据收发到故障轨道的接口	数据收发	故障轨道仿真	各类外测数据、遥测数据
8	GZDD_SJSF	从故障轨道到数据收发的接口	故障轨道仿真	数据收发	轨道数据
9	SJGL_GZDD	从数据管理到故障轨道的接口	测试数据管理与过程支持	故障轨道仿真	各种测试公用数据
10	GZDD_WCFX	从故障轨道到误差分析的接口	故障轨道仿真	弹/轨道误差分析	轨道数据或轨道文件
11	WCFZ_SJSS	从外测到数据收发的接口	外测仿真与处理	数据收发	各类外测仿真数据
12	YCFZ_SJSS	从遥测到数据收发的接口	遥测仿真与处理	数据收发	各类遥测仿真数据
13	SJSF_WCFX	从数据收发到误差分析的接口	数据收发	弹/轨道误差分析	弹/轨道数据
14	WCFX_SJSF	从误差分析到数据收发的接口	弹/轨道误差分析	数据收发	误差分析结果
15	SJSF_SJGL	从数据收发到数据管理的接口	数据收发	测试数据管理与过程支持	遥外测数据、故障轨道信息等仿真软件产生的各类仿真数据以及弹/轨道数据、遥控指令等被测软件系统输出的各种数据

续表

序号	标 识	名 称	来 源	目 的	信 息 内 容
16	SJGL_SJSF	从数据管理到数据收发的接口	测试数据管理与过程支持	数据收发	数据查询结果
17	SJGL_YCFZ	从数据管理到遥测的接口	测试数据管理与过程支持	遥测仿真与处理	各种测试公用数据
18	SJGL_WCFX	从数据管理到误差分析的接口	测试数据管理与过程支持	弹/轨道误差分析	各种测试公用数据
19	SJGL_WCFZ	从数据管理到外测的接口	测试数据管理与过程支持	外测仿真与处理	各种测试公用数据
20	SJSF_BCJ	从数据收发到被测系统的接口	数据收发	被测软件系统	遥外测数据、故障轨道信息等各类仿真数据
21	BCJ_SJSF	从被测系统到数据收发的接口	被测软件系统	数据收发	弹/轨道数据、遥控指令等各种输出数据
22	SJGL_SJK	从数据管理到数据库的接口	测试数据管理与过程支持	数据库	遥外测数据、故障轨道信息等仿真软件产生的各类仿真数据,弹/轨道数据、遥控指令等被测软件系统输出的各种数据,测试用例、测试项相关的各种数据
23	SJK_SJGL	从数据库到数据管理的接口	数据库	测试数据管理与过程支持	各种测试公用数据,数据库存储的各种信息
24	STS_WCFZ	从时统到外测的接口	时统设备	外测仿真与处理	时统信息
25	STS_GZDD	从时统到故障轨道的接口	时统设备	故障轨道仿真	时统信息
26	STS_YCFZ	从时统到遥测的接口	时统设备	遥测仿真与处理	时统信息

5.3.2　接口需求

本部分详细说明接口用途,对接口的需求以及接口间数据传递的要求。

4.2 外测仿真与处理软件(WCFZ)与故障轨道仿真软件(GZDD)接口(WCFZ_GZDD_I)

4.2.1 接口需求

外测仿真与处理软件与故障轨道仿真软件的数据出接口,主要是向故障轨道仿真软件发送各类外测设备的仿真数据,包括光学设备、雷达、GPS等各种信息。外测仿真与处理软件与故障轨道仿真软件通过网络互联,数据传输采用UDP协议。接口的优先级别为2。

4.2.2 数据要求

接口数据元素定义如表5-4所示。

表 5-4 WCFZ_GZDD_I接口数据元素定义表

数据元素标识	说　　明	来源 CSCI	目的 CSCI	单位	值　　域	精度 /分辨率
WCFZ_GZD D_I-IFA0601	数据采样时刻	WCFZ	GZDD	s		1
WCFZ_GZD D_I-IFA0602	地心坐标系中的位置分量 X	WCFZ	GZDD	m	100 000～1 000 000	0.1
WCFZ_GZD D_I-IFA0603	地心坐标系中的位置分量 Y	WCFZ	GZDD	m	100 000～1 000 000	0.1
WCFZ_GZD D_I-IFA0604	地心坐标系中的位置分量 Z	WCFZ	GZDD	m	100 000～1 000 000	0.1
WCFZ_GZD D_I-IFA0605	地心坐标系中的速度分量 X	WCFZ	GZDD	m/s	10～200	0.01
WCFZ_GZD D_I-IFA0606	地心坐标系中的速度分量 Y	WCFZ	GZDD	m/s	10～200	0.01
WCFZ_GZD D_I-IFA0607	地心坐标系中的速度分量 Z	WCFZ	GZDD	m/s	10～200	0.01
WCFZ_GZD D_I-IFA0608	BCD码表示的日期	WCFZ	GZDD	d		0.1
WCFZ_GZD D_I-IFA0609	数据采样时刻	WCFZ	GZDD	0.1 m		1
WCFZ_GZD D_I-IFA0610	轨道半长轴	WCFZ	GZDD	m		0.1
WCFZ_GZD D_I-IFA0611	远地点地心距	WCFZ	GZDD	m		0.1
WCFZ_GZD D_I-IFA0612	近地点地心距	WCFZ	GZDD	m		0.1
WCFZ_GZD D_I-IFA0613	轨道偏心率	WCFZ	GZDD	1		2^{-31}
WCFZ_GZD D_I-IFA0614	轨道倾角	WCFZ	GZDD	(°)		2^{-24}
WCFZ_GZD D_I-IFA0615	升交点赤经	WCFZ	GZDD	(°)		2^{-22}

续表

数据元素标识	说　明	来源 CSCI	目的 CSCI	单位	值　域	精度 /分辨率
WCFZ_GZD D_I-IFA0616	近地点幅角	WCFZ	GZDD	(°)		2^{-22}
WCFZ_GZD D_I-IFA0617	平近点角	WCFZ	GZDD	(°)		2^{-22}
WCFZ_GZD D_I-IFA0618	轨道周期	WCFZ	GZDD	min		2^{-20}
WCFZ_GZD D_I-IFA0619	轨道周期变化率	WCFZ	GZDD	s/d		2^{-20}

5.4　接口需求规格说明的常见问题

在编制接口需求规格说明时,常出现以下 6 个方面的问题:

(1) 未提供接口示意图,未描述和标识各 CSCI、HWCI 和本文档适用的各关键项之间的连接关系和接口。接口示意图整体描述了各 CSCI、HWCI 和适用的各关键项之间的连接关系,是对接下来要详细描述的接口关系的总说明,是不可或缺的。需要时,也可以分部分绘制多个接口示意图。

(2) 未对每个接口标识其名称和项目唯一标识号。应对每个接口标识其名称和项目唯一标识号,以方便描述和防止混淆。

(3) 未详细说明对接口的需求,包括未说明接口使用的通信协议以及接口的优先级别等。应对每个接口分别清晰地描述所使用的通信协议、接口的优先级别等对接口的需求项。

(4) 未清晰描述每个接口的数据要求,对每个通过接口的数据元素,应详细说明数据元素的项目唯一标识号、简要描述、来源/用户、度量单位、极限值/值域、精度/分辨率等。应对每个接口分别地清晰描述所要求的数据元素。

(5) 未明确列出本文档引用的所有文件。应准确给出文中出现的所有专用术语和缩略语的完整含义,缩略语的定义应与软件系统的其他文档一致。

(6) 文档编制不规范、内容不完整、描述不准确。应严格遵循所要求的国标、军标或其他标准规范,开展文档编制工作,并做到内容完整、描述准确。

第三篇

软件设计文档

　　软件需求分析是要解决"做什么"的问题,通过一系列软件需求文档对目标系统进行描述与界定,主要定义的是目标系统的逻辑模型。软件设计则是解决"怎么做"的问题,要把需求的逻辑模型转变为软件实现的物理模型,并将设计结果反映在软件设计文档中,即着手实现软件的需求。

　　在设计实施过程中,需要细化需求中的功能点,将功能分配到模块中,对模块进行排列组合,增加连接模块和辅助模块,从而形成架构设计,再细化模块设计,形成详细设计。无论采用何种设计方法,上述过程都是必需的,只不过是思维方法有所不同,表示方法有所差异而已。例如采用结构化的设计方法,主要从主程序、子程序角度,运用数据类型和结构化控制方法来进行设计,常用结构层次图、程序流程图、数据流图等形式来描述设计结果;而采用面向对象的设计方法,则主要从使用者、类与对象、接口等角度进行分析与设计,通常用类图、序列图、状态图、构件和部署图等 UML 标准表示方法来描述设计结果。

　　对软件系统层面的分解和架构,形成系统设计说明(system design description,SSDD),再下一层对软件配置项的分解和架构则形成软件设计说明(software design description,SDD),软件设计说明又往往按模块架构设计和模块详细设计分别形成软件概要设计说明和软件详细设计说明。接口设计说明(interface design description,IDD)和数据库设计说明(database design description,DDD)则用于对各自层级设计说明的补充,根据规模和复杂程度决定独立成文或直接包含在相应设计说明中。其在软件开发过程中的关系如图1

所示。

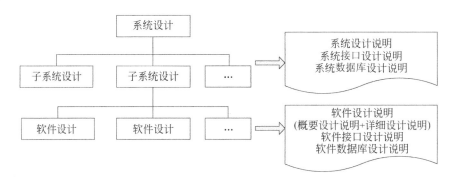

图 1　软件开发过程中的设计文档组成

　　软件设计文档是面向软件实现的,因此它的读者主要是软件开发人员。一般系统设计文档由系统架构设计人员编写,是进行软件配置项设计和开展系统级测试的重要依据。软件配置项设计文档由各软件配置项的设计人员完成,是进行软件编码、单元测试和配置项测试的重要依据。

　　在小型项目团队中,设计人员与开发人员经常是合一的,软件配置项的设计过程与开发过程也会有重叠,尤其使用原型式开发模型时,那么软件的设计难免随着开发的进行而发生变化,此时要适时更新设计文档,保持设计与实现的一致性。准确、一致的设计文档能够有效提高软件测试和维护工作的效率和质量。

系统设计说明

系统设计说明描述了系统的系统级设计决策与体系结构设计,是构成进一步系统实现的基础。

6.1 系统设计说明的编写要求

一般,系统设计说明应满足如下要求:

(1) 总体概述了系统(或项目)的建设背景或改造背景,概述了系统的主要用途;

(2) 引用文件完整准确,包括引用文档的文档号、标题、编写单位(或作者)和日期等;

(3) 确切地给出所有在本文档中出现的专用术语和缩略语的定义;

(4) 描述了系统级设计决策;

(5) 描述了系统的生产和部署阶段所需要的支持环境;

(6) 以配置项为单位(包括软件配置项或/和硬件配置项)设计了软件系统体系结构或系统体系结构;

(7) 软件系统的体系结构合理、可行;

(8) 用名称和项目唯一标识号标识每个 CSCI;

(9) 清晰、合理地为各个软件配置项分配了功能、性能;

(10) 详实设计了各个软件配置项与其他配置项(包括软件配置项、硬件配置项、固件配置项)之间的接口;

(11) 进行了软件系统危险分析,合理确定软件配置项关键等级;

(12) 合理分配了与每个 CSCI 相关的处理资源;

(13) 追踪关系完整、清晰;

(14) 文档编写规范、内容完整、描述准确、一致。

6.2 系统设计说明的内容

系统设计说明

1 范围

1.1 标识

写明本文档的：

（1）标识；

（2）标题；

（3）适用范围，包括本文档所适用对象的名称与标识；

（4）版本号。

1.2 系统概述

概述系统的建设或改造背景以及系统的主要用途。应说明系统开发、运行和维护的历史，标识项目的需求方、用户、开发方和保障机构等。

1.3 文档概述

概述本文档的用途和内容。

2 引用文件

按文档号、标题、编写单位（或作者）和出版日期等，列出本文档引用的所有文件。

3 术语和定义

给出所有在本文档中出现的专用术语和缩略语的确切定义。

4 系统级设计决策

根据需要可分条描述系统级设计决策，即系统行为的设计决策（忽略其内部实现，从用户角度出发描述系统将怎样运转以满足需求）和其他对系统部件的选择与设计产生影响的决策。如果所有这些决策在需求中已明确指出或推迟到系统部件设计时给出，则如实说明。对指定为关键性需求（如安全性、保密性需求）的设计决策，应专门加以描述。如果设计决策依赖于系统状态或方式，则应指明这种依赖关系。应给出或引用理解这些设计所需要的设计约定。系统级设计决策示例如下。

（1）有关系统接收的输入和产生的输出的设计决策，包括与其他系统、配置项和用户的接口。如接口设计说明给出部分或全部该类信息，在此可以引用。

（2）对每个输入或条件进行响应的系统行为的设计决策，包括系统执行的动作、响应时间和其他性能特性、所模拟的物理系统的描述、所选择的方程式（算法、规则）、对不允许的输入或条件的处理。

（3）系统数据库/数据文件如何呈现给用户的设计决策。如数据库设计说明给出部分或全部该类信息，在此可以引用。

（4）为满足安全性和保密性需求所选用的方法。

（5）硬件或硬软件系统的设计和构造选择，如物理尺寸、颜色、形状、质量、材料和标志等。

（6）为了响应需求而作出的其他系统级设计决策，如为提供所需的灵活性、可用性和可维护性而选择的方法。

5 系统设计

5.1 系统体系结构

描述系统内部结构及其静态关系，标识硬件配置项、软件配置项和手工操作，可用体系结构框图标识系统顶层的体系结构。说明每个配置项的用途、开发状态、硬件资源等，并描述系统运行期间配置项之间的交互关系。

5.2 运行环境

描述软件系统的各种运行情况。描述在不同的状态和方式运行时，配置项之间的控制和数据流程。

5.3 CSCI标识

5.3.X （CSCI名称和项目唯一标识号）

从5.3.1节开始编号，用名称和项目唯一标识号标识CSCI，并陈述其功能、性能、设计约束、可靠性和安全性要求等。

5.4　接口关系
　　描述 CSCI 的外部,接口连接的实体,接口的用途和连接方式。可以引用系统接口框图进行说明。
5.4.X　(接口名称和项目唯一标识号)
　　从 5.4.1 节开始编号,分节详细说明接口间数据传递的要求,包括接口间的优先级别、通信协议和通信数据元素的定义(名称、单位、类型、格式、值域、分辨率等)信息。
5.5　软件配置项关键与规模等级划分
　　按照软件任务特点、重要程度、复杂性以及软件系统危险分析确定软件配置项的规模等级和关键等级。软件关键等级和规模等级的确定方法参见 1.4 节。
6　处理资源
　　描述与每个 CSCI 相关的处理资源的分配。
7　追踪关系
　　说明分配给各 CSCI 需求的来源(有关文档或技术文件)。

6.3　系统设计说明示例

6.3.1　系统设计

　　系统设计主要说明 CSCI 的结构划分与运行部署关系等。例如某测试系统由 7 个 CSCI 构成,其系统设计示例如下。

5.1　系统体系结构
　　远程测试系统的体系结构设计如图 6-1 所示。

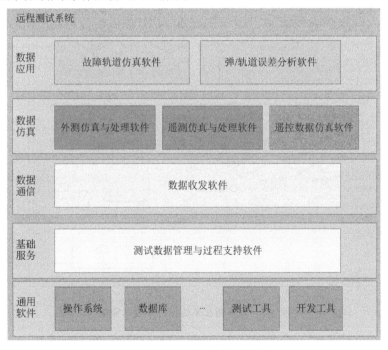

图 6-1　远程测试系统体系结构图

各 CSCI 名称、标识与开发状态如表 6-1 所示。

表 6-1 远程测试系统配置项组成一览表

序号	软件名称	标识	状态	运行平台
1	外测仿真与处理软件	WCFZ	沿用	Windows 平台
2	遥测仿真与处理软件	TMPS	沿用	Windows 平台
3	故障轨道仿真软件	DDFZ	沿用	Windows 平台
4	轨道误差分析软件	WCFX	沿用	Windows 平台
5	测试数据管理与过程支持软件	GLZC	沿用	Windows 平台
6	数据收发软件	SJSF	沿用	Windows 平台
7	遥控数据仿真软件	TCPS	新研	Windows 平台

5.2 软件运行环境

远程测试系统运行环境示意图如图 6-2 所示,运行环境中的硬件配置如表 6-2 所示。

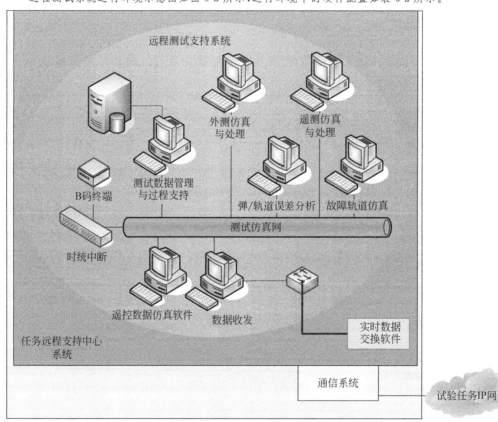

图 6-2 远程测试系统运行环境示意图

表 6-2　远程测试系统硬件配置表

序号	名　称	配　置	数量
1	外测仿真与处理机	HP 计算机,双核 2 GHz CPU,2 GB 内存,1000 M 网卡, 320 GB 硬盘,DVD 光驱 Windows 平台,配 PCI 总线的时统板	1
2	遥测仿真与处理机	HP 计算机,双核 2 GHz CPU,2 GB 内存,1000 M 网卡, 320 GB 硬盘,DVD 光驱 Windows 平台,配 PCI 总线的时统板	1
3	故障轨道仿真机	HP 计算机,双核 2 GHz CPU,2 GB 内存,1000 M 网卡, 320 GB 硬盘,DVD 光驱 Windows 平台,配 PCI 总线的时统板	1
4	轨道误差分析机	HP 计算机,双核 2 GHz CPU,2 GB 内存,1000 M 网卡, 320 GB 硬盘,DVD 光驱 Windows 平台,配 PCI 总线的时统板	1
5	数据收发机	HP 计算机,双核 2 GHz CPU,2 GB 内存,1000 M 网卡, 320 GB 硬盘,DVD 光驱 Windows 平台,配 PCI 总线的时统板	1
6	测试数据管理与过程支持机	HP 计算机,双核 2 GHz CPU,2 GB 内存,1000 M 网卡, 320 GB 硬盘,DVD 光驱 Windows 平台,配 PCI 总线的时统板	1
7	Cisco2950 24 交换机	100/1000 自适应端口 24 个,2 个 SFP 接口模块	1
8	时统中断设备	PCI 总线,提供 1 Hz、20 Hz 中断服务	1

6.3.2　CSCI 标识

依次说明各 CSCI 的功能、性能、可靠性、安全性要求以及设计约束。

5.3　CSCI 标识

5.3.1　外测仿真与处理软件

5.3.2.1　功能要求

该软件包括如下功能。

(1) 外测数据仿真。仿真导弹、卫星测控所需的各种外测设备,模拟产生各种设备的测量元素。外测设备包括雷达(包括多目标或单目标、单脉冲或连续波等体制的雷达设备)、USB、干涉仪、光学设备、GPS 等。能够根据理论轨道数据、站址坐标数据及设备属性信息等,仿真不同外测设备的随时间变化的测量数据;能够容易地在测量数据中加入噪声、野值、误差等;能够生成各种外测设备的异常测量元素,如固定值等。

(2) 仿真数据输出。能够控制各种设备测量元素的输出时机,可以开启或关闭任一设备的输出,提供不同设备测量元素的输出组合;能够对测量数据的输出时机、输出频率、输出时长进行控制;能够把产生的仿真数据写入文件,并通过网络方式传送给其他软件配置项;能够灵活配置和方便修改仿真数据包帧格式,能够灵活定制所有仿真数据参数的位置、格式、仿真值;能够支持计算机时间和时统,支持时间驱动、事件驱动等多种数据输出方式。

（3）人机交互界面。能够提供友好人机交互界面，可以在人机交互界面进行输出控制、数据发送控制等；能够对界面异常操作或异常输入数据进行识别并进行容错处理。

（4）其他。能够支持同时对多个测控目标的数据仿真；实现发射坐标系、地心坐标系等多个坐标系间的转换；能够按照约定格式读取理论轨道数据、站址坐标数据、设备属性信息以及配置文件等输入数据，并能够对格式异常等进行容错处理；能够对网络中断等异常情况进行识别并处理。

5.3.2.2　性能要求

（1）数据时标误差不超过 5 ms。

（2）CPU 开销不超过 60%。

（3）内存占用不超过 30%。

6.3.3　接口关系

依次说明系统各 CSCI 的接口设计，系统外部接口应分配至具体 CSCI。描述形式可参考本书第 7 章接口设计说明相关内容。

6.3.4　软件配置项关键与规模等级划分

按照软件任务特点、重要程度以及软件系统危险分析确定软件配置项的关键等级，按照软件功能、复杂程序等估记软件规模等级。不同等级的配置项可能采取不同的开发管理要求。

由于远程测试系统各软件配置项不直接参与任务，"对危险无控制，不为操作员提供安全关键数据""数据损坏或遗失程度等可忽略""对人员的伤害或系统的损坏可忽略"，从而确定各软件的安全关键等级为 D。

遥控数据仿真软件、外测仿真与处理软件、遥测仿真与处理软件、故障轨道仿真软件、轨道误差分析软件、数据收发软件等软件的源码行数估计在 5000～50 000 之间，规模等级为中，测试数据管理与过程支持软件源码行数在 50 000 以上，规模等级为大。

各软件配置项关键等级与规模等级如表 6-3 所示。

表 6-3　配置项关键等级与规模等级划分表

序　号	软　件　名　称	关键等级	规模等级
1	遥控数据仿真软件	D	中
2	外测仿真与处理软件	D	中
3	遥测仿真与处理软件	D	中
4	故障轨道仿真软件	D	中
5	轨道误差分析软件	D	中
6	数据收发软件	D	中
7	测试数据管理与过程支持软件	D	大

6.4　系统设计说明的常见问题

软件系统设计说明的常见问题可能有以下 8 点。

（1）CSCI 的功能划分未覆盖软件系统的全部需求，即系统实现不完整。可以通过建立系统设计说明和系统需求规格说明之间的双向追踪来防止。

（2）CSCI 的划分不够合理，如功能相对不独立、规模偏大或偏小、外部接口过于复杂等，CSCI 划分与软件功能模块的划分类似，应遵循有关设计准则。

（3）未描述系统的部署环境及硬件约束。

（4）未描述 CSCI 之间的接口关系或接口定义不清晰。

（5）CSCI 接口没有实现对软件系统接口的覆盖。

（6）CSCI 关键等级设置不合理，要切实根据 CSCI 的功能、估计规模、安全风险等级等特性客观设置关键等级，不要为方便管理要素而随意提升或降低软件的关键等级。

（7）系统设计说明和系统需求规格说明都是进行系统测试的重要输入，应考虑可测性，尤其对系统整体指标。

（8）软件的可靠性指标与硬件的可靠性指标差异过大。一般二者大体相当，可根据具体情况作适当的调整，但相差不宜过大，并且所分配的指标应能验证。

软件接口设计说明

软件接口设计说明主要描述一个或多个系统、硬件配置项、计算机软件配置项、手工操作或其他系统部件的接口特性。一份软件接口设计说明可以说明多个接口,用于补充系统设计说明、软件设计说明及数据库设计说明。软件接口设计说明与其对应的接口需求规格说明共同用于沟通和控制接口的设计决策,主要用于指导软件开发和测试。

7.1 软件接口设计说明的编写要求

软件接口设计说明应满足如下编写要求:

(1)概述接口所在系统,标识和描述本文档适用的各个接口在该系统中的作用;

(2)准确给出所有在本文档中出现的专用术语和缩略语的确切定义;

(3)采用接口示意图描述和标识各 CSCI、HWCI 和本文档适用的各关键项之间的连接关系和接口,对每个接口应标识其名称和项目唯一标识号;

(4)对每个接口进行设计,包括接口的数据元素、消息、优先级别、通信协议及同步机制等;

(5)对每个通过接口的数据元素,建立数据元素表,表中应为数据元素提供下列信息:数据元素的项目唯一标识号、简短描述、来源/用户、度量单位、极限值/值域、精度/分辨率、计算或更新频率/周期、数据类型、数据表示法和格式、优先级等,以及对数据元素执行的合法性检查;

(6)应用名称和项目唯一标识号标识接口间的每个消息,描述数据元素对各个消息的功用,并提供每个消息与组成该消息的各数据元素间的交叉引用,而且还应提供每个数据元素与各数据元素间的交叉引用;

(7)应规定接口优先级和通过该接口传递的每个消息的相对优先次序;

(8)对每个接口,应描述与该接口关联的商用、军用或专用的通信协议,对协议描述应包括消息格式、错误控制和恢复过程、同步、流控制、数据传输机制、路由/编址和命名约定、发送服务、状态、标识、通知单和其他报告特征、安全保密等;

(9)文档编写规范、内容完整、描述准确一致。

7.2　软件接口设计说明的内容

接口设计说明

1　范围

1.1　标识

写明本文档的:

(1) 标识;

(2) 标题;

(3) 适用范围,包括本文档所适用对象的名称与标识;

(4) 版本号。

1.2　系统概述

简述接口所在系统的宗旨和用途,标识和描述本文档适用的各个接口在该系统中的作用。

1.3　文档概述

概述本文档的用途和内容。

2　引用文件

按文档号、标题、编写单位(或作者)和出版日期等,列出本文档引用的所有文件。

3　术语和定义

给出所有在本文档中出现的专用术语和缩略语的确切定义。

4　接口设计

分节描述待开发软件的接口设计。

4.1　接口示意图

描述和标识各 CSCI、HWCI 和本文档适用的各关键项之间的连接关系和接口。为了描述这些接口,应提供一个或多个接口示意图,对每个接口应标识其名称和项目唯一标识号。

4.X　(接口名称和项目唯一标识号)

从 4.2 节开始编号,各节应用名称和项目唯一标识号标识一个接口,陈述其用途,并分小节描述各个接口的设计。

4.X.1　数据元素

从 4.2.1 节开始编号,对每个通过接口的数据元素,建立数据元素表,表中应提供下列信息:

(1) 数据元素的项目唯一标识号;

(2) 数据元素的简要描述;

(3) 数据元素来源于 CSCI、HWCI 还是关键项;

(4) 数据元素的用户是各个 CSCI、HWCI 还是各关键项;

(5) 数据元素的度量单位,例如 s(秒)和 m(米)等;

(6) 数据元素的极限值/值域,若是常数,提供实际值;

(7) 数据元素的精度;

(8) 用有效数字表示的数据元素的精度或分辨率;

(9) 计算或更新数据元素的频率或周期等,例如 10 kHz 或 50 ms;

(10) 数据元素执行的合法性检查;

(11) 数据类型,例如整型、ASCII、浮点、实型、枚举型等;

(12) 数据表示法和格式;

(13) 数据元素的优先级。

4.X.2　消息描述

从 4.2.2 节开始编号,各节应用名称和项目唯一标识号标识接口间的每个消息,描述数据元素对各个消息的功用,并提供每个消息与组成该消息的各数据元素间的交叉引用,而且还应提供每个数据元素与其他数据元素间的交叉引用。

4.X.3　接口优先级

从 4.2.3 节开始编号,各节应规定接口优先级和通过该接口传递的每个消息的相对优先次序。

4.X.4 通信协议

从4.2.4节开始编号,分节描述与该接口关联的商用、军用或专用的通信协议。

4.X.4.Y （协议名称）

本节从4.2.4.1节开始编号,各小节应给出协议的名称,并应说明下列的通信规格说明细节:

(1) 消息格式;

(2) 错误控制和恢复过程,包括故障容错特性;

(3) 同步,包括建立连接、维持、终止和定时;

(4) 流控制,包括顺序号、窗口大小和缓冲器分配;

(5) 数据传输率、周期还是非周期传送以及两次传输之间的最小间隔;

(6) 路由、编址和命名约定;

(7) 发送服务,包括优先级和等级;

(8) 状态、标识、通知单和其他报告特征;

(9) 安全保密,包括密码、用户授权、安全域划分和审计等。

7.3 软件接口设计说明示例

7.3.1 接口示意图

在本节描述和标识各CSCI、HWCI和本文档适用的各关键项之间的连接关系和接口。为了描述这些接口,应提供一个或多个接口示意图,对每个接口应标识其名称和项目唯一标识号。

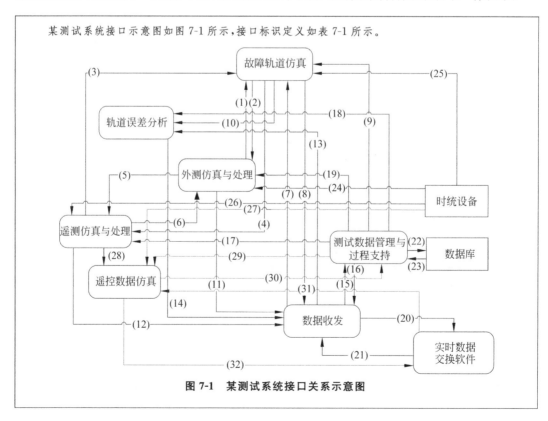

图 7-1 某测试系统接口关系示意图

表 7-1 某测试系统接口信息定义表

标识	名 称	来 源	目 的	信 息 内 容
1	外测仿真数据	外测仿真与处理	故障轨道仿真	光学、雷达等外测设备的仿真数据
2	故障轨道	故障轨道仿真	外测仿真与处理	各种故障轨道数据、测量元素信息
3	遥测仿真数据	遥测仿真与处理	故障轨道仿真	遥测仿真数据
4	故障轨道	故障轨道仿真	遥测仿真与处理	测量元素信息
5	外测仿真数据	外测仿真与处理	遥测仿真与处理	外测仿真数据
6	遥测仿真数据	遥测仿真与处理	外测仿真与处理	遥测仿真数据
7	转发数据	数据收发	故障轨道仿真	各类外测数据、遥测数据
8	故障轨道	故障轨道仿真	数据收发	轨道数据
9	管理数据	测试数据管理与过程支持	故障轨道仿真	各种测试公用数据
10	故障轨道	故障轨道仿真	轨道误差分析	轨道数据或轨道文件
11	外测仿真数据	外测仿真与处理	数据收发	各类外测仿真数据
12	遥测仿真数据	遥测仿真与处理	数据收发	各类遥测仿真数据
13	待分析数据	数据收发	轨道误差分析	轨道数据
14	分析结果	轨道误差分析	数据收发	误差分析结果
15	转发数据	数据收发	测试数据管理与过程支持	遥外测数据、故障轨道信息等仿真软件产生的各类仿真数据以及轨道数据、遥控指令等被测软件系统输出的各种数据
16	查询数据	测试数据管理与过程支持	数据收发	数据查询结果
17	管理数据	测试数据管理与过程支持	遥测仿真与处理	测试公用数据
18	管理数据	测试数据管理与过程支持	轨道误差分析	测试公用数据
19	管理数据	测试数据管理与过程支持	外测仿真与处理	测试公用数据
20	转发数据	数据收发	实时数据交换软件	遥外测数据、故障轨道信息等各类仿真数据
21	转发数据	实时数据交换软件	数据收发	轨道数据、遥控指令等各种输出数据
22	写数据库	测试数据管理与过程支持	数据库	遥外测数据、故障轨道信息等仿真软件产生的各类仿真数据,轨道数据、遥控指令等被测软件系统输出的各种数据,测试用例、测试项相关的各种数据

续表

标识	名　　称	来　　源	目　　的	信 息 内 容
23	读数据库	数据库	测试数据管理与过程支持	各种测试公用数据,数据库存储的各种信息
24	时统信息	时统设备	外测仿真与处理	时统信息
25	时统信息	时统设备	故障轨道仿真	时统信息
26	时统信息	时统设备	遥测仿真与处理	时统信息
27	时统信息	时统设备	遥控数据仿真	时统信息
28	遥测仿真数据	遥测仿真与处理	遥控数据仿真	各种遥测仿真数据
29	管理数据	测试数据管理与过程支持	遥控数据仿真	各种测试公用数据
30	遥控仿真数据	遥控数据仿真	测试数据管理与过程支持	各类遥控仿真数据
31	转发数据	实时数据交换软件	遥控数据仿真	各类外测数据、遥测数据
32	遥控仿真数据	遥控数据仿真	实时数据交换软件	各类遥控仿真数据

7.3.2　数据元素

数据元素描述通过接口的详细数据信息,一般应建立接口数据元素表,如表 7-2 所示。

表 7-2　接口数据元素表

数据标识(类型码)	描述	更新周期	表示法	优先级
0xB1H	遥测数据	1 秒	按 data 格式组帧,按接口协议发送	高
0xB2H	轨道数据	1 秒		高
0xB3H	测角数据	1 秒		高
…	…	…	…	…

其中,轨道数据的 Data 格式如表 7-3 所示。

表 7-3　Data 字段格式定义

信息体	字节数	数制	单位	合法性检查	备注
历元日期	4	二-十进制	2000 年积日		
历元时间	4	无符号二进制整数	0.1 ms	$0\sim24$ h	
半长轴	4	无符号二进制整数	0.1 m		
偏心率	4	无符号二进制整数	2^{-31}		
倾角	4	无符号二进制整数	2^{-24} °		
升交点赤经	4	二进制整数	2^{-22} °		
近地点幅角	4	二进制整数	2^{-22} °		
平近点角	4	二进制整数	2^{-22} °		

7.3.3　消息描述

说明接口中使用到的消息传递机制及相关数据元素,如 API 调用、共享内存、硬件中断、数据库、文件传输等。

该设备与使用它的应用之间使用程序调用接口,前提是正确安装和配置设备的驱动程序。接口调用消息定义如下。

1. 建立设备函数:CreateFile (sLinkName,

GENERIC_READ | GENERIC_WRITE,

FILE_SHARE_READ,

NULL,

OPEN_EXISTING,

0,

NULL);

2. 设置设备状态函数 : WriteFile

手动设置时间:

buf[0]=0x00

buf[1]=小时

buf[2]=分钟

buf[3]=秒

WriteFile(hDevice,buf,4,&nWritten,NULL);

设置中断使能:

buf[0]=0x04

buf[1]=中断使能寄存器

　　01:使能 1S 中断

　　02:使能 20C 中断

　　04:使能 100C 中断

　　08:使能定时中断

　　10:使能倒计时中断

WriteFile(hDevice,buf,2,&nWirtten,NULL);

3. 读取设备状态函数:ReadFile

读取时间及状态信息:

ReadFile(hDevice,buf,n,&nRead,NULL);　　　//读取时间及状态信息

读取后 buf 内容如下:

buf[0]:小时(十六进制)

buf[1]:分(十六进制)

buf[2]:秒(十六进制)

buf[3]:毫秒高字节(十六进制)

buf[4]:毫秒低字节(毫秒精度为 0.1 毫秒、十六进制)

buf[5]:当前时间源标志

　　01:DC

　　02:手动

buf[6]:当前时间源有效标志

　　01:B 码 DC 有效

　　02:手动

7.3.4 通信协议

说明接口使用到的通信协议,包括通用与专用等。

> 时统接口为:
>
> 接口路数:2 路 IRIG-B(DC)码;
>
> 接口标准:符合 GJB2991A-2008 的规定;
>
> 物理接口:符合 GJB2696-96 的规定。
>
> 各配置项之间的信息交换采用网络传输方式下的通信协议,链路层协议采用以太网协议,网络层采用 IPv4 协议,传输层采用 UDP 协议,接收或对外发送数据均使用组播方式,组广播地址及端口号可通过配置文件进行人工设置,应用层采用自定义数据交换协议,描述如下。
>
> 数据帧格式为:
>
> | M | B | L | Data |
> |---|---|---|------|
>
> 其中:
>
> M 为帧头码,1 个字节,可以通过配置文件设置;
>
> B 为信息类别码,2 个字节;
>
> L 为信息体字段长度,2 个字节,为信息体字段的字节数;
>
> Data 为信息体。
>
> 各种信息类别及其 Data 具体定义见数据元素列表。

7.4 软件接口设计说明的常见问题

软件接口设计说明的常见问题有:

(1)未唯一标识每一个内部、外部接口;

(2)接口设计未覆盖需求规格说明中的接口需求,有遗漏;

(3)未对接口连接图中的每一个接口进行说明;

(4)接口设计内容描述过粗,不利于指导实现,如通信协议、数据元素定义不清晰等;

(5)接口设计说明与其他文档或源代码等不一致。

数据库设计说明

数据库设计说明主要描述数据库的应用策略、结构设计以及存取或操纵数据所使用的软件单元,是实现数据库及相关软件单元的基础。主要针对读者一般为数据库的部署人员、管理人员和数据库相关软件开发人员。

8.1　数据库设计说明的编写要求

数据库设计说明一般应满足:

(1) 描述数据库系统的概念、逻辑、物理设计;

(2) 数据的逻辑结构满足完备性要求;

(3) 数据的逻辑结构满足一致性要求;

(4) 数据的冗余度合理;

(5) 数据库的备份与恢复设计合理、有效;

(6) 数据存取控制满足数据的安全保密性要求;

(7) 数据存取时间满足实时性要求;

(8) 网络、通信设计合理、有效;

(9) 审计、控制设计合理;

(10) 视图设计、报表设计满足要求;

(11) 文件的组织方式和存取方法合理有效;

(12) 数据的群集安排合理、有效;

(13) 数据在存储介质上的分配合理有效;

(14) 数据的压缩与分块合理有效;

(15) 缓冲区的大小和管理满足要求;

(16) 对数据库访问和操作的软件单元设计合理、描述完整;

(17) 正确提供本文档所涉及的数据库到系统或 CSCI 需求的双向追踪;

(18) 文档编写规范、内容完整、描述准确一致。

8.2 数据库设计说明的内容

数据库设计说明

1 范围

1.1 标识

写明本文档的：

(1) 标识；

(2) 标题；

(3) 适用范围，产生本数据库设计的更高层的系统/CSCI，包括适用对象的名称与标识；

(4) 版本号。

1.2 系统概述

概述本文档所适用的系统或 CSCI 的用途。

1.3 文档概述

概述本文档的用途和内容。

2 引用文件

按文档号、标题、编写单位(或作者)和出版日期等，列出本文档引用的所有文件。

3 术语和定义

给出所有在本文档中出现的专用术语和缩略语的确切定义。

4 数据库概要设计

描述进行数据库全面设计的考虑，主要是数据库的特征设计(从用户观点看满足需求的特征，不是具体的内部实现)。要描述影响进一步设计的其他方面的考虑，可以分节描述影响需求的关键性设计考虑，例如，实时性、安全性、完整性。描述依赖系统状态和模式的设计考虑。对一些已在商用 DBMS 或其他文档中已描述的考虑可以只作引用，可以引用或描述一些需要了解的设计惯例。下面是设计约束的要点：

(1) 针对查询和数据库输入/输出的考虑，包括与其他系统、HWCI、CSCI 和使用者的接口；

(2) 对每个输入或查询的响应的考虑，包括活动响应时间和其他特征、选择的方法/规则、处置和非法输入的处理；

(3) 数据库/数据文件如何呈现给使用者；

(4) 选用数据库管理系统(包括名称及版本)的理由，以及对需求的适应性的考虑；

(5) 影响操作的层次和类型、安全性(系统保护机制、授权机制)和连续性方面的考虑；

(6) 数据库分布(例如客户、服务器)、主数据库文件更动和维护，包括维护一致性、建立和维护同步以及增加完整性方面的考虑；

(7) 备份和恢复方面的考虑，包括数据和处理分布策略；

(8) 重新组装、排列、索引、同步和一致性，以及自动磁盘管理和空间回收优化策略，内存和使用空间以及数据库的总数和非法数据的捕获方面的考虑。

5 数据库详细设计

描述数据库详细设计。

5.1 概念数据库设计

分别描述各个数据库及其组成部分(指功能上相对独立的数据元素组合)的设计。

(1) 模式设计，用 ER/EER 图描述该数据库组成部分的实体、关系、约束等；

(2) 事务设计，定义该数据库组成部分完成事务的功能，说明事务的输入、输出和功能；

（3）其他设计，其他软件需求的影响分析和应对策略。

5.2　逻辑数据库设计

在概念数据库基础上，形成满足用户需求的、一定程度规范化的关系模式，并对完整性、安全性进行定义。

描述逻辑数据库中各个表、字段，以及表之间的关系。

（1）对每个表（包括表、查询等），描述其名称/标识号、表中每个字段及其结构（顺序、编号、键属性）、保密和访问权限等；

（2）对表的每个字段，描述其名称/标识号、数据类型、格式、尺寸、度量单位、取值范围、缺省值、有效性规则、精度、保密和访问权限等；

（3）对表之间的关系，描述其名称/标识号、相关表名称/标识号、关系类型、完整性规则、连锁更新规则、连锁删除规则等。

5.3　物理数据库设计

在逻辑数据库基础上，为每个关系模式选择合适的存储结构和存取方法。对商用数据库管理系统已描述的可以只作引用。

6　对数据库访问和操作的软件单元设计

描述访问和操作数据库的软件单元。如果在其他文档（如软件设计文档）已写明，则只作引用。还要写明这些设计是否依赖于系统的状态和模式。

6.X　（CSU 的名称及项目唯一标识号）

对 CSU 说明如下信息：

（1）CSU 设计的考虑，例如使用的方法等；

（2）约束、限制或设计中不常见的特征；

（3）编程语言（如果不是用 CSCI 指定的语言）；

（4）如果 CSU 中嵌入有过程命令（例如，用 DBMS 菜单定义的 FORM 或报告，在线 DBMS 查询、图形用户界面（GUI）上的代码生成器、操作系统命令等），要列出过程命令的列表或引用的有关文档；

（5）如果 CSU 有接收或输出的数据、其他数据元素以及数据元素的组合，则 CSU 的输入/输出数据要与其他数据分开描述，也可引用接口设计文档，清楚地描述 CSU 与数据库之间的接口信息，包括：

① 接口唯一标识号；

② 用名称、编号、版本等标识的主体（如 CSU、配置项及用户等）；

③ 接口实体赋给接口的优先权；

④ 接口类型（如实时数据传输，数据存储与检索等）；

⑤ 独立的数据元素特征；

⑥ 数据元素组合特征；

⑦ 用于接口的通信特征，包括项目唯一标识号、通信连接/带宽/频率/媒体的特征、消息格式、流程控制、数据传输率、周期/非周期以及传输间隔、路由/编址和命令约定、传输服务（包括优先权和级别）、安全性/保密性/访问权限（如加密码、用户认可、隔离和审计）；

⑧ 接口的协议包括：项目唯一标识号、协议的优先权/层次、打包（包括分块和重组、路由和编址）、合法性检查/出错控制和恢复程序、同步（包括连接的建立、维护和中止）；

⑨ 其他物理兼容性。

（6）如果 CSU 有访问数据库及其他 CSU 的逻辑判断，则要写明；

① 初始化时，CSU 中的有效条件；

② 控制转到其他 CSU 的条件；

③ 每个输入的响应与响应时间，包括数据转化、改名和数据传输操作；

④ CSU 的操作顺序和动态控制顺序;

⑤ 异常和出错处理。

7 追踪关系

(1) 本文档所涉及数据库/CSU 到系统/CSCI 需求的可追踪性;

(2) 由系统或 CSCI 需求分配给数据库或 CSU 的可追踪性。

8.3 数据库设计说明示例

8.3.1 数据库概要设计

本节描述应用数据库系统的整体策略,包括数据使用方式、数据库系统选用、环境部署、备份策略等方面的考虑。

---

4 数据库概要设计

业务数据库保存运行所需的业务信息。信息的种类分为 9 类,分别为设备资源类、综合规划类、计划类、实时处理类、有效载荷类、指令类、系统监控类、用户类和业务调度类。

4.1 数据使用

数据库使用设计决策如表 8-1 所示。

表 8-1 数据库使用设计决策表

序号	软件名称	部件名称	使 用 方 式
1	指令生成软件	指令生成部件	读取有效载荷测控计划、参数调整计划信息,根据计划信息获取对应的载荷动作、模板及遥控指令信息,生成对应的遥控指令、注入数据以及姿态调整需求,并将其保存至数据库中
2	有效载荷控制管理软件	指令模板管理部件	将用户输入的遥控指令、模板以及动作模板映射信息保存至数据库中
3		卫星指令发控部件	读取指令生成软件生成的有效载荷测控指令数据信息,并将操作信息保存至数据库中
4	任务监视显示软件	参数统计分析部件	从数据库中读取参数处理结果等信息
5		系统监视部件	将地面接收的分系统监视信息、全系统告警信息、任务运行分系统监视信息、应用服务状态等信息保存入数据库中,并从数据库中读取设备配置等信息
6		科学运行计划执行状态显示部件	从数据库中读取科学运行计划执行状态等信息
...	...	...	...

4.2 数据库系统

本系统选用 Oracle11g 作为数据库管理支持系统。主要基于几点考虑：一是资源占用少,在低档软硬件平台上用较少的资源即可支持更多的用户。二是支持多种多媒体数据,如二进制图形、声音、动画以及多维数据结构等;三是提供分布式数据库能力,可通过网络较方便地读取远端数据库里的数据,并有对称复制技术。四是提供基于角色分工的安全保密管理,在数据库管理功能、完整性检查、安全性、一致性方面都有良好的表现,与其他数据库产品相比,稳定性、安全性更适合。

4.3 数据库环境

本软件采用 Oracle11g 的 RAC 集群服务模式,两台服务器同时工作,Oracle 的 RAC 集群软件自动进行负载均衡处理,将多个客户端提交的任务分配到两个节点的数据库服务器上。两台服务器同时分担不同工作,当其中一台发生故障时,另一台在完成自己工作的同时接替它的工作。数据库构成如图 8-1 所示。

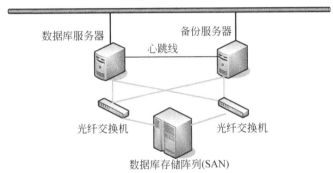

图 8-1 数据库部署视图

双服务器通过一条 TCP/IP 网络线以及一条 RS-232 电缆线相联,即心跳线;双服务器通过连接 2 台光纤交换机与 RAID(磁盘阵列)相联;双服务器各自运行不同的作业,彼此独立,并相互备援。数据库存储阵列采用 SAN 存储。为了得到最高的安全性和最快的恢复速度,可以在每台数据库服务器上使用 RAID1,在容量、容错和性能上取折中可以在磁盘阵列上使用 RAID5。

4.4 备份策略

采用 Oracle 提供的 DBA 工具 Recovery Manager(RMAN)用于管理备份和恢复操作。RMAN 在备份数据时有两种操作的模式：增量式和完全式。

本系统数据库存储的业务信息具有连续性特点,因此 Oracle 数据库备份部署方案一般是在周末进行增量级别为 0 的备份;在整个星期内,需要进行不同的级别 1 或级别 2 的备份。这样每周循环可以使每一周都有一个基准增量备份以及每周内的少量增量备份。具体备份策略为：星期天,0 级别备份;星期一、星期二、星期三、星期五、星期六,2 级别备份;星期四,1 级别备份。

4.5 设计约束

对本系统数据库对象的命名进行如下约定：

表命名规则为：T_业务名称拼音首字母;

序列命名规则：S_使用的表名;

索引命名规则：I_使用的表名;

视图命名规则：V_配置项标识_业务名称拼音首字母;

触发器命名规则：T_配置项标识_业务名称拼音首字母;

存储过程命名规则：P_配置项标识_业务名称拼音首字母;

函数命名规则：F_配置项标识_业务名称拼音首字母;

同义词命名规则：SY_使用的表名。

8.3.2　数据库详细设计

本节依次描述数据库相关实体的概念模型、逻辑结构及物理设计。

5.1　概念数据库设计

测站与测站天线的概念模型及属性如图 8-2 所示。

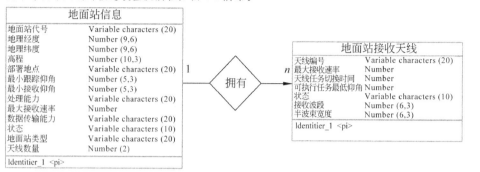

图 8-2　测站与测站天线的概念模型

5.2　逻辑数据库设计

地面站信息逻辑结构如表 8-2 所示。

表 8-2　地面站信息逻辑结构

属　　性	代　　码	属 性 类 型
地面站代号	DMZBH	Variable characters（20）
地理经度	DMZJD	Number(9,6)
地理纬度	DMZWD	Number(9,6)
高程	DMZGC	Number（10,3）
最小跟踪仰角	XBDZXGZYJ	Number（5,3）
最小接收仰角	XBDZXJSYJ	Number（5,3）
处理能力	CLNL	Variable characters（20）
最大接收速率	ZDJSSL	Number
数据传输能力	SJCSNL	Variable characters（20）
状态	ZT	Variable characters（10）
地面站类型	DMZLX	Variable characters（20）
天线数量	TXSL	Number（2）

地面站接收天线的逻辑结构如表 8-3 所示。

表 8-3 地面站接收天线逻辑结构

属　　性	代　　码	属　性　类　型
隶属地面站代号	DMZBH	Variable characters（20）
天线编号	TXBH	Variable characters（20）
最大接收速率	ZDJSSL	Number
状态	ZT	Variable characters（10）
接收波段	JSBD	Number(6,3)
半波束宽度	BBSKD	Number(6,3)

5.3 物理数据库设计

5.3.1 表空间设计

根据系统业务数据库的各种数据类型以及数据量的考虑,可在数据库中创建多个表空间。表空间设计如表 8-4 所示。

表 8-4 表空间设计

表空间名称	区管理方式	区大小	表空间大小	表空间初始大小	库表
TS_GHJH	本地管理	自动分配	自动增长 1 GB,无限制	5 GB	地面站信息
					地面站接收天线
					…
TS_YXZHKZ	本地管理	自动分配	自动增长 1 GB,无限制	5 GB	指令信息
					模板信息
					…
…	…	…	…	…	…

5.3.2 数据库索引设计

数据库索引设计如表 8-5 所示。

表 8-5 数据库索引设计

序号	表名称	索引名称	索引列
1	地面站信息	I_GHJH_DMZXX	地面站代号
2	地面站接收天线	I_GHJH_DMZJSTX	地面站代号 天线编号
…	…	…	…

5.3.3 数据库视图设计

数据库中包含的视图如表 8-6 所示。

表 8-6　数据库视图设计

视 图 名 称	视 图 含 义	视图建立关系说明
V_GHJH_RWGHHZXX	参与任务规划的所有卫星、所有地面站和所有观测计划的汇总信息	任务规划配置信息与观测任务规划方案以及接收任务规划方案进行联合查询
V_DZY_GLDD_JHZXXX（计划执行信息）	HXMT 科学观测计划的执行情况信息	业务运行计划信息、数据接收计划信息、HXMT 有效载荷测控计划信息及有效载荷指令信息进行联合查询
V_DZY_GHJH_GCJHGH（观测计划规划信息）	HXMT 短期观测计划的任务规划信息	HXMT 短期科学观测计划、HXMT 短期科学观测任务及多任务规划信息进行联合查询
...	...	...

8.3.3　数据库访问和操作软件单元设计

本节依次描述用于进行数据库访问和操作的软件模块。

6　对数据库访问和操作的软件单元设计

　　本软件将数据库访问操作封装为数据库访问包（SQLAccessor），包括数据库访问处理类（DatabaseAccessor）、黄历数据结构类（DbCalendarData）、卫星列表信息结构类（DbSatelliteData）、测控站站址信息结构类（DbStationPosition）、日凌数据结构类（bSundownData）、系统信息类（DbSystemInfo）、用户基本信息结构类（DbUserBaseInfo）。该模块完成所有对数据库的查询、删除和更新操作，如图 8-3 所示。

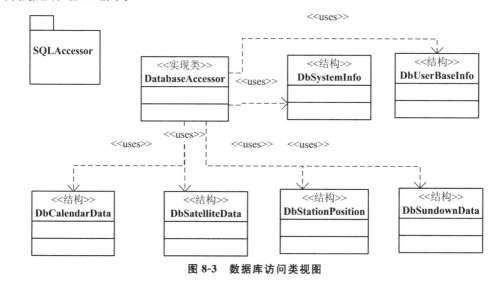

图 8-3　数据库访问类视图

6.1　数据库访问处理类(DatabaseAccessor)

6.1.1　数据库访问处理类简述

DatabaseAccessor 类是访问数据库操作的主要类,主要用于数据库连接、查询等功能。图 8-4 是该类的类图。

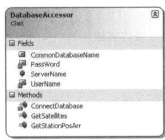

图 8-4　数据库访问类

6.1.2　数据库访问处理类的属性

(1) 定义访问数据库的用户名

private const string　UserName="XXX";

(2) 定义访问数据库用户名的密码

private const string　PassWord="XXX";

(3) 数据库服务器名称

public　static String ServerName=null。

6.1.3　数据库访问处理类的操作

该类的操作名称、类型和可访问性在类图中全部列出,现将重要的操作设计如下:

(1) 通用数据库连接

参数：<param name="Server">数据库服务器名称</param>

<param name="DatabaseName">数据库名称</param>

    internal　static　SqlConnection　ConnectDatabase (string　Server, string
    DatabaseName)

(2) 查询所有卫星

参数：<param name="sdArr">卫星记录数组</param>

返回值：<returns>>=0：卫星数;-1：错误</returns>

public static int GetSatellites(out DbSatelliteData[] sdArr)

(3) 得到所有的测控站站址坐标

参数：<param name="spArr">站址坐标数组</param>

返回值：<returns> >=0：成功返回测控站个数;-1：异常退出</returns>

static public int GetStationPosArr(out DbStationPosition[] spArr)

6.2　黄历数据结构类(DbCalendarData)

6.3　…

8.4　数据库设计说明的常见问题

数据库设计说明的常见问题有：

(1) 缺少对数据库应用整体策略的描述；

(2) 数据库应用策略描述不完整，如缺少备份策略、性能要求、存储要求等；

(3) 未对数据库选型理由进行说明；

(4) 缺少对数据库部署环境的描述；

(5) 仅描述数据库逻辑结构，未描述概念和物理结构设计；

(6) 物理结构与概念、逻辑结构不一致；

(7) 将数据库设计仅对应为数据库表结构的说明；

(8) 表结构定义不完整、不清晰，如未明确数据约束、字段关联关系等内容；

(9) 数据库设计说明与其他文档或实际库结构存在不一致。

第 9 章

软件概要设计说明

软件概要设计过程进行实现软件需求的高层设计,其主要任务是把软件需求转换成软件的体系结构,将软件需求规格说明中所有软件功能特性、质量特性和软件安全性等要求落实到概要设计中。

具体地说,概要设计的主要任务包括以下 4 项:

(1) 对整个软件系统进行结构分解,按功能需求把软件分解成能独立运行的部件,确定各个部件应处的结构层次,形成软件的结构形态。一般处于高层的部件主要执行控制任务,较少执行具体处理事务,处于低层的部件则主要执行具体处理事务,而较少执行控制任务,低层部件不调用高层部件。

(2) 软件概要设计时应分析、确定安全关键部件,它们是实现全部安全性要求的那些部件,或可能影响它们输出的、与其接口的那些部件。

(3) 规定设计限制,因环境、语言、工具、管理以及上层系统的要求对软件设计所造成的限制和约束应逐一指明。

(4) 制定用来验证软件质量特性要求和软件安全性要求是否得到正确实现的测试计划,该计划应确定验证全部软件质量特性要求和软件安全性要求。

软件概要设计说明体现前 3 项任务的结果。不同的设计方法会有不同的结果描述形式,软件设计中最常用的结构化设计方法、面向对象的设计方法,下文分别进行描述和示例。

9.1 软件概要设计说明的编写要求

对采用结构化设计方法的概要设计文档,应满足:

(1) 概述了 CSCI 在系统中的作用,描述了 CSCI 和系统中其他的配置项的相互关系;

(2) 以 CSC 为实体进行了软件体系结构的设计;

(3) 软件体系结构合理、优化、稳健;

(4) 应对 CSC 之间的接口进行设计,用名称和项目唯一标识号标识每一个接口,并对与接口相关的数据元素、消息、优先级、通信协议等进行描述;

(5) 为每个接口的数据元素建立数据元素表,说明数据元素的名称和唯一标识号、简要描述、来源/用户、测量单位、极限值/值域、精度/分辨率、计算或更新的频率或周期、数据元素执行的合法性检查、数据类型、数据表示/格式、数据元素的优先级等;

(6) 规定每一个接口的优先级和通过该接口传递的每个消息的相对优先次序;

（7）描述接口通信协议，分小节给出协议的名称和通信规格细节，包括消息格式、错误控制和恢复过程、同步、流控制、数据传输率、周期还是非周期传送以及两次传输之间的最小时间间隔、路由/地址和命名约定、发送服务、状态/标识/通知单和其他报告特征以及安全保密等；

（8）CSC 内存和处理时间分配合理（仅适用于嵌入式软件或固件）；

（9）描述 CSCI 中各 CSC 的设计，将软件需求规格说明中定义的功能、性能等全部都分配到具体的软件部件，必要时，还应说明安全性分析和设计并标识关键模块的等级；

（10）用名称和项目唯一标识号标识 CSCI 中的全局数据结构和数据元素，建立数据元素表；

（11）用名称和项目唯一标识号标识被多个 CSC 或 CSU 共享的 CSCI 数据文件，描述数据文件用途、文件结构、文件访问方法等；

（12）建立软件设计与软件需求的追踪表；

（13）文档编写规范、内容完整、描述准确一致。

对采用面向对象方法的概要设计文档，应满足：

（1）概述了 CSCI 在系统中的作用，描述了 CSCI 和系统中其他配置项的相互关系；

（2）以包或类的方式在软件体系结构范围内进行了逻辑层次分解，将软件需求规格说明中定义的功能、性能等全部进行了分配，分解的粒度合理，相关说明清晰；

（3）采用逻辑分解的元素描述有体系结构意义的用况，使体系结构设计与用况需求之间有紧密的关联；

（4）描述了系统的动态特征，对进程/重要线程的功能、生命周期和进程间的同步与协作有明确的说明；

（5）软件体系结构合理、优化、稳健；

（6）对每个标识的接口都设计有相应的接口类/包，规定每一个接口的优先级和通过该接口传递的每个消息的相对优先次序；

（7）描述接口和数据元素的来源/用户、测量单位、极限值/值域、精度/分辨率、计算或更新的频率或周期、数据元素执行的合法性检查、数据类型、数据表示/格式、数据元素的优先级等；

（8）进行安全性分析和设计并标识关键模块的等级；

（9）为完成需求的功能增加必要的包/类，使得层次分解的结果是一个完整的设计；

（10）实现视图描述 CSCI 的实现组成，每个构件分配了合适的需求功能，构件的表现形式（exe、dll 或 ocx 等）合理；

（11）部署视图描述 CSCI 的安装运行情况，能够对未来的运行场景形成明确概念；

（12）建立软件设计与软件需求的追踪表；

（13）采用的 UML 图形或其他图形描述正确、详略适当，有必要的文字说明；

（14）文档编写规范、内容完整、描述准确一致。

9.2　软件概要设计说明的内容

软件概要设计说明采用结构化设计方法。

软件概要设计说明

1　范围

1.1　标识

写明本文档的：

(1) 标识；

(2) 标题；

(3) 适用范围，本文档适用的 CSCI；

(4) 版本号。

1.2　CSCI 概述

概述本文档所述 CSCI 的宗旨和用途，指明 CSCI 的各个外部接口的用途，可使用系统结构图描述 CSCI 和系统中其他 CSCI 的相互关系。

1.3　文档概述

概述本文档的目的和内容。

2　引用文件

按文档号、标题、编写单位(或作者)和出版日期等，列出本文档引用的所有文件。

3　术语和定义

给出所有在本文档中出现的专用术语和缩略语的确切定义。

4　概要设计

分节描述 CSCI 的概要设计。

4.1　CSCI 结构设计

用系统结构图描述 CSCI 的内部结构。把 CSCI 分解成若干个计算机软件部件(CSC)。某些 CSC 可以进一步分解成一个或多个 CSC。必要时，还应说明 CSC 划分的主要策略。

4.2　CSCI 接口设计

4.2.X　(接口名称和项目唯一标识号)

从 4.2.1 节开始编号，各节用名称和项目唯一标识号标识一个接口，陈述其用途。

4.2.X.1　数据元素

从 4.2.1.1 节开始编号，对每个通过该接口的数据元素，建立数据元素表，表中要提供下列信息：

(1) 数据元素的名称和唯一标识号；

(2) 数据元素的简要描述；

(3) 数据元素来源于 CSCI、HWCI 还是关键项；

(4) 数据元素的用户是各个 CSCI、HWCI 还是各关键项；

(5) 数据元素的测量单位，例如 s(秒)和 m(米)等；

(6) 数据元素的极限值/值域(若是常数，提供实际值)；

(7) 数据元素的精度；

(8) 用有效数字表示的数据元素的分辨率；

(9) 计算或更新数据元素的频率或周期，例如 10 kHz 或 50 ms；

(10) 数据元素执行的合法性检查；

(11) 数据类型,例如整型、ASCII 码、定长、实型、枚举型等;

(12) 数据表示/格式;

(13) 数据元素的优先级。

4.2.X.2　消息描述

从 4.2.1.2 节开始编号,各节用名称和唯一标识号标识通过该接口传递的每一个消息,描述数据元素对各个消息的功用,并提供每个消息与组成该消息的各数据元素间的交叉引用,而且还应提供每个数据元素与各数据元素间的交叉引用。

4.2.X.3　接口优先级

规定该接口的优先级和通过该接口传递的每个消息的相对优先次序。

4.2.X.4　通信协议

从 4.2.1.4 节开始编号,描述与该接口关联的商用、军用或专用的通信协议。

4.2.X.4.Y　(协议名称)

从 4.2.1.4.1 节开始编号,各小节应给出协议的名称和下列通信规格细节:

(1) 消息格式;

(2) 错误控制和恢复过程,包括故障容错特性;

(3) 同步,包括建立连接、维持、终止和定时;

(4) 流控制,包括顺序号、窗口大小和缓冲器分配;

(5) 数据传输率、周期还是非周期传送以及两次传输之间的最小时间间隔;

(6) 路由、地址和命名约定;

(7) 发送服务,包括优先级和等级;

(8) 状态、标识、通知单和其他报告特征;

(9) 安全保密,包括密码、用户授权、安全域划分和审计等。

4.3　CSC 内存和处理时间分配(仅适用于嵌入式软件或固件)

提供分配给 CSCI 中各 CSC 的内存和处理时间。可以通过一个内存-处理时间量表来描述分配情况。

4.4　CSCI 设计说明

分节描述 CSCI 中各 CSC 的设计,说明需求的落实情况。还应说明安全性分析和设计并标识关键模块的等级。

4.4.X　(CSC 的名称和项目唯一标识号)

从 4.4.1 节开始编号,指明 CSC 的名称、项目唯一标识号以及 CSC 的功能。提供本 CSC 的以下设计信息:

(1) 利用控制流图和数据流图(必要时可利用状态图)来描述每个 CSC 的概要设计,如果本 CSC 是由下一级的 CSC 组成的,这个描述应标识与下一级 CSC 间的相互关系(例如以类似于 CSCI 结构图的形式描述);

(2) 描述本 CSC 的功能需求和设计约束(包括在需求规格说明中直接提出的设计约束和其他软件需求展开而获得的间接约束);

(3) 必要时,还应说明软件需求对本 CSC 结构的影响和 CSC 分解/设计时的主要策略。

4.4.X.Y　(下一级 CSC 的名称和项目唯一标识号)

从 4.4.1.1 节开始编号。标识下一级的各 CSC 的名称和项目唯一标识号,并应指出它的功能及设计约束。如果没有下一级 CSC,就不用写这一节。

5　CSCI 数据

描述 CSCI 中的全局数据结构和数据元素。

5.X　(数据结构名称和项目唯一标识号)

从 5.1 节开始编号,每节定义一个数据结构。说明该数据结构的每个数据元素,可以用表格表示。

（1）对 CSCI 内部使用的全局数据元素应提供下列信息：

① 数据元素的名称和唯一标识号；

② 数据元素的简要描述；

③ 数据元素的度量单位，例如 km、s、m 等；

④ 数据元素的极限值/值域（对常数要给出实际值）；

⑤ 数据元素要求的精度；

⑥ 有效数字表示的精度/分辨率；

⑦ 对于实时系统，要给出计算或更新该数据元素的频率，例如 10 kHz、50 ms 等；

⑧ 数据元素的合法性检查；

⑨ 数据类型，例如整型、ASCII 码、定长、实型、枚举型等；

⑩ 数据表示/格式；

⑪ 提供数据元素的数据源，例如数据库或数据文件、全局公用块、局部公用块以及参数等，每个数据源都要用它的项目唯一标识号标识。

（2）对 CSCI 的外部接口的数据元素应提供下列信息：

① 数据元素名称和唯一标识号；

② 用名称和项目唯一标识号标识接口；

③ 被引用的外部接口的接口设计文档。

6　CSCI 数据文件

描述 CSCI 的各个共享数据文件。

6.X　（数据文件名称和项目唯一标识号）

从 6.1 节开始编号，用名称和项目唯一标识号标识被多个 CSC 共享的 CSCI 数据文件。应描述数据文件的用途、结构和访问方法，例如随机的或顺序的访问等。

7　追踪关系

要提供从分配给每个 CSC 的需求到软件需求规格说明的可追踪性，并将追踪情况填写到表 9-1 中。

表 9-1 中的软件需求项是软件需求规格说明中的某项需求。

表 9-1 中的软件设计项是本文档中设计的一个或几个 CSC，它们共同完成软件需求项提出的要求。

表 9-1　软件概要设计到软件需求的可追踪性一览表

序号	软件需求项		软件设计项	
	名称	软件需求规格说明的章、节号	名称	软件设计文档的章、节号

软件概要设计采用面向对象方法设计。

软件概要设计说明

1　范围

1.1　标识

写明本文档的：

（1）标识；

  (2) 标题；

  (3) 适用范围,本文档适用的 CSCI；

  (4) 版本号。

1.2 CSCI 概述

  概述本文档所述 CSCI 的宗旨和用途。

1.3 文档概述

  概述本文档的目的和内容。

2 引用文件

  应按文档号、标题、文档编写单位(或作者)和文档出版日期等,列出本文档引用的所有文档。

3 术语和定义

  本章给出所有在本文档中出现的专用术语和缩略语的确切定义。

4 体系结构设计

4.1 逻辑视图

  逻辑视图采用体系结构设计元素描述系统,这些设计元素包括：

  (1) 封装有关问题域的模块；

  (2) 被其他模块使用的模块；

  (3) 封装了系统主要机制/服务的模块；

  (4) 设计工作需要的模块,例如存储管理、通信机制、错误处理、显示/接口机制、参数化机制等；

  (5) 通过接口提供支持的第三方模块,例如操作系统、数据库、GIS 等；

  (6) 对性能有重要影响的模块,例如启动顺序、在线更新、关键算法等。

  这里的模块表示的是包或类。

4.1.1 层次分解

  按照包层次结构描述系统的组成,从顶层开始逐层分解,描述每个设计元素的组成和设计元素之间的关系,最终分解到类为止。

4.1.2 模块说明

4.1.2.X (包/类名称和项目唯一标识号)

  从 4.1.2.1 节开始,描述每一个设计元素,对于包和类一般有以下内容：

  (1) 名称；

  (2) 用图形表示包内关系,包括：

  ① 输入；

  ② 输出；

  ③ 特性；

  (3) 内容描述。

4.2 进程视图

  进程视图描述系统的进程结构,每一个进程都需要说明。这里的进程包括独立的进程和进程内具有体系结构特性的线程,文档中可根据实际情况统称为进程或线程。

4.2.1 进程结构

  描述系统的进程结构,进程之间的关系。

4.2.2 进程说明

4.2.2.X (进程名称和项目唯一标识号)

  从 4.2.2.1 节开始编号,描述每个进程的有关信息,一般有如下内容：

  (1) 进程名称；

  (2) 实现的功能；

（3）生命周期；

（4）相关进程；

（5）进程间交互机制（进程间通信和同步方式等）；

（6）图形说明（状态图、交互图或活动图等）。

4.3　实现视图

本节描述构成软件系统的构件及其关系，以及每个构件所分配的设计元素。

4.3.1　概述

用构件图描述实现软件的构件，以及构件之间的关系。这些构件可以是可执行程序、运行库、源程序文件等，也可以是其他管理信息。

4.3.2　构件说明

4.3.2.X　（构件名称）

从 4.3.2.1 开始编号，描述每个构件，一般有如下信息：

（1）构件名称；

（2）构件实现的子系统和输入依赖关系；

（3）构件包括的设计元素。

4.4　部署视图

本节描述部署视图，包含运行软件的硬件环境，分配给每个物理节点的任务（来自于进程视图）。如果存在多种物理配置方式，应描述一种主要的配置方式，并说明有关的配置规则。

5　CSCI 数据

描述本 CSCI 需要用到的数据。

5.1　软件配置数据设计

如果本 CSCI 使用了配置数据，在此描述设计内容，例如，注册表设计、配置文件设计等。

5.2　数据文件设计

如果本 CSCI 使用了数据文件，在此描述数据文件的设计，包括名称、格式、内容、作用以及操作者等信息。

5.3　数据库设计

如果本 CSCI 使用数据库，可以单独编写数据库设计说明，也可以在本文档中描述数据库设计内容。

6　追踪关系

提供分配给每个包的需求到软件需求规格说明的可追踪性，可追踪性填写到表 9-2 中。

表 9-2 中的软件需求项是软件需求规格说明中的某项需求。

表 9-2 中的软件设计项是本文档中设计的一个或几个包，它们共同完成软件需求项提出的要求。

表 9-2　软件设计到软件需求的可追踪性一览表

序号	软件需求项		软件设计项	
	名称	软件需求规格说明的章、节号	名称	软件设计文档的章、节号

9.3 结构化设计方法概要设计说明示例

9.3.1 CSCI 结构设计

描述软件的模块/部件设计,一般应给出系统结构图。某些模块/部件可以进一步分解成一个或多个模块/部件。必要时,还应说明模块/部件划分的主要策略,例如某一提供时间信息服务的软件结构设计如下:

4.1 CSCI 结构设计

本软件在操作系统内核建立虚拟设备,用以保存时间信息、应用程序的请求信息等,采用虚拟设备驱动程序对其进行管理和控制,在此基础上为应用程序提供系统服务。

软件模块结构如图 9-1 所示。

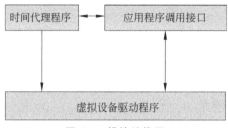

图 9-1　模块结构图

(1) 虚拟设备驱动程序(VTM_DEV)

主要完成虚拟设备的加载与卸载、时间信息合成等工作,并为应用程序提供读取时间信息、响应中断事件等服务。

(2) 时间代理程序(VTM_TIM)

接收时间服务器通过网络发送的时间信息、应急中断信号及校时信号,完成系统校时。将时间信息传递给 VTM_DEV 以便进行时间合成,将各种中断信号通过 VTM_DEV 以事件的形式通知应用程序。

(3) 应用程序调用接口(VTM_API)

对 VTM_DEV 提供的系统服务进行封装,对用户的输入参数进行判断,方便用户使用。主要的调用接口包括获取时间信息、等待中断事件、本机校时等。

9.3.2 CSCI 接口设计

描述软件的内部和外部接口。

4.2 CSCI 接口设计

软件的外部接口如图 9-2 所示,主要有以下部分:

(1) 与时间服务器的接口(INTER_TIM);

(2) 与应用程序的接口(INTER_API)。

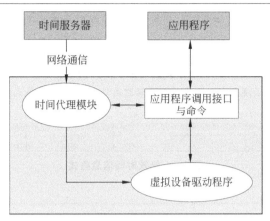

图 9-2 外部接口图

4.2.1 与时间服务器的接口(INTER_TIM)

接收时间服务器通过网络发送的时间信息、中断信号、校时信号,使用时间信息校对本机系统时间。

4.2.1.1 数据元素

INTER_TIM 接收的数据元素包括时间信息(表 9-3)、1 Hz(表 9-4)、20 Hz(表略)、应急中断信号(表略)和校时信号(表略)。

表 9-3 INTER_TIM 的数据元素——时间信息

名称	时间信息		标识号	INTER_TIM_ABS	
简要描述	时间服务器发送的时间信息,以天、时、分、秒的形式发送				
来源	时间服务器	用户	VTM		
数据类型	整型	值域	天:1~366 时:0~23 分:0~59 秒:0~59	合法性检查	三判二验证其正确性

表 9-4 INTER_TIM 的数据元素——1 Hz 中断信号

名称	1 Hz 中断信号		标识号	INTER_TIM_1HZ	
简要描述	时间服务器发送的 1 Hz 中断信号				
来源	时间服务器	用户	VTM		
数据类型	字符型	值域	A	合法性检查	不是"A"即为错误

4.2.1.2 消息描述

无。

4.2.1.3 接口优先级

与该接口相关的进程的调度策略为 SCHED_FIFO,优先级为 50。

4.2.1.4 通信协议

软件与时间服务器之间采用 TCP/IP 的 UDP 协议,通信方式为组播,组播地址为 226.20.33.44,端口号 7878。

软件接收时间服务器发送的时间信息、中断及校时信息,信息帧长度最大为 11 个字节,具体说明如下:

(1) 当接收的信息帧长度为 1 时,表示接收到中断或校时信号,内容见数据元素描述;

(2) 当接收的信息帧长度为 2 时,表示接收到应急信号,内容见数据元素描述;

(3) 当接收的信息帧长度为 11 时,表示接收到时间信息,此时信息格式如图 9-3 所示。

10	9	8	7	6	5	4	3	2	1	0
保留		修正值	保留			年内天值		秒	分	时

图 9-3　接收时间信息格式

9.3.3　内存和处理时间分配

本节内容适用于嵌入式软件或固件等对内存和处理时间资源有严格要求的软件。

4.3　内存和处理时间分配

本软件各软件部件的内存和处理时间分配如表 9-5 所示。

表 9-5　CSC 内存/处理时间量示例

CSC 名称	CSC 号	内存预算(words)	分配的处理时间
模式控制	25	1700	128.0 ms
坐标变换	69	900	156.0 ms
雷达控制	26	3000	96.0 ms
目标占用	11	1700	10.0 ms
执行	1	1200	80.0 ms
数据库	100	2000	N/A
总计		12 600	570 ms
可使用总量		16 384	740 ms
留量		3784	170 ms
余留量/%		23	23

9.3.4　CSCI 设计说明

本节描述 CSCI 中各部件的设计,说明需求的落实情况,还应进行安全性分析,设计并标识关键模块的等级。

　　分别描述各软件部件的功能需求和设计约束,包括在需求规格说明中直接提出的设计约束和其他软件需求展开而获得的间接约束。利用控制流图、数据流图,必要时利用状态图,描述每个部件的概要设计。如果本部件可以进一步分解,还应说明下一级的部件组成。

4.4　设计说明

4.4.1　虚拟设备驱动程序

　　该部件的标识号为 VTM_DEV。

　　VTM_DEV 在 Linux 操作系统内核中运行,对虚拟设备进行管理和控制。该部件主要由以下子部件组成:

　　(1) 设备加载子部件(VTM_DEV_ADD)

　　申请系统资源,加载虚拟设备。对虚拟设备进行初始化,使设备处于正常工作状态。

　　(2) 设置时间信息子部件(VTM_DEV_STIM)

　　将时间信息的天、时、分、秒与本机的时间计数器合成精度为毫秒的时间信息。

　　(3) 获取时间信息子部件(VTM_DEV_GTIM)

　　将合成后的时间信息提供给应用程序进行读取。

　　(4) 申请中断事件子部件(VTM_DEV_AEVT)

　　应用程序申请等待 1 Hz、20 Hz、应急等中断事件。

　　(5) 中断事件处理子部件(VTM_DEV_PEVT)

　　接收到 1 Hz、20 Hz、应急等中断信号时,以事件方式通知应用程序。

　　(6) 设备卸载子部件(VTM_DEV_REM)

　　释放资源,关闭设备,退出系统。

　　VTM_DEV 的控制流如图 9-4 所示。

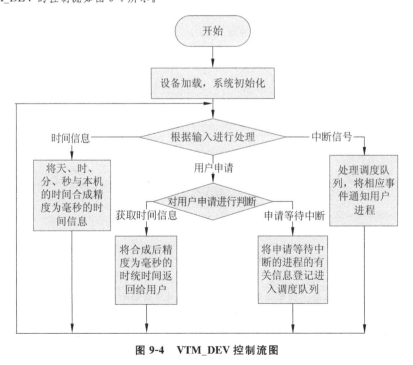

图 9-4　VTM_DEV 控制流图

当虚拟设备创建、加载成功并且初始化之后,VTM_DEV 处于等待输入和用户请求的状态。在初始化时从系统内核中预先分配足够的中断事件资源,防止应用过程中的资源不足;在分配资源时,做好互斥和同步工作,防止死锁。

VTM_DEV 接收到时间信息的天、时、分、秒值后保存在虚拟设备中,接收到 1 Hz 中断时获取本机的时间计数器并保存作为毫秒 0 值。使用本机时间计数器时,应当采用精度至少为微秒的计数器,该计数器应该随着操作系统运行时间线性增长,并且不因为系统时间的更改而改变。

应用程序请求获取时间信息时,VTM_DEV 获取当前本机的时间计数器与保存的毫秒 0 值相减,作为需要的毫秒值,与天、时、分、秒值一起返回给用户。

应用程序请求等待 1 Hz、20 Hz、应急中断事件时,VTM_DEV 为进程分配事件元素,并将有关信息登记进入相应的调度队列。管理调度队列时应正确使用互斥锁,避免因为多线程的操作引起调度队列紊乱。

当接收到中断信号时,VTM_DEV 对中断类型进行判断,处理调度队列,将相应的事件通知用户进程。对用户进程进行调度之后,应及时释放所分配的事件元素,以免造成内存泄漏。

1 Hz、20 Hz 的中断响应时间不大于 10 ms。

VTM_DEV 的数据流如图 9-5 所示。

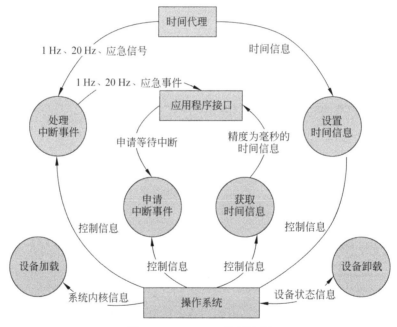

图 9-5　VTM_DEV 数据流图

VTM_DEV 输入、输出和处理的信息有:

(1) 时间代理程序输入的时间信息,经过合成后通过应用程序调用接口输出给应用程序;

(2) 应用程序调用接口输入的等待中断事件请求,针对不同的中断管理相应的调度队列;

(3) 时间代理程序输入的 1 Hz、20 Hz、应急等中断信号,以事件的形式输出至应用程序;

(4) 操作系统和虚拟设备之间的信息,包括系统内核信息、设备初始信息、设备状态信息、控制信息等。

4.4.2　时间代理程序（略）

4.4.3　应用程序调用接口

该部件是一个共享的动态链接库,标识号为 VTM_API。

VTM_API 是应用程序使用 VTM 的接口,为应用程序提供读取时间信息,申请等待 1 Hz、20 Hz、应急等中断,本机校时等功能。该部件对操作系统和 VTM_DEV 提供的系统服务进行封装,方便用户使用。

(1) 获取时间信息(getAbsTime)

调用格式:

int getAbsTime (RECORD_TIME * pTime);

getAbsTime 读取当前的时间信息,存放在参数 pTime 中。RECORD_TIME 类型的格式如下:

```
struct   recordTime
{
    unsigned short hour;              //时间信息的小时值,范围 0~23
    unsigned short minute;           //时间信息的分值,范围 0~59
    unsigned short second;           //时间信息的秒值,范围 0~59
    unsigned short millisecond;      //时间信息的毫秒值,范围 0~999
    unsigned short microsecond;      //时间信息的微秒值,范围 0~999
    unsigned short sumdays;          //时间信息的天值,范围 1~366
} RECORD_TIME;
```

(2) 转换时间信息格式(timeStructToAscii)

调用格式:

int timeStructToAscii(RECORD_TIME * pTime,char * pBuffer, int length);

timeStructToAscii 首先判断输入时间以及参数 pBuffer 的有效性。在确认正确后,将 RECORD_TIME 类型的时间转换为"hh:mm:ss.ddd"格式,通过 pBuffer 返回给用户。

参数 pBuffer 为字符类型指针,用于存放转换后的时间信息;参数 length 的长度应大于 14。

(3) 本机校时(setRtTime)

调用格式:

int setRtTime(void);

setRtTime 用时间信息校对本机系统时间。

通过网络授时的服务器系统时间与时间信息的误差不大于 12 ms。

只有 root 用户才可以执行此操作。

在时间信息零点前后 2 s 不支持校时操作。

接收不到时间信息时不进行校时操作。

(4) 打开中断事件服务(openIntrEvent)

调用格式:

HANDLE openIntrEvent(char * eventName);

openIntrEvent 打开指定的中断事件,获取其事件句柄。具体的中断事件定义如表 9-6 所示。

表 9-6   中断事件说明

序号	事 件 名	含 义
1	EVENT_20HZ	20 Hz 中断事件
2	EVENT_1HZ	1 Hz 中断事件
3	EVENT_YJ1～ EVENT_YJ6	应急 1～6 中断事件

参数 eventName 的值只能是表 9-6 中说明的事件名。

(5) 等待单个中断事件(waitingSingleEvent)

调用格式：

```
int waitingSingleEvent(HANDLE hEvent, int dTimeOut);
```

应用程序通过该接口等待指定的中断事件发生。如果在指定的超时时间内等待的事件未发生，调用自动返回。具体的中断事件定义如表 8 所示。

参数 hEvent 是由 openIntrEvent 接口返回的值，参数 dTimeOut 表示超时时间，单位为毫秒。

当应用程序通过该接口提出申请时，VTM_DEV 要将应用程序的有关信息登记进入相应的调度队列，保存在系统内核的虚拟设备中。

1 Hz、20 Hz 中断响应时间不大于 10 ms。

9.3.5   CSCI 数据

描述 CSCI 中的全局数据结构和数据元素。

5   CSCI 数据

5.1   时间信息

该数据的标识号为 ABS_INFO。

ABS_INFO 是在 VTM 内部表示的时间信息，其定义如下：

```
struct   recordTime
{   unsigned short hour;              //时间信息的小时值,范围 0~23
    unsigned short minute;           //时间信息的分值,范围 0~59
    unsigned short second;           //时间信息的秒值,范围 0~59
    unsigned short millisecond;      //时间信息的毫秒值,范围 0~999
    unsigned short microsecond;      //时间信息的微秒值,范围 0~999
    unsigned short sumdays;          //时间信息的天值,范围 1~366
} RECORD_TIME;
```

当用户程序调用 getAbsTime 接口获取时间信息时，VTM_DEV 读取虚拟设备上的时间信息，以 RECORD_TIME 的形式返回给用户。

5.2   中断信息

该数据的标识号为 INTR_INFO。

INTR_INFO 用以指示中断的类型，它是整数类型，其取值范围如下：

3：表示 1 Hz 中断；

4：表示 20 Hz 中断；

11~16：表示 YJ1-YJ6 中断。

当 VTM_DEV 接收到中断信号时，记录中断类型，以事件的形式通知申请等待的用户程序。

5.3 事件信息

该数据的标识号为 EVENT_INFO。

VTM_DEV 为每个中断信号创建一个调度队列，该队列为一个双向链表。用户申请等待 1 Hz、20 Hz 和应急中断事件时，VTM_DEV 为该申请创建一个事件元素，插入相应中断的调度队列末尾。当 VTM_DEV 接收到中断信号时，VTM_DEV 的中断事件处理子部件从相应中断的调度队列头开始处理每一个事件元素，调度用户进程。

事件元素的定义如下：

```
typedef struct event {
structevent * forw;
structevent * back;
MUTEXmutex;
CONDITIONcondition;
uint32_t flag;
} EVENT;
```

forw、back：调度队列元素的前向和后向指针。

mutex：用于同步管理的互斥锁。

condition：事件发生的条件。

flag：事件状态。1 表示事件已发生，0 表示无事件发生。

当 VTM_DEV 接收到 1 Hz、20 Hz、应急中断信号时，触发事件发生的条件，并将相应的事件状态设置为 1，通知用户进程，然后将相应事件元素从调度队列中去除。

9.3.6 CSCI 数据文件

描述 CSCI 的各个共享数据文件，包括文件的名称、用途、文件格式、数据结构、访问方法、存储方式等内容。

6 CSCI 数据文件

本软件采用文本格式的配置文件来记录软件运行的基础设置信息。

6.1 参数配置文件 Param.conf

作用：该文件是存储软件接收、转发用的地址和端口号等。

访问：存储于可执行程序根目录或 config 子目录中，程序启动时读取，访问失败将报错退出。

操作者：用户。

格式说明：

```
[1]
DISC=内网相关本机地址              //描述
LolcaIP=29.33.128.10            //和内网通信时的本机地址
```

```
    [2]
DISC=向内网转发                //描述
FLAG=2                        //1：组播；2：点对点
IPR1=29.33.128.10             //向内网转发第一路由数据的地址
PORTR1=11001                  //向内网转发第一路由数据的端口
IPR2=29.33.128.10             //向内网转发第二路由数据的地址
PORTR2=11002                  //向内网转发第二路由数据的端口
    [3]
DISC=从内网接收                //描述
FLAG=2                        //1：组播；2：点对点
IP=29.33.128.10               //从内网接收数据的地址，点对点该地址可不填
PORT=13001                    //从内网接收数据的端口
    [4]
DISC=外网本机地址
IPR1=192.168.1.4              //和外网通信第一路由本机地址
IPR2=29.33.129.4              //和外网通信第二路由本机地址
    [5]
DISC=向外网发送本机端口
PORTR1=24576                  //向外网转发第一路由本机端口
PORTR2=24576                  //向外网转发第二路由本机端口
    [6]
DISC=从外网接收本机地址端口
PORTR1=24584                  //从外网接收第一路由本机端口
PORTR2=24584                  //从外网接收第二路由本机端口
```

9.4　面向对象设计方法概要设计说明示例

面向对象方法主要使用 UML 表示方式描述和说明软件结构设计。

9.4.1　逻辑视图

逻辑视图主要描述软件的静态体系结构，常用 UML 的包图来表示。包图从逻辑上对设计进行组织，就像文件夹一样，容纳和分类其他 UML 元素，例如用例、对象、类等，还可以有子包。识别和划分包的过程类似软件模块划分，遵循高内聚、低耦合的原则，一般将概念和语义上相接近的元素包含在同一个包中，包与包之间存在依赖、泛化的关系，但要避免出现循环依赖，测试时可以以包为测试单位。以某实现内外网数据接收与转发的程序为例，其逻辑框架设计如下。

4.1　逻辑视图

逻辑视图如图 9-6 所示。

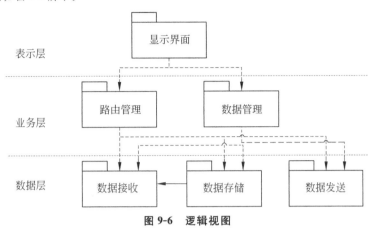

图 9-6　逻辑视图

4.1.1　层次分解

（1）表示层，包括显示界面包，主要含路由管理操作界面、数据收发监控界面、数据收发命令界面。

（2）业务层，包括双工管理包和数据处理包，实现主备机的管理逻辑和接收、发送数据的预处理。

（3）数据层，包括数据接收包、数据发送包和数据存储包。数据接收区分外网和内网，外网接收中心以外系统或设备发来的试验数据，数据传输方式为两路，一路是光纤，一路是卫通，内网接收中心内数据应用软件发来的数据包。数据发送同样区分向内网发送和向外网发送。数据存储完成内、外网接收数据的数据文件存储。

4.1.2　路由管理

（1）名称：路由管理，包含的设计元素如图 9-7 所示。

（2）CConfigFile 类用于读取配置文件，初始化路由参数。

输入：配置文件；

输出：路由状态，告警信息；

特性：对配置文件进行合法性检查和判断，在遇到错误的情况下进行报警。

CCommandQueue 类用于接收用户命令。

```
路由管理

+ CConfigFile
+ CCommandQueue
```

图 9-7　路由管理包结构图

输入：监控命令；

输出：设置状态，告警信息；

特性：对命令参数进行合法性检查和判断，在遇到错误的情况下进行报警。

（3）内容描述。

建立基本数据收发环境，包括初始化网络地址表、路由选择表、外网接收数据队列、内网接收数据队列等全局结构，同时负责启动内、外网数据接收功能、数据处理功能、数据存储功能、数据显示功能等。根据接收到的用户命令启动和停止接收、发送、存储的相关进程，将运行状态参数送显示界面显示。

4.1.2.X　（依次说明各模块）

9.4.2　进程视图

进程视图侧重于软件的运行特性，关注可执行进程和线程的并发与同步机制。更多服务于系统集成、性能测试。

4.2 进程视图

4.2.1 进程结构

软件包括 3 个进程,分别为路由管理进程、外网向内网转发进程和内网向外网转发进程。路由管理为主进程,负责另两个进程的创建、启动、停止和销毁,进程间的关系如图 9-8 所示。

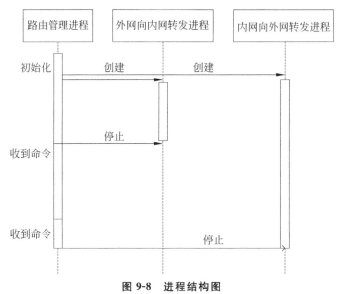

图 9-8 进程结构图

4.2.2 进程说明

4.2.2.1 路由管理进程

(1) 进程名称:路由管理进程。

(2) 实现的功能:主进程,读取配置文件,初始化运行环境,创建系统所需线程,显示人机界面,接收命令输入,对输入错误应有提示、要求重新输入,避免操作失误。

(3) 生命周期:常驻内存。

(4) 相关进程:外网向内网转发进程、内网向外网转发进程。

(5) 进程间交互机制:共享内存。

(6) 图形说明:路由管理进程的活动图如图 9-9 所示。

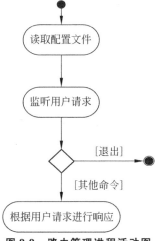

图 9-9 路由管理进程活动图

9.4.3 实现视图

实现视图是对设计元素的物理组织,描述了开发环境中软件的物理静态结构,常用组件形式来定义。组件是系统中可以替换的代码模块,如 DLL 代码模块、EXE 代码模块、ActiveX 控件、Web Page、数据库等,也可以包括源程序、数据文件等开发阶段使用的工作产品组件。

4.3 实现视图

4.3.1 概述

本软件主要包括 4 个构件,分别为配置文件构件、数据接收构件、数据发送构件和实现管理显示的收发管理构件。实现视图如图 9-10 所示。

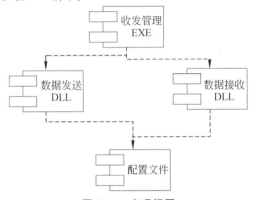

图 9-10 实现视图

4.3.2 构件说明

4.3.2.1 收发管理构件

显示数据转发的参数配置及状态信息:包括 IP 地址、端口、文件存储路径等参数设置,接收和转发的数据信息:源地址、端口、接收计数、帧长等。构件包括的设计元素:运行所必须的参数和状态信息。

收发管理调用双工软件提供的 API,具体如下:

(1) 打开双工伪设备文件服务(dup_open)

调用格式:

int dup_open ();

dup_open 是利用操作系统提供的打开文件服务 open 打开双工伪设备,获取对设备操作所需的系统资源,并为应用程序返回文件描述符,提供给其他调用接口使用。

(2) 关闭双工伪设备文件服务(dup_close)

调用格式:

int dup_close (int fd);

dup_close 利用操作系统提供的关闭文件服务 close 关闭双工伪设备,释放系统资源。

(3) 获取双工状态服务(getdupsts)

int getdupsts(int fd,unsigned int * dpsts);

getdupsts 利用 BJRSUNXS_DEV 提供的系统服务,将双工伪设备中保存的主副机状态、工作模式和主干网络状态合成一个状态长字返回给用户。

（4）等待双工状态改变服务（waitdup）

调用格式：

```
int waitdup(int fd);
```

waitdup 利用提供的系统服务,为申请等待该事件的进程创建事件,并将事件排队入应急事件队列。

4.3.2.X　（依次说明各模块）

9.4.4　部署视图

部署图用来建模部署软件时涉及的硬件,主要说明各节点部署内容和其通信关联。

4.4　部署视图

本软件为单机运行,可执行程序、配置文件和动态库均部署在同一节点上,作为数据收发服务器。共部署 2 台数据收发服务器上,组成双工系统,一台为主机,一台为备机。操作终端部署 Xmanager 软件,可远程登录数据收发服务器进行操作。部署视图如图 9-11 所示。

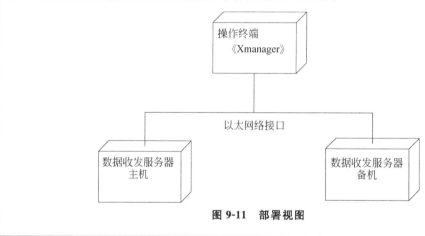

图 9-11　部署视图

9.5　软件概要设计说明的常见问题

软件概要设计说明与软件系统设计说明有类似之处,只是一个是系统到 CSCI 的分解,一个是 CSCI 到软件部件的分解,常见问题可能有：

（1）部件划分未覆盖 CSCI 的全部需求；

（2）软件部件的划分不够合理,如功能相对不独立、规模偏大或偏小、接口过于复杂等；

（3）概要设计中软件部件的结构图不规范,如各种图形符号未使用标准符号、单个软部件出现多次等；

（4）软件部件的静态特征和动态特征描述不细致,如缺少部件的访问权限、资源要求、输入输出信息、异常处理要求等。

（5）未描述部件之间的接口关系或接口定义不清晰,尤其容易忽视内部接口描述;

（6）配置项、部件、单元、接口数据和变量未按命名规则命名;

（7）以某一类型定义的数据在其使用全过程中类型发生改变;

（8）未对软件需求规格说明中的全部质量特性进行设计,应建立设计与需求的双向追踪,确保每一个需求都得到设计。

软件详细设计说明

软件详细设计过程是对实现软件需求和概要设计的软件单元进行低层设计，重点是描述每个部件的过程特征，即它们的时间关系和顺序关系。此阶段应详细描述每个部件中各个软件单元的组成关系和控制关系；应详细定义每个软件单元的处理逻辑和单元间的所有接口信息，以及每个单元内部所使用的每个数据。为此，通常要借助设计工具，如程序设计语言(PDL)、控制流程图、结构流程图和 IPO 图等。对于安全性关键软件的详细设计过程则应考虑安全性设计特征和方法，应确定安全性关键的软件单元。

本章将按照结构化和面向对象两种方式来描述软件详细设计说明。

10.1 软件详细设计说明的编写要求

对采用结构化设计方法的详细设计文档，应满足：

(1) 将软件部件分解为软件单元；

(2) 对每个软件单元规定了程序设计语言所对应的处理流程；

(3) 对每个单元的入口、出口给予清晰完整的设计；

(4) 对于结构化设计，可采用数据流图、控制流图清晰描述软件单元之间的关系；

(5) 每个 CSU 的详细设计信息应包括：输入/输出数据元素、局部数据元素、中断和信号、程序算法、错误处理、数据转换、逻辑流程图、数据结构、局部数据文件和数据库、限制和约束等；

(6) 将包分解到类，用类图、顺序图、活动图或文字等多种方式进行描述；

(7) 对类的名称、属性、操作、动态特性、静态特性等进行说明；

(8) 准确说明类的纵向、横向关系；

(9) 说明类的数据成员，包括量化单位、值域、精度，若是常数，应提供其实际值；

(10) 说明类的操作，包括输入参数、输出参数、处理过程及算法，还应说明其异常处理机制；

(11) 说明类的动态特性，必要时可采用状态机或其他形式予以描述；

(12) 说明本 CSCI 需要用到的数据，包括配置数据设计、数据文件设计及数据库设计；

(13) 准确描述软件详细设计与概要设计的追踪关系；

(14) 文档编写规范、内容完整、描述准确一致。

对采用面向对象方法的详细设计文档，应满足：

（1）将包最终分解到类，并用类图、时序图、活动图或文字等合适的方式进行描述；

（2）对相关类的组合采用类族方式命名或采用设计模式命名，说明类组合的功能、特征等；

（3）对每个类说明其类型、功能、在软件结构中的位置；

（4）准确说明类的纵向、横向关系；

（5）说明类的每一个属性，每个属性的名称、用途、类型、可访问性、值域、精度和合法性检查等，若是常数，应提供其实际值；

（6）说明类的每一个操作，包括名称、功能、输入、输出、处理过程及算法、异常处理机制等，并采用了适当的文字或图进行说明；

（7）对数据文件或数据库的包装类，说明类的静态特性，描述数据元素和类属性字段的对应关系；

（8）对于有状态变化的类，说明类的动态特性，必要时可采用状态机或其他形式予以描述；

（9）说明本 CSCI 需要用到的数据，包括配置数据设计、数据文件设计及数据库设计；

（10）准确描述软件详细设计与概要设计的追踪关系；

（11）文档编写规范、内容完整、描述准确一致。

10.2　软件详细设计说明的内容

采用结构化设计方法如下所示。

软件详细设计说明

1　范围

1.1　标识

写明本文档的：

（1）标识；

（2）标题；

（3）适用范围，本文档适用的 CSCI；

（4）版本号。

1.2　CSCI 概述

概述本文档所适用的 CSCI 的用途。

1.3　文档概述

概述本文档的目的和内容。

2　引用文件

按文档号、标题、编写单位（或作者）和出版日期等，列出本文档引用的所有文件。

3　术语和定义

给出所有在本文档中出现的专用术语和缩略语的确切定义。

4　详细设计

分节描述每个 CSCI 的详细设计。

---

4. X （CSCI 的名称和项目唯一标识号）

从 4.1 节开始编号,分节标识和描述 CSCI 中的各个计算机软件单元(CSU)。利用 CSU 间的控制流图和数据流图描述 CSU 间的关系。

4. X. Y （CSU 的名称和项目唯一标识号）

从 4.1.1 节开始编号,标识 CSU 的名称和项目唯一标识号,并指出 CSU 的功能。

4. X. Y. 1 （CSU 的名称）设计及约束

从 4.1.1.1 节开始编号,指出各 CSU 的设计需求和所有约束条件。在本节定义的设计需求中应包括接口的设计需求。

4. X. Y. 2 （CSU 的名称）设计

从 4.1.1.2 节开始编号,给出 CSU 的设计。如果 CSU 不是用 CSCI 指定的程序设计语言编写,那么要说明使用的程序设计语言。下面将为 CSU 提供详细的设计信息,这些信息可以通过自动化设计工具或其他技术表达,例如,可用程序设计语言、程序流程图或其他详细设计工具来表示它们。详细设计信息包括:

(1) 输入/输出数据元素;

(2) 局部数据元素;

(3) 中断和信号;

(4) 算法;

(5) 错误处理;

(6) 数据转换;

(7) 逻辑流程图;

(8) 数据结构;

(9) 局部数据文件和数据库;

(10) 限制和约束;

(11) 其他(CSU 的代码行、McCabe 复杂度估计等)。

5 追踪关系

提供从详细设计到概要设计的可追踪性,并将追踪情况填写到表 10-1 中。

表 10-1　软件详细设计到软件概要设计的可追踪性一览表

序号	软件需求项		软件设计项	
	名称	软件需求规格说明的章、节号的章、节号	名称	软件设计文档的章、节号

采用面向对象设计方法如下所示。

1　范围

1.1　标识

写明本文档的:

(1) 标识;

(2) 标题;

(3) 适用范围,本文档适用的 CSCI;

(4) 版本号。

1.2　CSCI 概述

概述本文档所述 CSCI 的宗旨和用途。

1.3　文档概述

概述本文档的目的和内容。

2　引用文件

应按文档号、标题、文档编写单位(或作者)和文档出版日期等,列出本文档引用的所有文档。

3　术语和定义

本章给出所有在本文档中出现的专用术语和缩略语的确切定义。

4　设计说明

4.X　(类的名称和项目唯一标识号)

从 4.1 开始编号,分小节描述类的特征,类包括实体类、接口、虚拟类、关联类等。

对于直接使用的第三方模块,只需描述其功能、接口和其他必要的特征,可不需要下列章节。以下各小节是对一个普通类的全集进行说明,设计具体的类时可根据情况适当裁减。

4.X.1　(类的名称)简述

描述该类的基本特征,包括但不限于以下信息:

(1) 类的类型,普通类、虚拟类、关联类或接口等;

(2) 类的设计目的和作用;

(3) 类的纵向关系,说明父类、实现的接口等;

(4) 类的横向关系,说明与其他类的关联、调用或依赖等关系。

4.X.2　(类的名称)的属性

采用合适的方式描述该类的数据成员。根据需要可以对每个数据成员提供下列信息:

(1) 名称;

(2) 作用及目的描述;

(3) 数据类型,例如整型、实型、字符串、数组、对象等;

(4) 可访问性,类变量或对象变量,公有、保护或私有,其中公有又分为读写、只读或只写类型;

(5) 数据元素的量化单位和值域(若是常数,提供实际值);

(6) 数据元素的精度;

(7) 数据元素执行的合法性检查;

(8) 其他。

4.X.3　(类的名称)的操作

描述该类的成员函数。根据需要可以对每个成员函数提供下列信息:

(1) 名称;

(2) 类型,如果是特殊类型的操作,比如对应一个线程的执行体,需要特别指明;

(3) 功能描述;

(4) 可访问性,公有、保护或私有,并说明是类函数还是对象函数;

(5) 输入参数描述;

(6) 输出参数描述,输入、输出参数包括名称、作用、数据类型、取值范围、数据元素执行的合法性检查;

（7）处理及算法，可以用公式、活动图或逻辑流程图等描述；

（8）异常处理等。

4.X.4　（类的名称）的静态特性

本节主要针对数据文件或数据库的包装类设置，详述数据成员和数据文件、数据库表及其字段的对应关系，可以用表格的形式描述。

4.X.5　（类的名称）的动态特性

必要时描述该类的状态机。

5　追踪关系

提供从软件概要设计到软件详细设计的可追踪性，并将追踪情况填写到表 10-2 中。

表 10-2　软件概要设计到软件详细设计的可追踪性一览表

序号	软件概要设计项		软件详细设计项	
	名称	软件概要设计说明的章、节号	名称	软件详细设计说明的章、节号

10.3　结构化方法详细设计说明示例

结构化设计方法下软件详细设计与概要设计描述形式类似，主要包括数据流图、控制流图、伪代码等，只是对象层次不一样，概要设计主要针对软件部件，而详细设计更细化一层，将每个部件进一步分解为软件单元的设计。

4　详细设计

4.1　虚拟设备驱动程序（VTM_DEV）

VTM_DEV 是 VTM 的重要组成部分，主要完成虚拟设备的加载与卸载、时间信息管理、中断事件的申请与处理等工作。

VTM_DEV 主要由以下 6 个单元组成。

（1）设备加载单元（VTM_DEV_ADD）

申请系统资源，加载虚拟设备。对虚拟设备进行初始化，使设备处于正常工作状态。

（2）设备卸载单元（VTM_DEV_REM）

释放资源，关闭设备，退出系统。

（3）设置时间信息单元（VTM_DEV_STIM）

将时间信息的天、时、分、秒与本机的时间计数器合成精度为毫秒的时间信息。

（4）获取时间信息单元（VTM_DEV_GTIM）

将合成后的时间信息提供给应用程序进行读取。

（5）申请中断事件单元（VTM_DEV_AEVT）

应用程序申请等待 1 Hz、20 Hz、应急等中断事件。

（6）中断事件处理单元（VTM_DEV_PEVT）

接收到 1 Hz、20 Hz、应急等中断信号时，以事件方式通知应用程序。

VTM_DEV 的数据流如图 9-5 所示。

执行驱动程序加载命令 insmod 时，操作系统调用设备加载单元，加载虚拟设备，使虚拟设备驱动程序驻留内存。驱动程序通过设置时间信息单元、获取时间信息单元、申请中断事件单元和处理中断事件单元提供外部调用接口，根据不同的请求完成信息的输入、输出和处理等操作。

4.1.1　设备加载单元（VTM_DEV_ADD）

VTM_DEV_ADD 是在执行驱动程序加载命令（insmod）时，由操作系统内核调用并执行。该单元为虚拟设备的控制状态块分配内存资源，进行相关信息的初始化，创建虚拟设备文件，使虚拟设备处于正常工作状态。

虚拟设备的控制状态块的类型为 timdrv_data_t，其主要域定义如下：

```
typedef struct   {
    struct cdev   cdev;
    spinlock_t    mutex;
    EVENT  work_queue_head[EVENT_COUNT];
    EVENT  idle_queue_head;
    EVENT  event_element[EVENT_ELEMENT];
         spinlock_t q_mutex[EVENT_COUNT];
         spinlock_t idle_queue_lock;
         int32_t second;
         int32_t ms;
         int32_t yday;
         int hrtime0;
         int hrtime1;
         int prehrtime;
} timdrv_data_t;
```

说明如下：

（1）cdev：虚拟设备信息结构。

（2）mutex：VTM_DEV 的互斥锁。当 VTM_DEV 需要对共享的资源进行访问时，使用 mutex 进行互斥访问，保证共享资源的状态一致性。

（3）work_queue_head：事件队列。针对 1 Hz、20 Hz、应急等事件，分别建立一个队列。当用户申请等待 1 Hz、20 Hz 和应急事件时，VTM_DEV 为该申请分配一个事件元素，插入相应中断的事件队列中。当接收到中断信号时，VTM_DEV 将相应中断的事件设置为有效状态，通知用户进程。在用户进程得到响应后，VTM_DEV 将相应事件元素从事件队列中删除。

（4）idle_queue_head，event_element：空闲队列和预先分配的队列元素。为了避免应用过程中的资源不足，在初始化时从系统内核中预先分配足够的事件队列元素，组成空闲队列。当用户申请时，从空闲队列中获得一个事件元素，插入相应的 work_queue_head 队列中。

（5）q_mutex：事件队列的互斥锁，每一个事件队列都有自己的互斥锁。当 VTM_DEV 需要进行事件队列元素的插入和删除操作时，必须使用本队列的 q_mutex 进行互斥访问，防止队列状态出现不一致。

（6）idle_queue_lock：空闲队列互斥锁，保证空闲队列操作的一致性。

（7）second,ms：时间信息的秒和毫秒。

（8）yday：时间信息的年内天值。

（9）hrtime0,hrtime1,prehrtime：时间计数器的值。VTM_DEV 使用这些参数计算时间信息的毫秒值。应当采用精度至少为微秒的计数器来计算毫秒，该计数器应该随着操作系统运行时间线性增长，并且不因为系统时间的更改而改变。

VTM_DEV_ADD 的控制流如图 10-1 所示。

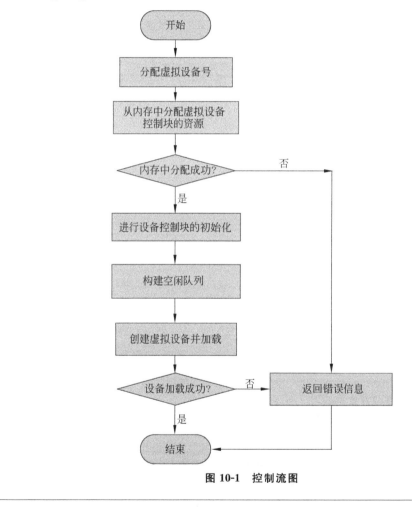

图 10-1　控制流图

10.4　面向对象方法详细设计说明示例

采用面向对象设计方法时，详细设计主要描述软件中类的设计与实现。

4　设计说明

4.1　DataField 类

4.1.1　DataField 类简述

数据帧结构中某一数据字段封装类,描述了数据字段的相关属性和操作,如图 10-2 所示。

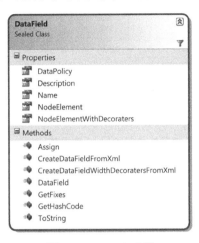

图 10-2　DataField 类

4.1.2　DataField 属性

（1）DataPolicy

① 名称：DataPolicy。

② 作用及目的：数据字段的数据生成模式。

③ 数据类型：IDataPolicy。

④ 可访问性：公有,读写。

（2）Description

① 名称：Description。

② 作用及目的：数据字段描述。

③ 数据类型：string。

④ 可访问性：公有,读写。

（3）Name

① 名称：Name。

② 作用及目的：数据字段名称。

③ 数据类型：string。

④ 可访问性：公有,读写。

（4）NodeElement

① 名称：NodeElement。

② 作用及目的：生成此数据字段的 XML 元素表示。

③ 数据类型：XElement。

④ 可访问性：公有,只读。

（5）NodeElementWithDecoraters

① 名称：NodeElementWithDecoraters。

② 作用及目的：生成此数据字段的 XML 元素表示（带字段修饰信息）。

③ 数据类型：XElement。

④ 可访问性：公有，只读。

4.1.3　DataField 操作

（1）Assign

① 名称：Assign。

② 类型：成员函数。

③ 功能描述：用另一个 DataField 对象内容给调用对象赋值。

④ 可访问性：公有，对象函数。

⑤ 输入参数描述：DataField，待赋值的 DataField 数据源。

参数名称	作　　用	数据类型	取值范围	合法性检查
value	待赋值的 DataField 数据源	DataField		

⑥ 输出参数描述：无。

⑦ 处理及算法，如图 10-3 所示。

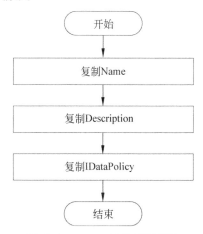

图 10-3　DataField 处理及算法

⑧ 异常处理：检测数据源是否为 null，若为 null，则直接返回。

（2）CreateDataFieldFromXml

① 名称：CreateDataFieldFromXml。

② 类型：成员函数。

③ 功能描述：获取 XML 元素信息，创建 DataField 对象。

④ 可访问性：公有，类函数。

⑤ 输入参数描述：XElement，包含有 DataField 信息的 XML 元素。

参数名称	作　　用	数据类型	取值范围	合法性检查
element	包含有 DataField 信息的 XML 元素	XElement		

⑥ 输出参数描述：DataField 对象。

⑦ 处理及算法，如图 10-4 所示：

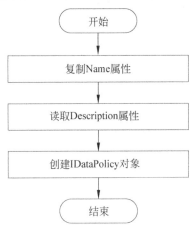

图 10-4　CreateDataFieldFromXml 处理及算法

⑧ 异常处理：当 XML 元素异常（格式错误、非法数值、字符等）时，将 XML 解析时异常的信息反馈给用户。

（3）CreateDataFieldWidthDecoratersFromXml

① 名称：CreateDataFieldWidthDecoratersFromXml。

② 类型：成员函数。

③ 功能描述：获取 XML 元素信息，创建 DataField 对象（带字段修饰信息）。

④ 可访问性：公有，类函数。

⑤ 输入参数描述。

参数名称	作　用	数据类型	取值范围	合法性检查
element	包含有 DataField 信息的 XML 元素	XElement		

⑥ 输出参数描述：DataField 对象。

⑦ 处理及算法：略。

⑧ 异常处理：当 XML 元素异常（格式错误、非法数值、字符等）时，将 XML 解析时异常的信息反馈给用户。

（4）GetFixes

① 名称：GetFixes。

② 类型：成员函数。

③ 功能描述：获取所有修饰的文本信息。

④ 可访问性：公有，对象函数。

⑤ 输入参数描述：无。

⑥ 输出参数描述：string，此数据字段的所有修饰信息文本。

⑦ 处理及算法：略。

⑧ 异常处理：当文本信息异常时，将异常信息反馈给用户。

4.1.4　DataField 静态特性

无。

4.1.5　DataField 动态特性

无。

10.5　软件详细设计说明的常见问题

软件详细设计说明是概要设计说明的进一步细化,与软件编程实现紧密相关,常见问题可能有:

(1) 单元设计描述不完整,如缺少逻辑结构图、算法、存储分配图等详细说明;

(2) 未给出对程序使用的算法、公式等;

(3) 对单元的每一个输入、输出和数据库成分描述达不到可以编码的程度;

(4) 未说明软件单元所有的处理步骤,尤其出现异常情况和不正当输入情况下的行为;

(5) 上下文使用术语和定义不够标准或一致;

(6) 文档的风格和详细程度前后不一致;

(7) 界面的设计与文档描述的界面不一致;

(8) 输入、输出格式不一致;

(9) 计算中的输入、输出和数据库设计中使用的数据计量单位、计算精度和逻辑表达式存在不一致。

第四篇

软件测试文档

软件测试的目的是尽可能地发现软件存在的问题并验证是否正确地修改了问题,确保交付给用户的软件产品满足用户的需求。

软件测试的目的具体描述为:

(1) 验证或确认软件是否满足软件研制任务书或合同、软件系统规格说明、系统设计说明、软件需求规格说明、软件设计说明等的要求;

(2) 发现软件错误;

(3) 为软件产品质量评价提供依据。

1. 软件测试级别

按照 GJB 2786A—2009《军用软件开发通用要求》软件测试的级别分为:单元测试、软件单元集成测试、软件配置项合格性测试(简称配置项测试)、配置项集成测试、系统合格性测试(简称系统测试)。

2. 软件测试过程

不论哪个级别的测试,其测试过程都包括:测试需求分析与策划、测试设计与实现、测试执行和测试总结。测试过程产生的文档包括:软件测试计划、测试说明、测试记录、软件问题报告和测试报告,如果需要进行回归测试,还需要编写软件回归测试方案。这些文档可以根据实际情况进行裁剪、合并,但是需要注意的是文档的要求应全面。随着测试自动化水平的不断提高,测试用例、执行结果等可以借助工具进行记录。

1）测试需求分析与策划

测试需求分析与策划的内容包括以下 7 点。

（1）按照测试依据和软件质量要求确定软件测试的需求。包括：

① 梳理软件需求，明确需要测试的范围；

② 说明测试的总体要求，包括测试级别、测试类型、测试策略等；

③ 定义测试项，每个测试项需要明确的内容包括确定每个测试项的名称和标识、说明每个测试项的具体测试要求、确定每个测试项的测试方法、说明对每个测试项进行测试时所需要的约束条件、确定每个测试项通过测试的评判标准、提出对每个测试项进行测试用例设计时所需要考虑的测试充分性要求、规定完成每个测试项测试的终止条件、定义每个测试项的测试优先级，优先级一般可以根据依据文件中定义的相应需求进行定义、建立每个测试项与测试依据之间的追踪关系；

④ 制定测试策略，包括测试数据生成策略、测试信息注入与捕获方法、测试结果分析方法等。

（2）分析测试环境需求，包括计算机硬件、接口设备、计算机操作系统、支持软件、专用测试软件、测试工具和测试数据等。

（3）提出测试人员安排。一般情况下，单元测试和集成测试可由开发人员完成，配置项测试和系统测试应由专门的测试人员完成。

（4）安排测试的进度计划。应依据软件开发进度、测试需求、测试环境、人员等情况，制定合理可行的软件测试进度计划。

（5）制定测试通过的准则。单元测试通过的准则示例如下：

① 软件实现与设计文档一致；

② 语句和分支覆盖率达到 100%，若确实无法覆盖应进行分析，并说明未覆盖的原因；

③ 代码审查中强制类错误都得到解决；

④ 单元测试发现的问题得到修改并通过回归测试；

⑤ 单元测试报告通过评审。

（6）分析测试活动中可能存在的风险，并制定相应的缓解和应急计划。

（7）按照软件测试计划模板编写软件测试计划。

2）测试设计与实现

测试设计与实现的内容包括以下 7 点。

（1）依据软件测试计划中定义的所有测试项设计测试用例，测试用例说明的要求如下：

① 测试用例名称和标识；

② 测试用例的追踪，说明测试用例与测试计划的追踪关系；

③ 测试用例综述，简要描述测试目的和所采用的测试方法；

④ 测试用例的初始化要求,测试用例初始化要求包括硬件配置、软件配置、测试配置、参数设置等的初始化要求;

⑤ 测试用例的输入,每个测试用例输入的描述中包括每个测试输入的名称和具体内容、测试输入的来源、测试输入是真实的还是模拟的、测试输入的时间顺序或事件顺序;

⑥ 测试用例的期望测试结果;

⑦ 测试用例的测试结果评估准则,评估准则用以判断测试用例执行中产生的中间或最后结果是否正确;

⑧ 实施测试用例的执行步骤,编写按照执行顺序排列的一系列相对独立的步骤,执行步骤应包括每一步所需的测试操作动作、测试程序输入或设备操作、期望的测试结果和评估准则等;

⑨ 测试用例的前提和约束,在测试用例中还应说明实施测试用例的前提条件和约束条件;

⑩ 测试终止条件,说明测试用例的测试正常终止和异常终止的条件。

(2) 根据软件开发进度、测试资源、风险等约束条件确定测试用例执行顺序。

(3) 针对测试输入要求,设计测试数据,准备和验证所有的测试数据。

(4) 准备并获取测试资源,例如测试工具、搭建测试环境所必须的软/硬件资源等。

(5) 必要时,开发测试执行所需程序,例如开发单元测试、集成测试的驱动模块、桩模块以及测试支持软件等。

(6) 建立和验证测试环境,记录验证结果,分析拟建立的测试环境与需求环境之间的差异。如果存在环境差异,应说明在该测试环境下测试结果的有效性。

(7) 按照测试说明模板编写软件测试说明。

3) 测试执行

测试执行是依据软件测试计划、测试说明按测试用例执行顺序进行测试,记录实际的测试结果。当发现问题时应进行分析,如果是测试的问题应根据实际情况调整测试计划和说明,补充相应的测试;如果是软件的问题应如实、详细地记录测试结果,并提交软件问题报告。软件问题报告中应详细描述问题现象,分析问题类型和级别,给出改进意见建议为后续的问题定位、解决提供支持。

如果软件进行了更改,应进行回归测试。回归测试应编写软件回归测试方案,执行回归测试时应记录回归测试记录,如果仍存在问题应填写软件问题报告。

4) 测试总结

测试完成后应对测试工作进行总结,以便分析软件测试中的问题是否得到解决,评估测试工作是否达到充分性要求。测试分析总结应写入软件测试报告,并应进行测试报告评审。

测试总结的内容包括以下 4 点。

（1）对测试过程进行总结。应对测试需求分析与策划、测试设计与实现、测试执行过程进行总结，说明在各过程中开展的主要工作、参与的人员和工作完成情况。

（2）对测试方法进行说明。应说明测试所采用的测试方法与策略，并说明采用这些方法的依据。

（3）对测试环境进行分析。应说明测试所使用的测试环境，包括测试工具、桩模块和驱动模块等的情况，并对测试环境的差异性进行分析，说明测试环境是否满足测试的要求。

（4）对测试结果进行分析。测试结果的分析应包括对测试执行过程以及所有回归测试的情况的分析。主要内容包括：

① 测试时间；

② 测试人员；

③ 测试用例执行情况，内容包括测试用例数、通过的测试用例、未通过的测试用例、完全执行的测试用例、未完全执行的测试用例和未执行的测试用例；

④ 测试覆盖情况，包括对功能、性能、接口等覆盖情况，高关键等级的测试还需要说明语句、分支，甚至 MC/DC 覆盖率，说明是否满足测试充分性要求；

⑤ 说明测试过程中发现的问题，并对问题解决情况进行说明；

⑥ 对软件的整体情况进行评价，并提出改进的意见建议。

3. 测试文档

不同的软件开发单位和测试机构使用的测试文档也存在着区别，常见的测试文档类型如下表所示。

测试过程	开发组织内部测试组	第三方测试	第三方定型测评
测试需求分析与策划	软件测试计划	软件测试需求规格说明 软件测试计划	软件测评大纲
测试设计与实现	软件测试说明	软件测试说明	软件测试说明
测试执行	软件测试记录 软件问题报告 软件回归测试方案	软件测试记录 软件问题报告 软件回归测试方案	软件测试记录 软件问题报告 软件回归测试方案
测试总结	软件测试报告	软件测试报告	软件测评报告

一般情况下，开发组织内部的测试组测试活动产生的文档包括测试计划、测试说明、软件回归测试方案和测试报告。第三方测试组织测试活动产生的文档通常包括软件测试需求规格说明、软件测试计划、测试说明和软件测试报告。第三方测试组织开展定型测评工作时，产生的文档包括软件测评大纲、软件测试说

明和软件测评报告。另外，第三方开展测试工作需要有委托方提供的软件评测任务书，该文档是开展第三方评测活动的重要依据。测试执行过程中产生的软件测试记录、问题报告和回归测试方案，可不独立成文，作为测试报告的附件即可。

软件测试文档按照规模等级和关键等级裁剪时，测试文档裁剪的示例见下表。同时，软件测试文档还可以按照所选择的软件开发模型进行裁剪。具体采用何种方式进行裁剪需要根据软件开发活动的实际情况确定。

文档 ＼ 性质	规模等级		关键等级	
	巨、大、中	小、微	A、B	C、D
软件测试计划	√	☆	√	☆
软件测试说明	√		√	
软件测试记录	√	☆	√	☆
软件问题报告	√		√	
软件测试报告	√		√	
软件回归测试方案	√		√	

说明：√——独立文档；☆——可合并。

软件测试文档的裁剪还需要根据软件开发模型的选择而定，当选择严格的瀑布模型或迭代模型时，测试计划可以与测试说明进行合并形成测试方案。采用迭代模型时，测试方案是一个不断完善的过程，每个迭代周期都可产生一个新版本的测试方案，测试方案的内容应包括测试计划和测试说明所要求的内容。当采用 W 模型进行软件开发时，测试计划、测试说明建议分开编写。测试记录作为测试结果的客观记录，可作为测试报告的附件，软件问题报告在实际工作中可用问题报告单代替，作为测试报告的附件一同成文。

软件测试计划

软件测试计划是实施软件测试活动的重要依据,制定软件测试计划是在软件测试中重要的环节之一,它在软件开发过程中对软件测试做出清晰、完整的策划。测试计划不仅对整个测试起到关键性的作用,而且对开发人员的开发工作、整个项目的实施、项目负责人的监控都有实质性的作用。测试计划对测试工作的重要作用体现在:

(1) 每个人都能够看到一个可行的测试计划,方便了解进度、职责和具体的任务;

(2) 便于测试设计、执行和总结工作有序开展;

(3) 保证测试的充分性和有效性;

(4) 测试工作有明确的优先顺序,保证优先级较高的测试能够有充分的资源完成;

(5) 标识了必要的测试资源,并保证配置正确;

(6) 促进对被测软件版本的沟通与交流,确保测试使用正确、有效的版本;

(7) 保证所有的测试需求都得到测试;

(8) 测试风险得到标识,并保证采取相应的缓解措施,尽可能避免风险的发生。

制定软件测试计划的目的是使测试工作顺利进行,使项目参与人员沟通更舒畅,使测试工作更加系统化。软件测试计划的内容包括测试的范围、策略与方法、风险分析、所需资源、任务安排和进度等。制定测试计划具体活动如下:

(1) 根据测试需求确定测试的范围,将测试需求分解成测试项,对无法测试或推迟测试的内容需要进行说明,并采取相应的措施;

(2) 制定测试的策略和方法;

(3) 制定通过和终止测试的标准;

(4) 提出测试所需要的环境;

(5) 评估测试的风险,并制定缓解措施;

(6) 明确测试充分性要求;

(7) 制定测试进度和任务安排。

制定软件测试计划的策略有如下 8 点。

(1) 测试计划编写依据。项目计划和相应测试级别的技术文档。例如,单元测试应依据软件详细设计说明,配置项测试应依据软件需求规格说明,集成测试应依据系统设计说明或软件设计说明,系统测试应依据系统规格说明。

(2) 测试计划编写时机。测试计划应尽早开始制定。原则上应该在需求定义完成后开始,对于开发过程不是十分清晰和稳定的项目,测试计划也可以在总体设计完成后开始编写。例如,软件开发模型选择 W 模型时,制定软件测试计划的时机如下:

① 当完成系统需求分析时,可编写系统测试计划;

② 当完成系统设计时,可编写系统集成测试计划;

③ 当完成软件需求分析时,可编写软件配置项测试计划;

④ 当完成软件概要设计时,可编写软件集成测试计划;

⑤ 当完成软件详细设计时,可编写软件单元测试计划。

(3) 测试计划编写人员。软件测试计划应由测试小组组长或最有经验的测试人员来进行编写。

(4) 测试计划的变更。测试计划应随着项目的进展不断细化,应随着项目的进展、人员或环境的变动而变化,应确保测试计划与软件状态保持一致。

(5) 测试的优先级。没有无休止的测试,好的测试是一个有代表性、简单和有效的测试,在测试计划中,必须制定测试的优先级,以保证在测试资源有效的情况下,优先级高的测试优先得到执行。

(6) 测试计划的评审。软件负责人评审测试计划与开发计划的协调一致性,测试环境的有效性,测试方法的可行性,必要时提供一定的可测试性等;质量保证人员评审测试计划的规范性;项目负责人评审测试计划中测试范围的正确性。

(7) 测试计划的管理。软件测试计划应按照配置管理的要求进行管理。

(8) 测试计划的原则。软件测试计划应遵循尽早开始、变更受控、合理评审、简洁易读的原则制定和管理。

软件测试计划的依据是项目计划和相应测试级别的技术文档,是编写测试说明和开展测试工作的依据,软件测试计划的落实需要项目其他计划的有效实施。

11.1　软件测试计划的编写要求

制定软件测试计划需要根据不同测试级别的要求,梳理测试依据、确定测试策略、测试环境、测试类型、测试项及各测试项的测试要求,安排测试人员与进度计划,明确测试项目终止条件等,并建立测试依据与测试项的双向追踪关系,为后续的测试用例设计、测试环境建立、测试执行和测试总结提供依据和保证。

软件测试计划应满足如下要求:

(1) 测试类型及其测试要求需要根据测试级别和具体的测试对象确定,测试类型及其测试要求应恰当;

(2) 测试项应覆盖所有测试需求和潜在需求;

(3) 测试类型和测试项应充分;

(4) 测试策略合理,采用的技术和方法恰当;

(5) 提出的测试环境应能够满足测试的要求;

(6) 测试进度可行;

(7) 制定了明确地测试终止要求;

(8) 文档规范、符合要求。

软件测试计划的制定需要与开发人员、项目管理人员充分地沟通和协调,以保证测试范围、测试方法、测试资源和测试进度的有效落实。

如果是第三方定型测评,测试需求分析与策划活动的文档是软件测评大纲,软件测评大纲除应满足测试计划的编写要求外还应包括:

(1)制定了测评项目的配置管理计划,包括配置管理人员安排、职责,提出了配置管理的资源需求,定义了配置管理项和基线,说明了配置管理活动安排;

(2)制定了测评项目的质量保证计划,包括质量保证人员安排、职责,提出了质量保证的资源需求,说明了测评项目过程和工作产品审核要求以及不符合项的跟踪和验证要求;

(3)分析了测评项目风险,从测评技术、管理等方面分析测评项目风险,并制定相应的缓解措施。

11.2　软件测试计划的内容

本节提供两种测试计划的模板,软件测试计划可用于软件开发组织的内部测试,也可用于第三方测评。软件测评大纲一般用于第三方软件定型测评。

11.2.1　软件测试计划模板

软件测试计划

1　范围

1.1　标识

写明本文档的:

(1)标识;

(2)标题;

(3)本文档的适用范围;

(4)本文档的版本号。

1.2　被测软件概述

概述被测软件的下列内容:

(1)被测软件的名称、版本、用途;

(2)被测软件的组成、功能、性能和接口;

(3)被测软件的开发和运行环境等。

1.3　文档概述

说明编写本文档的依据,并概述本文档的用途和内容。另外,还应说明该文档在保密性方面的要求。

1.4　与其他文档的关系

概述本文档与其他文档之间的关系。

2　引用文档

应按标题和标识列出本文档引用的所有文档,并说明每一文档的版本、编写单位和发布日期,如表 11-1 所示。

表 11-1　引用文档表

序号	引用文档标题	引用文档标识	文档版本	编写单位	发布日期

3 术语和定义

给出所有在本文档中出现的专用术语和缩略语的确切定义,如表 11-2 所示。

表 11-2　术语和缩略语表

序号	术语和缩略语名称	术语和缩略语说明

4 测试内容与方法

4.1 测试总体要求

根据软件质量要求、测试级别和被测软件相关技术文档,提出测试的范围、测试级别、测试类型、测试策略等总体要求。

测试级别分为:单元测试、集成测试、配置项测试和系统测试。集成测试分为单元集成测试和配置项集成测试。

软件相关技术文档需要根据测试级别而定,例如,配置项测试的相关文档应包括软件配置项的软件研制任务书、软件需求规格说明和用户手册等。

4.2 测试项及测试方法

4.2.X （被测对象）

4.2.X.Y （测试类型）

4.2.X.Y.Z （测试项）

测试项描述如表 11-3 所示。

表 11-3　测试项描述表

测试项名称		测试项标识	
测试项说明			
测试方法			
约束条件			
评判标准			
测试充分性要求			
测试项终止条件			
优先级			
追踪关系			

说明:被测对象可为软件单元、单元集成后的结果、软件配置项、配置项集成后的结果、子系统和系统。例如,当被测对象为一个时,4.2.X 节可改为测试类型,4.2.X.Y 节可改为测试项。

4.3 软件问题类型及严重性等级

软件问题类型及严重性等级如表 11-4 和表 11-5 所示。

表 11-4　问题类别

序号	问题类别	问题类别说明
1	计划	为项目制定的计划
2	方案	运行方案
3	需求	系统需求或软件需求

续表

序号	问题类别	问题类别说明
4	设计	系统设计或软件设计
5	编码	软件代码
6	数据库/数据文件	数据库或数据文件
7	测试信息	测试计划、测试说明或测试报告
8	使用性文档	用户、操作员手册或保障手册
9	其他	其他软件产品

表 11-5　问题严重性等级

序号	问题级别名称	问题级别说明
1	1 级	(1) 有碍于运行或任务的基本能力的实现； (2) 危害安全性、保密性或其他关键性要求
2	2 级	(1) 对运行或任务的基本能力产生不利影响,且没有变通的解决方案； (2) 对项目的技术、费用、进度风险或对系统寿命期的支持产生不利影响,且没有变通的解决方案
3	3 级	(1) 对运行或任务的基本能力产生不利影响,但存在变通的解决方案； (2) 对项目的技术、费用、进度风险或对系统寿命期的支持产生不利影响,但存在变通的解决方案
4	4 级	(1) 给用户/操作员带来不便或烦恼;但不影响运行或任务的基本能力； (2) 给开发或支持人员带来不便,但不妨碍工作的完成； (3) 任何其他影响

5　测试环境

5.1　软/硬件环境

对此次测试所需的软/硬件环境进行描述。

(1) 整体结构。描述测试工作所需的软/硬件环境的整体结构,例如,若需建立网络环境,应描述网络的拓扑结构和配置。

(2) 软/硬件资源。描述测试工作所需的系统软件、支撑软件以及测试工具等,包括每个软件项的名称、版本、用途等信息;描述测试工作所需的计算机硬件、接口设备和固件项等内容,包括每个硬件设备的名称、配置、用途等信息。另外,如果测试工作需借用、购买相应的测试资源时,应加以说明。测试资源配置表如表 11-6 所示。

表 11-6　测试资源配置表

序号	资源名称	配置	数量	用途	维护人

5.2　测试场所

描述执行测试工作所需场所的地点、面积以及安全保密措施等,如果测试工作需在非测试机构进行,应加以说明。

5.3 测试数据

描述测试工作所需的真实或模拟数据,包括数据的规格和数量等。

5.4 环境差异影响分析

描述软/硬件环境及其结构、场所、数据与被测软件开发要求或系统开发要求、软件需求规格说明及其他等效文档要求的软/硬件环境、使用场所、数据之间的差异,并分析环境差异可能对测试结果产生的影响。

6 测试进度

描述主要测试活动的时间节点、提交的工作产品等,如表 11-7 所示。

表 11-7 测试进度安排

序号	工作内容	开始时间	结束时间	工作产品	人员

7 测试结束条件

描述测试结束的条件。

8 软件质量评价内容和方法

描述基于此次测试的软件质量评价内容和评价方法。

9 测试通过准则

描述被测软件通过此次测试的准则。

10 测试人员组成

说明测试所需人员,安排其分工,并说明每个角色的职责,如表 11-8 所示。

表 11-8 测试人员组成

序号	角色	姓名	职称	主要职责

11 测试数据记录、整理和分析

描述根据本计划实施测试时,获得测试结果数据的整理和分析过程,说明达到测试目标的要求和测试充分性分析方法。

12 追踪关系

描述测试计划与测试依据的追踪,如表 11-9、表 11-10 所示。若测试依据无相应的测试项,应说明未追踪的原因。

表 11-9 测试依据与测试项的追踪关系表

序号	测试依据标识	测试依据	测试项标识	测试项名称

表 11-10 测试项与测试依据的追踪关系表

序号	测试项标识	测试项名称	测试依据标识	测试依据

11.2.2　软件测评大纲模板

软件测评大纲

1　范　围

1.1　标识

　　写明本文档的：

　　（1）标识；

　　（2）标题；

　　（3）本文档的适用范围；

　　（4）本文档的版本号；

　　（5）术语和缩略语。

1.2　文档概述

1.3　委托方的名称与联系方式

　　描述定型测评任务委托方的名称、地址、联系人及联系电话。

1.4　承研单位的名称与联系方式

　　描述被测软件承研单位的名称、地址、联系人及联系电话。

1.5　定型测评机构的名称与联系方式

　　描述完成定型测评任务的测评机构的名称、地址、联系人及联系电话。

1.6　被测软件概述

2　引用文档

3　测试内容与方法

3.1　测试总体要求

3.2　测试项及测试方法

3.3　软件问题类型及严重性等级

4　测评环境

4.1　软/硬件环境

4.2　测评场所

4.3　测评数据

4.4　环境差异影响分析

5　测评进度

6　测评结束条件

7　软件质量评价内容和方法

8　定型测评通过准则

9　配置管理

9.1　组织与人员

　　说明配置管理活动的组织与人员，如表 11-11 所示。

表 11-11　与配置管理相关的组织与人员职责

组织名称	姓名	角色	人员职责

9.2　资源配置

　　说明配置管理所需资源，如表 11-12 所示。

表 11-12　配置管理资源一览表

序号	资源名称	资源标识	数量	用途

9.3　基线划分与配置标识

本项目的基线划分、每个基线所包含的 CMI(computer software configuration management item) 如表 11-13、表 11-14 所示。

表 11-13　基线划分表

基线名称	基线标识	预期到达时间

表 11-14　配置管理项一览表

CMI 名称	CMI 标识	入库时间	所属基线

9.4　配置管理活动

描述测评活动中配置管理的入库、出库、更动、配置状态报告、配置审核等的要求。

10　质量保证

10.1　组织与人员

说明质量保证活动的组织与人员,如表 11-15 所示。

表 11-15　组织与人员表

组织名称	姓名	职称	人员职责

10.2　资源配置

说明质量保证活动所需资源,如表 11-16 所示。

表 11-16　资源配置表

序号	资源名称	资源标识	数量	用途

10.3　质量保证活动

本节说明质量保证的关键活动,主要包括产品审核、过程审核、不符合项跟踪和验证等。

10.3.1　产品审核

本节说明对软件测评大纲、测试说明、测试记录、软件问题报告、回归测试方案、回归测试记录、测评报告等产品进行的审核活动。一般情况下,产品审核应在文档编制基本完成之后、提交评审之前进行。

10.3.2　过程审核

本节说明对测试需求分析与策划、测试设计与实现、测试执行(包含回归测试)、测试总结等阶段进行过程审核。一般情况下,过程审核可与内部评审同时开展,或在外部评审之前进行。

10.3.3　不符合项跟踪和验证

本节说明对过程审核、产品审核活动中发现的不符合项进行记录、跟踪和验证的要求。

11　测评分包

本节为可选要素,描述分包的测评内容、测评环境、质量与进度要求,分包单位承担软件定型测评的资质,相关人员的技术资历,测评总承包单位对分包单位测评过程的质量监督、指导措施等。

12　测评项目组人员构成

描述测试项目组人员构成情况。

13　安全保密与知识产权保护

描述此次定型测评的安全保密和知识产权保护措施。

14　测评风险分析

从时间、技术、人员、环境、分包、项目管理等方面对完成此次定型测评的风险进行分析,并提出应对措施。

15　双向追踪关系

15.1　测试依据到测试项的追踪

描述测试项对测试依据的追踪,如表 11-17 所示。若测试依据无相应的测试项,应说明未追踪的原因。

表 11-17　测试依据与测试项的追踪关系表

序号	测试依据标识	测试依据	是否追踪	测试项在大纲中章节	测试项名称

15.2　测试项到测试依据的追踪

描述测试依据对测试项的追踪,如表 11-18 所示。

表 11-18　测试项与测试依据的追踪关系表

序号	测试项在大纲中/章节	测试项名称	测试依据标识	测试依据

11.3　软件测试计划编写示例

本节以配置项测试计划为例,给出软件测试计划一些关键部分的编写示例。

11.3.1　被测软件概述

被测软件概述部分需要较为详细地描述被测软件的名称、版本、用途、关键等级、规模、开发语言等,另外还应说明被测软件的组成、功能、性能和接口以及运行环境等。这些信息对制定测试策略、测试方法和测试环境,以及确定测试充分性要求等都十分重要。因此,在说明这些内容时应清晰、准确。

一般情况下,在集成测试或系统测试时,需要说明被测软件组成。此时,可以用图或表的形式进行描述,需要说明每一组成部分的名称、标识、主要功能、关键等级、开发状态等信息。

在描述被测软件性能指标时应注意要准确和可测量。

在描述接口时,可以用接口示意图和表格方式进行描述。

在描述运行环境时,若运行环境复杂可以用图表的形式进行说明。运行环境包括软件环境和硬件环境。软件环境需要说明软件的版本信息,硬件环境需要说明硬件的配置信息。

1.2 被测软件概述

外测仿真与处理软件主要是测控软件测试仿真平台的组成部分,为外测软件测试提供数据支持。外测仿真与处理软件模拟生成各种外测测量数据,以及根据给定轨道,推演外测设备的各类测量元素,并能加入噪声、野值、误差等。该软件的功能主要包括外测数据生成功能、外测数据输出功能、数据预处理功能、数据记盘功能和人机交互功能。

外测仿真与处理软件应满足:

(1) 软件运行的 CPU 开销(包括操作系统)小于 60%;

(2) 外测数据生成周期不大于 5 ms。

外测仿真与处理软件配置项与外部的接口包括如下部分:与配置文件的接口、与操作员的接口、与存盘文件的接口、与时统设备的接口、与故障轨道仿真软件的接口、与数据收发软件的接口,如图 11-1 和表 11-19 所示。

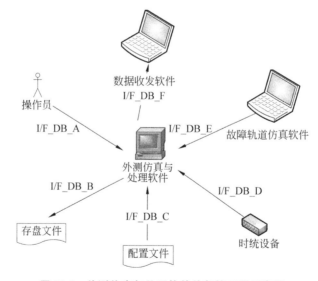

图 11-1 外测仿真与处理软件外部接口图示意图

外测仿真与处理软件运行在 Windows XP 平台下,Microsoft Framework 3.0 以上。硬件环境要求至少 2 GB 内存,320 GB 硬盘,1000 M 网卡,配 PCI 总线的时统板。

外测仿真与处理软件的关键等级为 D 级,开发语言为 C♯,规模为 11 000 行,本次测试的版本为 V2.0。

表 11-19　远程测试系统接口信息定义表

标　识	来　源	目　的	信息内容概述
I/F_DB_A	操作员	外测仿真与处理软件	各种命令信息、测试配置信息等
I/F_DB_B	外测仿真与处理软件	存盘文件	各类外测设备的仿真数据,包括光学设备、雷达、GPS等各种设备信息
I/F_DB_C	外测仿真与处理软件	配置文件	各类外测设备的配置信息,以及测试用配置信息,包括模拟仿真的设备配置信息、数据帧格式、发送频率等信息
I/F_DB_D	时统设备	外测仿真与处理软件	时统信息
I/F_DB_E	故障轨道仿真软件	外测仿真与处理软件	各种故障轨道数据、测量元素信息
I/F_DB_F	外测仿真与处理软件	数据收发软件	各类外测设备的仿真数据,包括光学设备、雷达等各种设备信息

11.3.2　测试总体要求的描述

测试总体要求的目的是根据测试级别和被测软件相关文档,提出测试的范围、测试级别、测试类型、测试策略等总体要求。

测试级别分为:单元测试、集成测试、配置项测试、系统测试。集成测试分为单元集成测试和配置项集成测试。

软件相关技术文档需要根据测试级别而定。具体要求如下:

(1)单元测试的相关文档至少应包括软件详细设计说明;

(2)单元集成测试至少应包括软件概要设计说明;

(3)配置项测试的相关文档应包括软件配置项的软件研制任务书、软件需求规格说明、用户手册等;

(4)配置项集成测试的相关文档应包括系统设计说明、接口设计说明等;

(5)系统测试的相关文档应包括系统研制任务书、系统规格说明、接口需求规格说明等。

4.1　测试总体要求

本次测试以《软件测试仿真平台·软件系统设计说明》《软件测试仿真平台·外测仿真与处理软件需求规格说明》《软件测试仿真平台·软件研制任务书》《软件测试仿真平台·软件用户手册》为依据,对该软件进行配置项级测试。

测试策略如下。

(1)采用先静态后动态的策略进行测试。静态测试包括文档审查、代码审查和静态分析,对动态测试无法覆盖的部分还需要进行代码走查。根据软件特性需完成的动态测试包括功能、性能、接口、人机交互界面、安全性、余量、强度和安装性等测试。

(2)动态测试。通过提供模拟输入、捕获软件输出并与期望结果比对的方式进行,检查被测软件是否满足需求规格说明的要求以及是否存在缺陷。在软件真实运行环境下进行测试,将测试设备接入被测软件所在网络,搭建测试环境。数据收发软件和故障轨道仿真软件运行在测试设备上,实现对测试数据的仿真与注入及捕获与分析。

（3）动态测试时，首先进行安装性测试，再依次对功能、性能、接口、人机交互界面、安全性、余量、强度等进行测试。

（4）根据软件测试要求和被测软件的特点，被测软件在实际环境中运行。被测软件的输入数据主要有网络数据帧、轨道文件、配置文件和人工输入4种形式。对网络数据采用故障轨道仿真软件生成，轨道文件和配置文件采用直接复制至指定目录的方式，对人工输入，通过界面输入正常或异常数据，或人工进行正确或错误操作的方式进行测试。被测软件的输出数据主要有文件、网络数据和界面显示3种形式。对通过网络输出的数据，利用数据收发软件通过网络捕获；对文件形式的输出数据，直接在指定目录下得到；对界面显示信息需通过观察界面显示结果查看结果是否正确。

（5）本次测试需采用等价类划分、边界值分析、错误推测法等进行测试用例设计，测试用例须覆盖所要求的所有测试类型和测试项。

11.3.3　测试项及测试方法

本节给出文档审查、代码审查、静态分析、逻辑测试、功能测试、性能测试、接口测试、人机交互界面测试、强度测试、余量测试、安全性测试、恢复性测试、边界测试、互操作性测试和安装性测试等的测试项说明示例。

本节中列出的测试项不是一个软件配置项中的测试项。针对一个软件需要完成哪些测试类型，需要根据软件的特点来确定。本节只是给出一些较为典型的测试类型的测试项说明示例。

4.2.1.1　文档审查

文档审查的测试项示例如表11-20所示。

表 11-20　文档审查的测试项示例

测试项名称	文档审查	测试项标识	TELDP_DI_SC
测试项说明	对被测软件的软件需求规格说明、概要设计说明、详细设计说明和用户手册进行文档审查，审查各文档描述是否完整、准确、一致		
测试方法	按照文档审查单分别对被测软件的软件需求规格说明、概要设计说明、详细设计说明和用户手册进行文档审查		
约束条件	开发方提供版本正确、经过审批的软件文档，文档审查单中的审查项按照遵循的规范制定，并得到用户和委托方的认可		
评判标准	审查单中的审查项都通过		
测试充分性要求	按照文档特点制定审查单，文档审查项中应包括：完整性、准确性、一致性和规范性的具体审查要求		
测试项终止条件	按照文档审查单完成软件需求规格说明、概要设计说明、详细设计说明和用户手册审查，如果发现问题，待开发方修改后进行再次审查，直到所有文档审查问题都得到解决		
优先级	高		
追踪关系	软件评测任务书5.1——文档审查		

4.2.1.2　代码审查

代码审查的测试项示例如表 11-21 所示。

表 11-21　代码审查的测试项示例

测试项名称	代码审查	测试项标识	TELDP_CI_DMSC
测试项说明	审查软件代码是否符合规则要求,规则包含 C 语言规则集中所有强制类规则;审查软件设计与实现是否一致		
测试方法	(1) 使用代码审查工具,对软件代码进行代码规则审查; (2) 规则集为 C 语言规则集中所有强制类规则; (3) 对工具报告的问题进行确认; (4) 人工审查代码实现是否与软件设计一致		
约束条件	开发方提供完整的软件源代码,代码审查规则选择 C 语言规则集中的所有强制类规则,并得到用户和委托方的认可		
评判标准	所有软件源代码满足规则要求或有合理的说明,软件设计与实现一致		
测试充分性要求	按照代码审查单中列出的规则定义代码审查工具中规则集,对所有代码进行审查,对确认不是问题的情况进行分析和说明。如果发现问题,待开发方修改后进行再次审查,直到所有代码审查问题都得到解决		
测试项终止条件	完成所有源代码的审查		
优先级	中		
追踪关系	软件评测任务书 5.1——代码审查		

4.2.1.3　静态分析

静态分析的测试项示例如表 11-22 所示。

表 11-22　静态分析的测试项示例

测试项名称	静态分析	测试项标识	TELDP_SA_JTFX
测试项说明	使用静态分析工具,对软件更动部分代码进行静态分析,包括静态特性、控制流、数据流等		
测试方法	使用静态分析工具,对被测软件更动部分代码进行静态分析,检查的要求如下。 (1) 静态特性 ① 子程序复杂度不大于 10; ② 子程序语句规模不大于 200; ③ 注释率不小于 20%。 (2) 控制流规则 不允许存在以下情况: ① 转向不存在的语句; ② 存在没有使用的语句; ③ 存在没有使用的子程序; ④ 调用不存在的子程序; ⑤ 存在从程序入口进入后无法到达的语句; ⑥ 存在不可达语句; ⑦ 存在与设计不一致。 (3) 数据流规则 不允许存在以下情况: ① UR：Variable is undefined and then referenced; ② DD：Variable is not used (referenced) between two definitions; ③ DU：Variable is defined and is never used (referenced) before becoming undefined。 (4) 对工具报告的问题进行人工确认		

续表

约束条件	开发方提供完整的软件源代码,静态分析规则应得到用户和委托方的认可
评判标准	所有软件源代码满足规则要求或有合理的说明
测试充分性要求	按照静态分析要求对所有源代码完成静态分析,对确认不是问题的情况进行说明。如果发现问题,待开发方修改后进行再次分析,直到所有静态分析问题都得到解决。如果确实存在无法修改的情况,应分析可能存在的影响,并得到委托方的认可
测试项终止条件	完成所有源代码的静态分析
优先级	高
追踪关系	软件评测任务书 5.1——静态分析

4.2.1.4 逻辑测试

逻辑测试的测试项示例如表 11-23 所示。

表 11-23 逻辑测试的测试项示例

测试项名称	代码覆盖测试	测试项标识	TELDP_CI_DMSC
测试项说明	对软件进行功能、接口、安全性、边界、数据处理和人机界面等动态测试,检查语句、分支覆盖率是否达到 100%,对于确实无法覆盖的语句、分支,逐个进行分析,说明未覆盖的原因		
测试方法	使用覆盖测试工具,对代码进行插装,运行插装后的代码,进行动态测试的同时分析测试覆盖数据。必要时,补充测试用例,直到达到测试覆盖率要求。如果确实无法达到语句、分支 100% 的测试覆盖率要求,需说明未覆盖原因		
约束条件	开发方提供完整的软件源代码,插桩后的程序能够正确运行		
评判标准	语句和分支覆盖率达到 100% 或说明未覆盖原因		
测试充分性要求	语句和分支覆盖率达到 100%,如果确实无法达到 100% 的覆盖率,应对未覆盖部分进行分析,说明未覆盖原因		
测试项终止条件	语句和分支覆盖率达到 100%,或者未覆盖部分完成分析和说明。软件修改后,对修改后的部分需要进行回归测试,并记录覆盖测试数据		
优先级	高		
追踪关系	软件评测任务书 5.1——逻辑测试		

4.2.1.5 功能测试

功能测试的测试项示例如表 11-24 所示。

表 11-24 功能测试的测试项示例

测试项名称	测量设备数据仿真功能测试	测试项标识	DDFZ_FU_MCL
测试项说明	测试外测仿真与处理软件是否能够模拟测量设备数据,包括正常测量设备数据、异常测量设备数据		
测试方法	通过配置文件设置测量数据格式,使用外测仿真与处理软件生成正常和异常的测量设备外测数据,通过数据收发软件和存盘文件检查生成的数据是否正确		

续表

约束条件	(1) 测量设备数据格式定义正确； (2) 时统设备正常提供时统信号； (3) 数据收发软件能够正常地接收数据
评判标准	外测仿真与处理软件能够按要求生成正常和异常的测量设备仿真数据
测试充分性要求	应进行正常和异常测量设备数据生成的功能测试，异常数据包括设备状态码无效、数据加野值、数据加噪声、数据丢帧和数据重帧等
测试项终止条件	满足测试要求或测试过程无法正常进行
优先级	高
追踪关系	软件需求规格说明 4.2.2.3——测量设备数据仿真

4.2.1.6　性能测试

性能测试的测试项示例如表 11-25 所示。

表 11-25　性能测试的测试项示例

测试项名称	外测数据生成周期	测试项标识	TCPS_PE_CJSJ
测试项说明	测试外测仿真与处理软件数据生成周期是否不大于 5 ms		
测试方法	通过配置文件设置数据生成周期，运行外测仿真与处理软件生成外测数据，通过数据收发软件和检查存盘文件的方式检查外测仿真与处理软件是否按照不大于 5 ms 的周期完成外测数据的生成		
约束条件	数据收发软件和存盘文件的时间精度满足微秒级的要求		
评判标准	外测数据生成周期多次测试的结果均不大于 5 ms		
测试充分性要求	测试应采用多次测试的方法，每次测试应持续一个业务处理时段		
测试项终止条件	满足测试要求或测试过程无法正常进行		
优先级	高		
追踪关系	软件需求规格说明 4.3_b——外测数据生成周期不大于 5 ms		

4.2.1.7　接口测试

接口测试的测试项示例如表 11-26 所示。

表 11-26　接口测试的测试项示例

测试项名称	故障轨道仿真软件接口	测试项标识	DDFZ_IF_GZDD
测试项说明	测试被测软件与故障轨道仿真软件接口的正确性		
测试方法	使用故障轨道仿真软件在网络上发送故障轨道，使用外测仿真软件接收数据，检查接收的正确性		
约束条件	故障轨道仿真软件能够发送接口正确地仿真数据，也能够发送格式错误的仿真数据		
评判标准	能够接收格式正确地故障轨道仿真数据，对格式异常的故障轨道仿真数据能够给出提示信息		

续表

测试充分性要求	测试用例设计既要进行接口正确性测试,还要进行错误格式故障轨道的测试
测试项终止条件	满足测试要求或测试过程无法正常进行
优先级	中
追踪关系	软件需求规格说明 4.1.5——故障轨道仿真软件接口

4.2.1.8 人机交互界面测试

人机交互界面测试的测试项示例如表 11-27 所示。

表 11-27　人机交互界面测试的测试项示例

测试项名称	人机交互界面测试	测试项标识	JHR_UI_RJT
测试项说明	测试软件的人机交互界面是否合理、清晰、易于操作,是否具有防止误操作的能力		
测试方法	在软件各功能测试过程中,查看软件的人机交互界面显示是否正确、及时、方便使用、易于操作 查看以下各项是否满足要求: (1) 当目标撤消或者丢失后,检查相应表格中是否及时清除该目标数据; (2) 按钮的状态准确。程序启动后,"开始"按钮有效,"停止"按钮无效;按"开始"按钮,程序进入工作状态,"开始"按钮无效,"停止"按钮有效,对不具备操作条件的按键应处于不可激活状态; (3) 在软件界面上进行一些不合理的操作及输入,查看被测软件是否拒绝异常操作的执行,同时指出该错误的类型和纠正措施		
约束条件	开发单位提供了用户手册,并对软件的工作流程和使用进行了培训		
评判标准	软件的人机交互界面合理、清晰、易于操作,具备防止无错误的能力,错误提示准确		
测试充分性要求	按照测试方法中规定的方法完成列举的各要求		
测试项终止条件	满足测试要求或测试过程无法正常进行		
优先级	低		
追踪关系	软件需求规格说明 4.3_e——目标撤消或者丢失后显示处理 软件需求规格说明 4.3_f——"开始"与"停止"按钮要求		

4.2.1.9 强度测试

强度测试的测试项示例如表 11-28 所示。

表 11-28　强度测试的测试项示例

测试项名称	强度测试	测试项标识	ZLFS_ST_QDCS
测试项说明	通过加大、减小发送频率等方法,测试软件能够正常进行数据收发或显示的临界条件		
测试方法	测试程序模拟发送各类数据,发送时由正常频率开始不断加大发送频率,直至不能正常进行数据收发或显示,记录此时的发送频率为 f_1;然后,逐渐减小发送频率,直至能够正常进行数据收发或显示,记录此时的发送频率为 f_2;然后,再不断加大发送频率,依次循环,直至找到被测软件能够正常进行数据收发或显示的临界条件,记录此时的发送频率为 f		

续表

约束条件	被测软件各功能正常,测试程序能够满足强度测试数据仿真要求
评判标准	测试获得被测软件能够正常进行数据收发或显示的临界条件
测试充分性要求	测试程序发送的数据应覆盖软件在运行时所需的各类数据。测试过程不仅要使软件从正常到异常状态,还要从异常回到正常状态,并再次从正常到异常状态,才能获得较准确的临界状态
测试项终止条件	测试程序达到最大发送频率时,无法获得被测软件能够正常进行数据收发或显示的临界条件;或找到被测软件能够正常进行数据收发或显示的临界条件
优先级	中
追踪关系	隐含需求——强度测试

4.2.1.10　余量测试

余量测试的测试项示例如表 11-29 所示。

表 11-29　余量测试的测试项示例

测试项名称	数据预处理时间余量	测试项标识	TELDP_PE_DPT
测试项说明	测试数据预处理软件实时数据预处理时间是否留有 20% 的余量		
测试方法	对数据预处理软件进行插桩,在收到数据时记录时间 T_1,数据预处理后,并完成发送后记录时间 T_2,预处理时延 $T=T_2-T_1$。重复多次,记录 T 值,计算 $(1-T/200) \times 100\%$ 的值即为数据预处理余量(数据预处理时间不大于 200 ms)		
约束条件	软件测试的软/硬件环境应为目标运行环境		
评判标准	每次计算得到的数据预处理余量都应大于 20%		
测试充分性要求	测试的时间应至少满足一个业务周期,并应在典型业务环境下进行测试		
测试项终止条件	满足测试要求或测试过程无法正常进行		
优先级	中		
追踪关系	软件需求规格说明 4.3c——数据预处理时间余量		

4.2.1.11　安全性测试

安全性测试的测试项示例如表 11-30 所示。

表 11-30　安全性测试的测试项示例

测试项名称	安全性测试	测试项标识	TCPS_SC_AQCS
测试项说明	(1) 具有密码保护及密码修改功能; (2) 当主计算机出现故障时,按照切换步骤,关闭主计算机、启动辅计算机,运行软件后可继续参加工作; (3) 被测软件要互斥,避免多个进程对同一硬件的多次初始化		
测试方法	(1) 密码保护及密码修改功能:测试策略与方法见安全保护功能测试; (2) 主辅计算机切换:测试策略与方法见计算机身份鉴别与状态设置功能测试; (3) 软件互斥:启动被测软件,初始化成功后,再次启动,查看被测软件是否互斥,通过查看任务管理器中进程状态等,测试是否不允许多个进程对同一硬件多次初始化		

续表

约束条件	被测软件初始化正常
评判标准	(1) 输入密码：密码错误时，提示错误，且程序退出；密码正确时，继续执行程序；修改密码：输入原密码错误时，拒绝修改；输入原密码正确时，能够执行修改，且验证两遍密码必须一致； (2) 主计算机和辅计算机能够切换，且切换后可继续参加工作； (3) 被测软件满足互斥条件：多个进程对同一硬件不能多次初始化
测试充分性要求	(1) 修改密码测试后应执行登录，检查是否能够正常登录； (2) 主/辅机切换，不仅要测试主机变为辅机的情况，还应继续测试此时辅机状态正常后的情况，以及再将辅机切换为主机时是否正常； (3) 至少启动 3 个进程测试软件互斥需求
测试项终止条件	满足测试要求或测试过程无法正常进行
优先级	高
追踪关系	软件需求规格说明 4.2.2——安全保护 软件需求规格说明 4.2.10——计算机身份鉴别与状态设置

4.2.1.12 恢复性测试

恢复性测试的测试项示例如表 11-31 所示。

表 11-31　恢复性测试的测试项示例

测试项名称	断点续传测试	测试项标识	WD_RC_DDXC
测试项说明	测试软件断点续传功能是否正确		
测试方法	在文件传输过程中，人为暂停传输和模拟网络连接异常等情况，然后再次启动文电传输和恢复网络连接，测试软件是否从断点处继续传输		
约束条件	接收端能够正常接收断点续传的文件		
评判标准	断点续传的文件完整，与原文件一致		
测试充分性要求	应进行正常的暂停和异常终止情况下，断点续传能力是否正常。另外，还应考虑在允许最大同时传输 10 个文件的情况下，软件的断点续传能力是否正常		
测试项终止条件	满足测试要求或测试过程无法正常进行		
优先级	高		
追踪关系	软件需求规格说明 4.4.2.4——断点续传及可靠性要求		

4.2.1.13 边界测试

边界测试的测试项示例如表 11-32 所示。

表 11-32　边界测试的测试项示例

测试项名称	参数处理测试	测试项标识	TELDP_FU_PTM
测试项说明	测试软件对接收到的原始参数进行处理时，对边界数据的处理是否正确，测试的参数包括电压、压力、温度等类型的参数		
测试方法	用测试仿真系统模拟原始数据帧进行测试，通过显示软件获取软件处理结果。需测试的参数类型包括电压、压力、温度等		

续表

约束条件	显示软件能够正确显示处理结果
评判标准	各类参数的处理结果误差范围满足精度要求
测试充分性要求	对每类参数,如果有多个计算公式,则需要对每类计算公式进行测试
测试项终止条件	满足测试要求或测试过程无法正常进行
优先级	高
追踪关系	软件需求规格说明 4.1.1.4——参数处理用况说明

4.2.1.14　互操作测试

互操作测试的测试项示例如表 11-33 所示。

表 11-33　互操作测试的测试项示例

测试项名称	与寻北软件的互操作测试	测试项标识	TLMZ_IO_XB
测试项说明	测试被测软件与寻北软件的互操作性		
测试方法	显控软件和寻北软件以调试方式运行,在显控软件收到"通信检查好"消息、发送"读取温度"命令、收到温度消息、发送"读取纬度"命令、收到纬度消息处设置断点;在寻北软件发送"通信检查好"消息,收到"读取温度"命令、发送温度消息、收到"读取纬度"命令、发送纬度消息处设置断点,通过检查两个软件中各断点的值测试两个软件的互操作性		
约束条件	寻北软件功能正确		
评判标准	两个软件中设置的所有断点的值都正确		
测试充分性要求	测试两个软件需要交互的所有命令和消息,并测试寻北软件不发送相关消息或发送错误消息时,显控软件的处理是否正确		
测试项终止条件	满足评判标准或测试过程无法正常进行		
优先级	高		
追踪关系	软件需求规格说明 3.2.11.26——初始化界面 Menu_PR 软件需求规格说明 3.3.4——与寻北软件的接口		

4.2.1.15　安装性测试

安装性测试的测试项示例如表 11-34 所示。

表 11-34　安装性测试的测试项示例

测试项名称	安装性测试	测试项标识	WD_IN_ANCS
测试项说明	测试软件的安装和卸载是否正确		
测试方法	按照用户手册安装被测软件,查看安装过程是否简洁,执行安装是否顺利,安装后程序是否能够正常运行。卸载被测软件,测试是否能够正常卸载。卸载后再重新安装,查看是否能够安装成功		
约束条件	用户手册正确,硬件满足测试环境要求		
评判标准	按照用户手册能够正确安装、卸载和再安装		

续表

测试充分性要求	按照测试方法对安装、卸载和再安装是否正确进行测试,安装后应对主要功能运行的正确性进行检查
测试项终止条件	满足评判标准或测试过程无法正常进行
优先级	中
追踪关系	软件需求规格说明 4.5——安装要求 软件需求规格说明 4.5.2——安装操作要求

11.3.4 测试环境

测试环境是执行软件测试的重要环节,是否能够建立有效的测试环境往往直接影响测试结果的有效性。测试环境的描述应包括软/硬件环境、测试场所、测试数据和环境差异影响分析。本节给出软/硬件环境、测试数据和环境差异影响分析的示例。具体包括:

(1)软/硬件环境应描述测试过程所使用的所有软件、硬件环境,软件环境应具体说明软件的版本,硬件应详细说明硬件的各项配置信息;

(2)测试数据应全面考虑测试数据的注入方式,若可能应考虑使用真实数据和仿真数据进行较为全面的测试;

(3)环境差异影响分析应详细说明软件、硬件、测试数据等方面的差异,并分析对测试结果的影响。

5 测试环境

5.1 软/硬件环境

软件测试环境由被测软件运行环境、测试软件运行环境两部分组成。在软件真实运行环境下进行测试,将测试辅助机接入被测软件所在网络,搭建测试环境。测试数据仿真与分析程序(DGA)运行在测试辅助机上,实现对测试数据的仿真与注入及捕获与分析。

测试环境如图 11-2 所示。

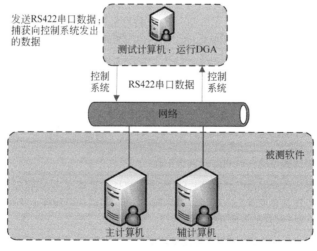

图 11-2 测试环境图

测试资源配置如表 11-35 所示。

表 11-35　测试资源配置表

序号	资源名称	配置	数量	用途	维护人
1	主/辅计算机	CPU：PⅢ 550,内存：128 MB,硬盘：不小于 15 GB,显示卡：4 MB,显示器：18in 平板显示器,可编程触摸键盘：模拟 6×6 或 6×8 键,磁光驱：加固,RS422 接口：(1 Mbps),IO 卡：32 路入、32 路出	2	被测软/硬件环境	XXX
2	被测软件运行操作系统	Windows NT 4.0 workstation(中文版),SP6	1	被测软件运行环境	XXX
3	测试程序运行操作系统	Windows XP	1	测试的软件运行环境	XXX
4	测试计算机	CPU：1.60 GHz;内存：1 GB;硬盘：40 GB	1	用于运行测试数据仿真与分析程序	XXX
5	测试数据仿真与分析程序(简称 DGA)	版本：V1.0	1	用于生成并发送正常/异常测试数据,并捕获和分析测试结果	XXX

5.2　测试数据

根据软件测试任务要求和被测软件的特点,测试在被测软件目标环境下进行。被测软件的输入数据主要有不带电触点信号、网络串口数据帧(RS422)和人工输入 3 种形式。

(1) 对不带电触点信号,通过 IO 板进行命令设置,利用 DGA 通过网络捕获发出的命令帧;

(2) 对数据帧形式的输入数据,例如故障状态、模拟量数据、特征点参数等,利用 DGA 仿真生成正常和异常数据帧,并通过网络注入;

(3) 对人工输入,通过微缩键盘、可编程触摸键盘或轨迹球输入正常或异常数据,或人工进行正确或错误操作的方式进行测试。

被测软件的输出数据主要有文件、网络串口数据帧两种形式。

(1) 对数据帧形式的输出数据,利用 DGA 通过网络捕获;

(2) 对文件形式的输出数据,直接在指定目录下进行查看。

测试时,需结合界面显示、灯屏显示、可编程触摸键盘状态等查看结果是否正确。

5.3　环境差异影响分析

(1) 被测软件运行的硬件环境与真实任务环境完全一致。

(2) 被测软件有 2 个版本：正式测试版本和基于正式测试版本插桩的版本。后者主要用于采集时间间隔测试;除采集时间间隔性能测试外,其他测试都针对正式测试版本进行。插桩后的版本仅为了记录采集时间,对其他测试无影响。

(3) 输入数据为 RS422 串口数据,由 DGA 通过网络注入,与软件实际运行情况一致。

11.3.5 测试结束条件

制定测试结束条件的目的是规定测试工作结束的出口准则。测试结束条件一般在软件测试任务要求中进行明确,如果未明确或可操作性存在问题,测试人员应与委托方进行沟通,制定可行的测试结束条件。

---

7 测试结束条件

按照委托方和测试方达成的协议或约定,在商定的时限内,针对被测软件的确定版本,完成测试计划规定的所有测试项的首轮测试;软件问题修改后,根据软件更动情况及影响域分析,针对被测软件修改后的确定版本,进行回归测试。测试过程符合规范,测试记录客观、详实,测试报告客观、准确,测试文档符合规范。

如果由于被测软件的原因导致某些测试项不能实施,测试方应在测试报告中说明情况,并分析未完成的测试对测试结论的影响。

11.3.6 软件质量评价方法与内容

制定软件质量评价方法和内容的目的是规定完成测试后应对软件的质量进行评价。测试人员应根据测试任务要求、委托方对软件的质量要求等制定明确、具体的评价和可操作的评价方法。

---

8 软件质量评价内容和方法

根据《软件需求规格说明》《用户手册》等文档以及测试用例的执行结果,对被测软件进行如下定性评价:

(1)被测软件是否实现了软件需求所要求的所有功能,功能实现是否正确,功能的输入输出是否与约定一致,是否考虑了对异常输入或操作的容错处理等;

(2)被测软件的性能是否满足要求,各性能指标的偏差或约束是否对配置项运行产生影响等;

(3)软件需求所要求的所有外部接口是否已实现,接口信息的格式及内容是否与约定一致,接口对异常输入的处理情况等;

(4)软件需求所要求的其他方面,如人机交互界面、可靠性、安全性、余量、强度、边界值、安装性等是否得到满足;

(5)被测软件文档描述是否完整、准确,各文档内容是否一致。

根据《软件需求规格说明》《用户手册》等文档以及测试用例的执行结果,对被测软件按照如表 11-36 所示的方法进行评价。

表 11-36 软件评价方法

质量特性	度量名称	测量、公式及数据元计算(A、B 为测试因子)
适合性	功能实现的完整性	$X = A/B$ A 为经测试确认实现的功能数; B 为在需求规格说明中描述的功能数; $0 \leqslant X \leqslant 1$,$X$ 越接近 1 越好

续表

质量特性	度量名称	测量、公式及数据元计算（A、B 为测试因子）
适合性	功能正确实现率	$X=1-A/B$ A 为经测试确认未正确实现或缺少的功能项数； B 为在需求规格说明中描述的功能数； $0 \leqslant X \leqslant 1$，X 越接近 1 越好
	多余功能占有率	$X=A/B$ A 为经测试确认实现的多余功能项； B 为在需求规格说明中描述的功能数； $X \geqslant 0$，X 越小越好
准确性	计算的准确率	$X=1-A/B$ A 为在测试中检测到的不能正确实现或缺少的准确性计算数； B 为在需求规格说明中描述的准确性计算数； $0 \leqslant X \leqslant 1$，X 越接近 1 越好
互操作性	数据交换实现率	$X=1-A/B$ A 为在测试中检测到的不能正确实现或缺少的数据格式数目； B 为系统中要求与其他软件或系统交换的数据格式数目； $0 \leqslant X \leqslant 1$，X 越接近 1 越好
安全保密性	访问的可审核性	$X=A/B$ A 为软件记录的用户访问系统和数据的次数； B 为在测试过程中实施的用户访问系统和数据的次数； $0 \leqslant X \leqslant 1$，X 越接近 1 越好
	访问的可控制性	$X=A/B$ A 为软件能够防止非授权人非法操作的次数； B 为模拟非授权人进行非法操作的次数； $0 \leqslant X \leqslant 1$，X 越接近 1 越好
成熟性	测试阶段用例失效密度	$X=A/B$ A 为检测到的失效个数； B 为执行用例的个数； $X \geqslant 0$，X 越小越好
	故障密度	$X=A/B$ A 为检测到的故障数目； B 为产品规模； $X \geqslant 0$，X 越小越好
容错性	死机避免率	$X=1-A/B$ A 为死机发生的次数； B 为软件失效的数目； $0 \leqslant X \leqslant 1$，X 越接近 1 越好
	误操作避免率	$X=1-A/B$ A 为失效发生的次数； B 为误操作模式的用例数； $0 \leqslant X \leqslant 1$，X 越接近 1 越好

续表

质量特性	度量名称	测量、公式及数据元计算（A、B 为测试因子）
易恢复性	平均恢复时间	$X = \mathrm{Sum}(T)/N$ T 为软件系统在每次宕机中的恢复时间； N 为测试过程中软件系统进入恢复的总次数； $X \geqslant 0$，X 越小越好
	重启动成功率	$X = A/B$ A 为在测试过程中符合时间要求的重启动次数； B 为在测试过程中重启动的总次数； $0 \leqslant X \leqslant 1$，$X$ 越接近 1 越好
易理解性	功能的易理解性	$X = A/B$ A 为目的能被正确描述的界面功能的数量； B 为界面上可用的功能总数； $0 \leqslant X \leqslant 1$，$X$ 越接近 1 越好
	输入和输出的易理解性	$X = A/B$ A 为被正确理解的输入/输出数据项的数量； B 为界面上能得到的输入/输出数据项总数； $0 \leqslant X \leqslant 1$，$X$ 越接近 1 越好
易学性	用户手册的有效性	$X = A/B$ A 为按照用户手册能正确使用的功能数； B 为用户手册中描述的功能总数； $0 \leqslant X \leqslant 1$，$X$ 越接近 1 越好
易操作性	操作的一致性	$X = 1 - A/B$ A 为不一致或不可接受的消息或功能的数目； B 为消息或功能的总数； $0 \leqslant X \leqslant 1$，$X$ 越接近 1 越好
	默认值实现率	$X = A/B$ A 为实现默认值的参数个数； B 为需要进行设置的参数总个数； $0 \leqslant X \leqslant 1$，$X$ 越接近 1 越好
	输入数据有效性检查能力	$X = A/B$ A 为实现有效性检查的输入数据数； B 为输入数据总数； $0 \leqslant X \leqslant 1$，$X$ 越接近 1 越好
易分析性	失效原因查找成功率	$X = A/B$ A 为找到原因的失效数； B 为测试中失效数； $0 \leqslant X \leqslant 1$，$X$ 越接近 1 越好
	日志记录实现率	$X = A/B$ A 为实际记录的日志项数； B 为需求规格说明和任务书中要求记录的日志项数； $0 \leqslant X \leqslant 1$，$X$ 越接近 1 越好

续表

质量特性	度量名称	测量、公式及数据元计算（A、B 为测试因子）
易安装性	安装支持等级	$X=A$ A 为安装支持等级分值： 仅执行安装程序而没有其他要求，评分为 1.0； 有安装指南，但是安装时有特殊要求，评分为 0.8； 没有安装指南，安装时需修改源代码，评分为 0.6
	安装操作等级	$X=A$ A 为安装操作等级分值： 除开始安装或设置功能外，只需用户观看不需要操作，评分为 1.0； 只需用户回答安装或功能设置所提问题，评分为 0.9； 用户从表格或填充框中查找改变/设置参数，评分为 0.8； 用户从参数文件中查找改变/设置参数，评分为 0.6
时间特性	响应时间符合率	$X=A/B$ A 为经测试，符合响应时间要求的项数； B 为需求规格说明和任务书中对响应时间有要求的项数； $0 \leqslant X \leqslant 1$，$X$ 越接近 1 越好
资源特性	CPU 利用符合率	$X=A/B$ A 为经测试，CPU 利用率符合要求的项数； B 为需求规格说明和任务书中对 CPU 利用率有要求的项数； $0 \leqslant X \leqslant 1$，$X$ 越接近 1 越好

11.3.7　测试通过准则

制定测试通过准则的目的是规定被测软件通过本次测试的准则。需要测试人员依据测试任务要求、委托方要求等制定明确的通过准则。

> **9　测试通过准则**
>
> 根据软件测试任务要求，软件测试通过的准则如下：
>
> （1）被测软件正确实现了软件需求所要求的所有功能、性能和接口等，并且考虑了对异常输入或操作的容错处理；
>
> （2）软件测试中发现的问题都得到妥善解决，未解决的问题和建议不影响软件运行，并经过用户、委托方、承研单位和测试人员的认可；
>
> （3）被测软件的文档规范齐全。

11.4　软件测试计划的常见问题

在制定软件测试计划中常见的问题如下：

（1）对被测软件的描述不完整。

存在的问题主要表现在如下 4 个方面：

① 缺少被测软件版本、规模、关键等级等信息；

② 被测软件运行环境中缺少关键的硬件信息；

③ 相关软件信息的描述不完整；

④ 软件的内外部接口描述不清晰。

对被测软件的描述应包括：

① 被测软件的名称、版本、规模、关键等级；

② 运行环境应包括软/硬件环境和网络环境等，如果有数据库系统还应描述数据库系统的信息；

③ 主要功能、性能和接口，接口描述建议采用图形化方式进行清晰地描述。

（2）引用文件描述不全面。

在引用文件描述中缺少软件开发、测试所需要遵循的标准和规范，缺少被测软件相关技术文件。引用文件应包括：

① 软件开发和测试应遵循的标准和规范；

② 被测软件相关文档，例如软件评测任务书、软件需求规格说明书、用户手册等，需要根据测试级别确定被测软件的相关文档；

③ 测试中需要遵循或依据的文件，例如通信协议、与测试活动相关的会议纪要等。

（3）测试总体要求中提出的测试类型不全面，与测试任务要求的不一致，未说明测试仿真环境的总体设计要求等。

（4）测试项定义的不完整、不具体。

存在的问题主要表现在如下两个方面：

① 对测试需求覆盖的不全面，例如，缺少对安全性需求的测试，缺少对工作模式的测试，缺少对隐含需求的覆盖等。

② 对每个测试项的说明不具体、不完整，主要表现在以下 9 个方面：

a. 测试项说明不具体。对需要测试的内容描述不具体，特别是性能、精度等有具体数值要求的测试内容没有详细说明，对评估其满足情况所允许的偏差未进行描述。

b. 测试方法不具体。主要表现在未说明测试数据的注入方式、测试结果的捕获方法，以及测试结果分析方法等。

c. 测试方法不恰当。主要表现在测试方法无法满足测试要求。例如，对毫秒级性能测试要求，应使用更精确的测量方法进行测试。

d. 缺少测试项约束条件的描述。

e. 缺少测试项评判标准的描述。特别是性能测试项的评判标准，应满足的误差要求未进行具体说明。

f. 测试充分性要求不具体。主要表现在未对测试用例设计充分性方面提出具体要求。

g. 测试项终止条件不恰当。特别是容量、强度等的测试项终止条件未根据测试项的特点进行定义。

h. 优先级未定义或定义的不恰当。优先级定义不恰当的最突出表现是所有测试项优先级的级别都相同。优先级应根据被测软件相关文档中的定义进行划分，如果被测软件文档未定义，则根据软件失效后造成的影响进行划分。

i. 缺少测试项对测试依据之间的追踪关系或追踪关系不正确。

（5）软/硬件环境描述不全面，不详细。

测试的软/硬件环境直接影响测试结果，因此需要对测试环境进行全面、详细的描述，以便保证测试环境的有效性。存在的问题主要表现在以下 4 方面。

① 硬件环境描述不准确。被测软件的运行环境与被测软件相关文档或实际的运行环境不一致。

② 测试环境考虑的不全面。例如，强度测试需要的测试环境更高，考虑不全面时可能造成强度测试无法实现。

③ 测试所需软件的要求不具体。例如，测试程序所需要的实现的功能、性能未提出具体要求，可能影响测试程序的开发和测试用例的执行。

④ 测试用硬件环境的配置和测试软件的版本等信息未进行说明。

（6）测试数据的要求不详细。

测试数据的准备情况影响测试的进度和效率，因此，需要对测试数据的要求尽早规划，以便从用户、开发人员等处获得充分的测试数据，保证测试的顺利实施。

（7）测试环境的差异性分析不全面。

测试环境直接影响测试结果，特别是性能等测试，应进行充分的分析，以便保证测试结果的可信性。常见情况如环境差异性分析只对内存、CPU 情况进行分析，未对数据库系统、网络、磁盘读写速度等情况进行分析。

（8）测试结束条件和测试通过准则不具体、可操作性不足。

测试结束条件和测试通过准则需要根据委托方对软件质量的要求而定，并与软件开发人员进行充分沟通，获得具体、可操作、可实施的测试结束条件和测试通过准则。

软件测试说明

测试说明是用来描述测试用例的文档,是测试执行的依据。编写测试说明实际上是进行测试用例设计的过程。也就是说,测试说明的质量关系到测试用例的合理性、可行性,因此需要对测试说明给予高度的重视。测试用例设计包括如下内容。

(1) 分解测试项。将需测试的测试项进行层次化的分解并进行标识,对于接口测试,还应有高层次的接口图说明所有的接口和要测试的接口。

(2) 说明最终分解后的每个测试项,说明测试用例设计方法的具体应用、测试数据的选择依据等。

(3) 选择恰当的方法设计测试用例。

(4) 确定测试用例的执行顺序。

(5) 准备和验证所有的测试数据。针对测试输入要求,设计测试用的数据,例如,除正常数据之外,还应根据测试用例设计大量边界数据和错误数据。

(6) 编写测试脚本。为提高测试效率,软件测试中可能需要编写大量测试脚本。

(7) 准备并获取测试资源,例如测试环境所必须的软、硬件资源等。

(8) 必要时,编写测试执行需要的程序,例如开发单元测试的驱动模块、桩模块以及测试支持软件等。

(9) 建立和验证测试环境,记录验证结果,说明测试环境的偏差。

12.1 软件测试说明的编写要求

软件测试说明对测试计划中提出的测试项安排测试进度、准备测试的软件和硬件环境,并在此基础上设计详细的测试用例,包括测试输入设计、测试操作设计、期望测试结果等。

软件测试说明应满足以下要求:

(1) 现场测试时的进度安排、测试用例执行顺序;

(2) 软件测试的软/硬件环境等;

(3) 测试用例说明;

(4) 确定测试说明与测试计划的追踪关系,给出清晰、明确的追踪表;

(5) 文档规范、符合要求。

软件测试说明中每个测试用例应满足以下要求:

(1) 测试用例名称和标识。每个测试用例应有唯一的名称和标识。

（2）测试用例的追踪。说明测试所依据的内容来源，通常是对测试计划的追踪关系，应追踪到测试计划中的具体测试项或子测试项。

（3）用例综述。简要描述测试目的和所采用的测试方法。

（4）测试用例设计方法。说明设计测试用例的具体方法，例如功能分解、等价类划分、边界值分析、判定表、因果图等。

（5）用例的初始化要求。应考虑下述初始化要求：

① 硬件配置，被测软件的硬件配置情况，包括硬件条件或电气状态；

② 软件配置，被测软件的软件配置情况，包括测试的初始条件；

③ 测试配置，测试软件或工具的配置情况，例如用于测试的模拟系统和测试工具等的配置情况；

④ 参数设置，测试开始前的设置，例如标志、第一断点、指针、控制参数和初始化数据等的设置；

⑤ 其他关于测试用例的特殊说明。

（6）前提和约束。在测试用例执行中施加的所有前提条件和约束条件，如果有特别限制、参数偏差或异常处理，应该标识出来，并说明它们对测试用例的影响。

（7）测试的输入。在测试用例执行中注入到被测对象的所有测试命令、数据和信号等。对于每个测试用例应提供以下内容：

① 每个测试输入的具体内容，例如确定的数值、状态或信号等；

② 测试输入的来源，例如测试程序产生、磁盘文件、通过网络接收、人工键盘输入，以及选择输入所使用的方法；

③ 测试输入是真实的还是模拟的；

④ 测试输入的时间顺序或事件顺序。

（8）期望结果。说明测试用例执行中由被测软件所产生的期望测试结果，即经过验证，认为正确的结果。必要时，应提供中间的期望结果。期望测试结果应该有具体内容，例如确定的数值、状态或信号等，不应是不确切的概念或笼统的描述。

（9）评估准则。判断测试用例执行中产生的中间和最后结果是否正确的标准。对于每个测试结果，应根据不同情况提供以下信息：

① 实际测试结果所需的精度；

② 实际测试结果与期望结果之间存在差异时，允许的上限、下限；

③ 时间的最大和/或最小间隔；

④ 事件数目的最大和/或最小值；

⑤ 实际测试结果不确定时，重新测试的条件；

⑥ 与产生测试结果有关的出错处理。

（10）测试步骤。测试步骤为按照执行顺序排列的一系列相对独立的执行测试用例的步骤，每个步骤应提供以下信息：

① 所需的测试操作动作、测试程序输入或设备操作等；

② 期望的测试结果；

③ 评估准则。

（11）测试用例终止条件。说明测试正常终止和异常终止的条件。

（12）测试用例通过准则。判断测试用例是否通过的标准。

软件测试说明需要与开发人员和用户进行较为充分的沟通,保证测试方法、测试输入、测试操作合理可行,测试期望结果正确。

12.2　软件测试说明的内容

软件测试说明的编写内容如下所示。

软件测试说明

1　范围

1.1　标识

写明本文档的:

（1）标识;

（2）标题;

（3）本文档的适用范围;

（4）本文档的版本号。

1.2　被测软件概述

概述被测软件的下列内容:

（1）被测软件的名称、版本、用途;

（2）被测软件的组成、功能、性能和接口;

（3）被测软件的开发和运行环境等。

1.3　文档概述

说明编写本文档的依据,并概述本文档的用途和内容。另外,还应说明该文档在保密性方面的要求。

1.4　与其他文档的关系

概述本文档与其他文档之间的关系。

2　引用文档

应按标题和标识列出本文档引用的所有文档,并说明每一文档的版本、编写单位和发布日期,如表 12-1 所示。

表 12-1　引用文档表

序号	引用文档标题	引用文档标识	文档版本	编写单位	发布日期

3　术语和定义

给出所有在本文档中出现的专用术语和缩略语的确切定义,如表 12-2 所示。

表 12-2　术语和缩略语表

序号	术语和缩略语名称	术语和缩略语说明

4　测试准备

4.X　（被测对象）

4.X.1　测试进度

4.X.2　硬件准备

　　描述在本次测试中,对某个被测对象进行测试要用到的硬件,以及准备情况。在说明硬件准备情况时,应说明硬件设备的名称、配置、用途等信息。

4.X.3　软件准备

　　描述在本次测试中,对某个被测对象进行测试要用到的软件,以及准备情况。在说明软件准备情况时,应说明软件的名称、版本、用途等信息。

4.X.4　其他测试准备

　　描述为完成测试所必需的任何其他测试准备工作或过程。包括测试数据、相应的标准规范,以及其他必须的设备、资料等。如果测试工作需借用、购买相应的测试资源时,应加以说明。

5　测试说明

5.X　（被测对象）

5.X.Y　（测试类型）

5.X.Y.Z　（测试项）

5.X.Y.Z.K　（测试用例）

　　测试用例描述格式示例如表 12-3 所示。

表 12-3　测试用例描述格式示例

测试用例名称		用例标识	
追踪关系			
测试用例综述			
用例初始化			
前提和约束			
设计方法			
测试步骤			

序号	输入及操作	期望结果与评估标准

测试用例终止条件	
测试用例通过准则	

6　测试用例追踪关系

　　测试项与测试用例的追踪关系如表 12-4 所示,测试用例与测试项的追踪关系如表 12-5 所示。

表 12-4　测试项与测试用例的追踪关系表

序号	测试项标识	测试项名称	测试用例标识	测试用例名称

表 12-5　测试用例与测试项的追踪关系表

序号	测试用例标识	测试用例名称	测试项标识	测试项名称

12.3 软件测试说明编写示例

本节给出文档审查、代码审查、静态分析、逻辑测试、功能测试、性能及余量测试、接口测试、强度测试、安全性测试、恢复性测试、边界测试、互操作性测试和安全性测试的部分测试用例说明的示例。

12.3.1 文档审查

文档审查是对软件文档进行静态审查的一项技术,审查对象一般包括软件需求规格说明、软件概要设计说明、软件详细设计说明、软件用户手册等各阶段文档,审查重点是文档的完整性、一致性和准确性。

文档审查应在审查前明确所使用的审查单。为适应不同类型文档的审查,需要使用不同的审查单,审查单的设计或采用应经过评审并得到委托方的确认。

文档审查的实施要点主要有以下 3 点:

(1)确定需要进行文档审查的对象,一般仅审查技术文档,包括软件需求规格说明、软件设计文档、软件用户手册等;

(2)根据通用标准规范或委托方要求的工程规范对每份需要审查的文档制定文档审查单,并得到委托方的确认;

(3)文档审查应关注文档格式是否符合规范要求,文档的描述是否明确、清晰,文档是否存在错误,文档之间是否一致等方面。

5.1.1.1 软件需求规格说明文档审查

文档审查单示例如表 12-6 所示。

表 12-6 文档审查单示例

文档名称	软件需求规格说明		文档标识	SRS/1.0	版本	V1.0
序号	审查内容与评判标准				审查结果	
					描述	问题单
1	文档标识、名称和版本信息正确					
2	完整清晰地描述了引用文件,包括引用文档/文件的文档号、标题、编写单位(或作者)和日期等					
3	确切给出了所有在本文档中出现的专用术语和缩略语定义					
4	采用了适合的软件需求分析方法					
5	总体概述了每个 CSCI 应满足的功能需求和接口关系					
6	功能、性能指标与任务书要求一致					
7	完整、清晰、详细地描述由待开发软件实现的全部外部接口(包括接口的名称、标识、特性、通信协议、传递的信息、流量、时序等)					

续表

序号	审查内容与评判标准	审查结果	
		描述	问题单
8	完整、清晰、详细地描述由待开发软件实现的功能,包括业务规则、处理流程、数学模型、容错处理要求、异常处理要求等专业应用领域的全部要求		
9	CSCI 的性能需求描述准确、范围清晰,性能指标可验证		
10	明确提出软件的安全性、可靠性、易用性、可移植性、维护性需求等其他要求		
11	用名称和项目唯一标识号标识每个内部接口,描述在该接口上将要传递的信息的摘要		
12	用名称和项目唯一标识号标识 CSCI 的数据元素,说明数据元素的测量单位、极限值/值域、精度/分辨率、来源/目的(对外部接口的数据元素,可引用详细描述该接口的接口需求规格说明或相关文档)		
13	指明 CSCI 的设计约束		
14	详细说明在将开发完成了的 CSCI 安装到目标系统上时,为使其适应现场独特的条件和/或系统环境的改变而提出的各种需求		
15	描述运行环境要求,包括运行软件所需要的设备能力、软件运行所需要的支持软件环境		
16	详细说明用于审查 CSCI 满足需求的方法,标识和描述专门用于合格性审查的工具、技术、过程、设施和验收限制等		
17	详细说明要交付的 CSCI 介质的类型和特性		
18	描述 CSCI 维护保障需求		
19	描述本文档中的工程需求与《软件系统设计说明》和/或《软件研制任务书》中的 CSCI 的需求的双向追踪关系		
20	文档编制规范、内容完整、描述准确一致		

12.3.2　代码审查

代码审查是对软件代码进行静态审查的一项技术,目的是检查代码和设计的一致性、代码执行标准的情况、代码逻辑表达的正确性、代码结构的合理性以及代码的规范性、可读性。代码审查应根据所使用的语言和编码规范确定审查所用的审查单,审查单的设计或采用应经过评审并得到委托方的确认。

代码审查的实施要点主要有以下 6 点:

(1) 对于代码执行标准的情况、代码逻辑表达的正确性、代码结构的合理性以及代码的可读性等,应明确规定审查标准,一般采用开发过程中遵循的标准,也可由测试方制定审查标准,审查标准需提交评审通过,得到委托方的确认。

（2）尽可能选用相应代码的规则审查工具进行测试，对工具设置的审查规则应符合评审通过的规则。对于工具的审查结果，特别是问题部分，需要人工确认。

（3）审查代码和设计的一致性需要阅读设计文档和代码，以审查代码实现是否与设计一致。

（4）将报告发现的问题形成代码审查报告。

（5）由于软件代码的复杂性，代码审查的通过标准不宜设为100%满足；测试方可用百分比的方式提出建议通过标准，最终由委托方确定。

（6）有条件时，在回归测试前，可对软件更改前后版本的代码进行比对。

5.2.1.1　代码审查

代码审查单示例如表12-7所示。

表 12-7　代码审查单示例

源文件名					版本	
工具说明						

类型	编号	审查项目	类别	审查结果	
				描述	问题单
接口及通信检查	CR01-01-01	接口初始状态合理	强制类		
	CR01-01-02	数据采集频率和外部数据变化率相适应	强制类		
	CR01-01-03	数据采集分辨率和外部数据精度相适应	强制类		
	CR01-01-04	数据采集接口的滤波和抗干扰设计满足精度要求	强制类		
	CR01-01-05	数据采集接口稳定时间满足要求	强制类		
	CR01-01-06	未使用 A/D、D/A 的死区和饱和区	强制类		
	CR01-01-07	多路 A/D、D/A 的同时性满足要求	强制类		
	CR01-01-08	A/D 超时和校准功能符合要求	强制类		
	CR01-01-09	D/A 输出电压保持时间和定时刷新时间保持一致	强制类		
	CR01-01-10	D0 接口上电未选中状态下的输出满足安全可靠性要求	强制类		
	CR01-01-11	输出接口使用回读功能	强制类		
	CR01-01-12	控制信号脉宽、控制信号相位、控制方向符合要求	强制类		
	CR01-01-13	接口信号建立、保持等时序满足要求	强制类		
	CR01-01-14	在数据传输前对通信信道进行了检查或定期检查	强制类		
	CR01-01-15	外部输入输出设备的失效检测合理	强制类		
	CR01-01-16	双方对时序约定合理，不存在接收溢出的情况	强制类		

续表

类型	编号	审查项目	类别	审查结果	
				描述	问题单
接口及通信检查	CR01-01-17	双方对超时约定合理	强制类		
	CR01-01-18	双方对出错检查的约定合理,例如同步头错误、数据错误、校验和错、结束标识错误、传输数据不全或遗漏、长度错误等判定约定以及出错后的处理约定	强制类		
	CR01-01-19	接收方不存在接收地址错误的情况	强制类		
	CR01-01-20	针对通信干扰有预防干扰的措施	强制类		
	CR01-01-21	通信接收中断程序的处理时间足够短	强制类		
	CR01-01-22	通信接收中断程序未被更高优先级中断打断而导致数据接收错误	强制类		
中断检查	CR01-02-01	中断初始化符合硬件电路、芯片使用手册及应用的要求	强制类		
	CR01-02-02	中断入口保护、中断出口恢复正确	强制类		
	CR01-02-03	开、关中断时机合理	强制类		
	CR01-02-04	周期性中断的周期与处理时间合理,在最坏情况下满足精度要求	强制类		
	CR01-02-05	中断响应时间在正常和最坏情况(最大嵌套)下满足要求	强制类		
	CR01-02-06	中断最大嵌套时的堆栈无溢出	强制类		
	CR01-02-07	无自嵌套情况	强制类		
	CR01-02-08	无中断死锁情况	强制类		
	CR01-02-09	采取了措施防止干扰引起的中断误触发	强制类		
	CR01-02-10	误中断、丢中断对软件功能无影响	强制类		
	CR01-02-11	未使用中断进行了正确处理	强制类		
	CR01-02-12	共享的缓冲区、变量和 IO 端口不存在读写冲突	强制类		
多任务实现检查	CR01-03-01	任务功能分配及执行时间合理	强制类		
	CR01-03-02	任务调度策略(含优先级分配)合理,不存在任务队列溢出	强制类		
	CR01-03-03	任务间通信机制合理,不存在信息队列溢出	强制类		
	CR01-03-04	不存在任务重入情况	强制类		
	CR01-03-05	不存在任务死锁情况	强制类		
	CR01-03-06	不存在多任务间的资源竞争情况	强制类		
	CR01-03-07	不存在高优先级任务影响低优先级任务的时间特性的情况	强制类		

续表

类型	编号	审查项目	类别	审查结果	
				描述	问题单
多任务实现检查	CR01-03-08	周期性任务的周期与处理时间合理,在最坏情况下满足精度要求	强制类		
	CR01-03-09	任务响应时间在正常和最坏情况(最大嵌套)下满足要求	强制类		
状态转移检查	CR01-04-01	所有的工作模式与环境条件匹配	强制类		
	CR01-04-02	状态转移至不允许状态时的保护机制合理	强制类		
	CR01-04-03	状态转移的处理和决策逻辑完备	强制类		
	CR01-04-04	每个决策点的所有条件、所有选择及其有关处理均有正确意义	强制类		
潜在死循环分析	CR01-05-01	在等待外部信号过程中不允许无限制的等待	强制类		
看门狗检查	CR01-06-01	处理器在"看门狗"最小复位门限电压下可正常工作	强制类		
	CR01-06-02	"看门狗""喂狗"周期合理	强制类		
	CR01-06-03	"看门狗""喂狗"功能未放在定时中断服务程序中	强制类		
	CR01-06-04	中断程序中隐含的长执行时间不会导致不能及时"喂狗"	强制类		
	CR01-06-05	循环程序中隐含的超时循环不会导致不能及时"喂狗"	强制类		
	CR01-06-06	不存在软件出现错误后继续运行的情况下"看门狗"未起作用	强制类		
安全可靠性检查	CR01-07-01	关键接口和非关键接口不使用同一个输入/输出接口	推荐类		
	CR01-07-02	安全关键接口采用合适的冗余措施,如多路冗余、多次冗余、多路多次冗余	推荐类		
	CR01-07-03	安全关键数据不采用单一 I/O 寄存器和端口来传输	推荐类		
	CR01-07-04	安全关键功能的不期望事件有处理且措施合理	推荐类		
	CR01-07-05	安全关键变量有防止瞬时干扰的措施	推荐类		
	CR01-07-06	安全关键数据进行了纠错和检错措施	推荐类		
	CR01-07-07	安全关键数据应冗余存储,通过表决方式来裁决	推荐类		
	CR01-07-08	安全关键功能的重要状态避免使用一位的逻辑"0"或"1"来表示,其判定条件不得依赖于全"0"或"1"的输入	推荐类		

续表

类型	编号	审查项目	类别	审查结果	
				描述	问题单
安全可靠性检查	CR01-07-09	对安全关键功能失效必须加以检测、隔离和恢复	推荐类		
	CR01-07-10	硬件故障不会造成安全关键软件功能异常	推荐类		
	CR01-07-11	单个事件或动作不会导致潜在危险	推荐类		
	CR01-07-12	安全关键功能应该在接收到两个或多个相同命令后执行	推荐类		
	CR01-07-13	对检测到的不安全状态进行合理处理	推荐类		
	CR01-07-14	采取的检错、防错、纠错和容错等措施有效且无副作用	推荐类		
	CR01-07-15	安全关键功能或软件部件、单元必须同其他软件隔离	推荐类		
编译优化检查	CR01-08-01	编译优化选择可靠	强制类		
多余软件代码	CR01-09-01	不存在多余软件代码	强制类		
代码风格检查	CR01-10-01	变量命名、对齐与缩进、程序注释、程序设计风格等满足有关软件设计与编码技术要求	推荐类		
部件间控制流	CR01-11-01	模块参数个数与模块接收的输入变量个数一致	强制类		
	CR01-11-02	模块参数类型与模块接收的输入变量类型匹配	强制类		
	CR01-11-03	模块参数单位与模块接收的输入变量单位一致	强制类		
	CR01-11-04	模块参数次序与模块接收的输入变量次序一致	强制类		
	CR01-11-05	传递给被调模块的变量个数与它的参数个数相同	强制类		
	CR01-11-06	传递给被调模块的变量类型与它的参数类型相同	强制类		
	CR01-11-07	传递给被调模块的变量单位与它的参数单位一致	强制类		
	CR01-11-08	传递给被调模块的变量次序与它的参数次序相同	强制类		
	CR01-11-09	全局变量在所引用它们的模块中都有相同的定义	强制类		
	CR01-11-10	函数及过程调用中,形参与实参的个数、类型、次序匹配	强制类		
文件错误	CR01-12-01	头文件使用了 ifdef/define/endif 预处理块	强制类		
	CR01-12-02	不存在头文件中只存放声明而不存放定义的情况	强制类		
	CR01-12-03	不存在引用多余头文件的情况	强制类		

续表

类型	编号	审查项目	类别	审查结果	
				描述	问题单
文件错误	CR01-12-04	不存在引用头文件使用了绝对路径的情况	强制类		
	CR01-12-05	未对不存在或错误的文件进行操作	强制类		
	CR01-12-06	不存在文件未以正确方式打开的情况	强制类		
	CR01-12-07	不存在文件结束判断不正确的情况	强制类		
	CR01-12-08	不存在文件未被正确的关闭的情况	强制类		
初始化错误	CR01-13-01	所有不使用的 RAM、寄存器正确初始化	强制类		
	CR01-13-02	I/O 地址定义正确	强制类		
	CR01-13-03	实际地址和可寻址范围明确,对实际地址范围以外的寻址进行了正确的处理	强制类		
	CR01-13-04	初始化状态是否和外部接口初始化状态规定相符合	强制类		
	CR01-13-05	初始化完成之前无中断发生	强制类		
	CR01-13-06	非正常条件下的初始化合理	强制类		
数据定义错误	CR01-14-01	变量定义唯一	强制类		
	CR01-14-02	变量在使用前进行了初始化(若操作条件初始化,重点审查合理性)	强制类		
	CR01-14-03	赋值的变量类型匹配	强制类		
	CR01-14-04	不存在未使用的变量和常量	强制类		
	CR01-14-05	不存在给无符号型变量赋负值的情况	强制类		
	CR01-14-06	数组和字符串的下标均为整数	强制类		
	CR01-14-07	参数、数组下标、循环变量超值域进行了合理处理	强制类		
	CR01-14-08	不存在应该使用常量的地方使用了变量的情况	强制类		
	CR01-14-09	位操作符正确,例如禁止将位操作符"&"和"|"作用于布尔值变量;必须保证变量移位的长度在限定范围内;禁止将移位操作符中的右操作数赋为负数	强制类		
	CR01-14-10	重要数据的无用数据位采用了屏蔽措施	强制类		
运算错误	CR01-15-01	数学模型实现正确	强制类		
	CR01-15-02	对递归、迭代一类算法有溢出保护	强制类		
	CR01-15-03	计算中的变量值不存在超过有效范围的情况	强制类		
	CR01-15-04	对非法数据(如负数开平方、除数中除数为 0 或绝对值很小的数等情况)有防范措施	强制类		

续表

类型	编号	审查项目	类别	审查结果	
				描述	问题单
运算错误	CR01-15-05	数据类型、计算误差、舍入误差等满足精度要求	强制类		
	CR01-15-06	数据处理中的累计误差可控	强制类		
	CR01-15-07	对浮点数的上溢、下溢采取了合理的处理方法	强制类		
	CR01-15-08	所有可能的算法失败都有判别准则	强制类		
	CR01-15-09	使用"()"使优先级运算明确	强制类		
	CR01-15-10	算法超时有保护机制	强制类		
	CR01-15-11	不存在两相近数相减的情况	强制类		
	CR01-15-12	不存在"大数吃小数"的情况,例如差大于机器表示位的数操作时,大数将会吃掉小数	强制类		
数据比较错误	CR01-16-01	不存在不同数据类型变量之间的比较	强制类		
	CR01-16-02	比较运算符及布尔运算符使用正确	强制类		
	CR01-16-03	未将布尔变量直接与 TRUE、FALSE 或者"1""0"进行比较	强制类		
	CR01-16-04	未将指针变量用"=="或"!="与"NULL"进行比较	强制类		
	CR01-16-05	未将浮点变量用"=="或"!="与任何值比较	强制类		
控制流错误	CR01-17-01	逻辑路径判断正确、完整	强制类		
	CR01-17-02	代码不依赖赋值顺序	强制类		
	CR01-17-03	每个循环不存在不终止的情况	强制类		
	CR01-17-04	每个循环执行正确的次数	强制类		
	CR01-17-05	不存在非穷举判断的情况	强制类		
	CR01-17-06	if-else 语句符合规范,if 与 else 配对出现	强制类		
	CR01-17-07	case 语句中所有可能的情况均加以考虑,有 break 语句	强制类		
	CR01-17-08	switch 语句中有 default 分支	强制类		
	CR01-17-09	包含有 begin-end 和 do-while 等语句组的代码,end 应该对应	强制类		
	CR01-17-10	使用 goto 语句不会留下隐患,例如跳过了某些变量的初始化、计算处理等	强制类		
内存使用错误	CR01-18-01	向动态分配的内存在写入之前检查了内存申请成功情况	强制类		
	CR01-18-02	为数组和动态内存赋初值	强制类		
	CR01-18-03	若采用动态内存分配,内存空间分配正确	强制类		

续表

类型	编号	审查项目	类别	审查结果	
				描述	问题单
内存使用错误	CR01-18-04	内存空间申请与释放配对（防止内存泄漏）	强制类		
	CR01-18-05	不存在数组或指针的下标越界的情况	强制类		
	CR01-18-06	不存在对空指针和越界指针的引用	强制类		
	CR01-18-07	不存在对越界数组的引用	强制类		
	CR01-18-08	有效地处理了"内存耗尽"问题	强制类		
	CR01-18-09	不存在修改"指向常量的指针"的情况	强制类		
	CR01-18-10	未出现野指针，例如指针变量没有初始化，释放内存后是否将指针立即设置为"NULL"	强制类		
	CR01-18-11	不存在将 malloc/free 和 new/delete 混淆使用的情况	强制类		
	CR01-18-12	malloc 语句使用正确，例如字节数正确、类型转换正确	强制类		
	CR01-18-13	在创建与释放动态对象数组时，new/delete 的语句正确无误	强制类		
输入/输出错误	CR01-19-01	输出给标准函数的参数个数、类型、次序正确	强制类		
	CR01-19-02	函数的输入输出参数正确	强制类		
	CR01-19-03	未修改只做输入用的形式参数	强制类		
	CR01-19-04	不存在把常数当作变量来传送的情况	强制类		
	CR01-19-05	在函数体的入口处合理使用 assert 对参数的有效性进行检查	强制类		
	CR01-19-06	未省略函数返回值的类型	强制类		
	CR01-19-07	函数返回值类型与函数类型一致	强制类		
	CR01-19-08	函数返回值是否有运行状态标识	强制类		
	CR01-19-09	不存在将正确值和错误标志混在一起返回的情况	强制类		
	CR01-19-10	return 语句不会返回指向栈内存的指针或引用	强制类		
寄存器使用	CR01-20-01	寄存器地址分配正确	强制类		
	CR01-20-02	专用寄存器正确指定	强制类		
	CR01-20-03	默认使用的寄存器的值正确	强制类		
	CR01-20-04	宏扩展或子程序调用了已使用着的寄存器而未保存数据	强制类		
存储器使用	CR01-21-01	每一个域在第一次使用前已被正确地初始化	强制类		
	CR01-21-02	存储器地址分配正确	强制类		

续表

类型	编号	审查项目	类别	审查结果	
				描述	问题单
存储器 使用	CR01-21-03	每个域均由正确的变量类型声明	强制类		
	CR01-21-04	不存在存储器重复使用引发冲突的情况	强制类		
类型转换 错误	CR01-22-01	不存在非法的类型转换（如 long→short，float→ integer）	强制类		

12.3.3　静态分析

静态分析是一种对代码的机械性的和程序化的特性分析方法，主要目的是以图形的方式表现程序的内部结构，供测试人员对程序结构进行分析。静态分析的内容包括控制流分析、数据流分析、接口分析、表达式分析等，可根据需要进行裁剪，但一般至少应进行控制流分析和数据流分析。

（1）控制流分析

控制流分析中常用的有函数调用关系图和函数控制流图。函数调用关系图通过树形方式展现软件各函数的调用关系，描述多个函数之间的关系，是从外部视角查看各函数；函数控制流图是由节点和边组成的有向图，节点表示一条或多条语句，边表示节点之间的控制走向，即语句的执行，是从函数内部考察控制关系，直观地反映函数的内部逻辑结构。

函数调用关系图的测试重点主要有以下 4 点：

① 函数之间的调用关系是否符合要求。

② 是否存在递归调用。递归调用一般对内存的消耗较大，对于不是必须的递归调用应尽量改为循环结构。

③ 函数调用层次是否太深。过深的函数调用容易导致数据和信息传递的错误和遗漏，可通过适当增加单个函数的复杂度来改进。

④ 是否存在孤立的函数。孤立函数意味着永远执行不到的场景或路径，为多余项。

函数控制流图的测试重点主要有以下 4 点：

① 是否存在多出口情况。多个程序出口意味着程序不是从一个统一的出口退出该变量空间，如果涉及指针赋值、空间分配等情况，一般容易导致空指针、内存未释放等缺陷。同时，每增加一个程序出口将使代码的圈复杂度增加 1，容易造成高圈复杂度的问题。

② 是否存在孤立的语句。孤立的语句意味着永远执行不到的路径，是明显的编程缺陷。

③ 圈复杂度是否太大。一般地，圈复杂度不应大于 10，过高的圈复杂度将导致路径的大幅增加，容易引入缺陷，并带来测试难度和工作量的增加。

④ 释放存在非结构化的设计。非结构化的设计经常导致程序的非正常执行结构,程序的可读性差,容易造成程序缺陷且在测试中不易被发现。

(2)数据流分析

数据流分析最初是随着编译系统有效目标码的生成而出现的,后来在软件测试中也得到成功应用,用于查找如引用未定义变量等程序错误或对未使用变量再次赋值等异常情况。

如果程序中某一语句执行时能改变某程序变量的值,则称此变量是被该语句定义的;如果某一语句的执行引用了内存中某程序变量的值,则说该语句引用此变量。

数据流分析考察变量定义和变量引用之间的路径,测试重点通常集中在定义/引用异常故障分析上,主要包括以下 5 点:

① 使用未定义的变量。如果一个变量在初始化前被使用,其当前值是未知的,可能会导致危险的后果。

② 变量已定义,但从未被使用。该类错误通常不会导致软件缺陷,但应对代码中的所有这种类型的问题进行检查和确认。

③ 变量在使用之前被重复定义,变量在两次赋值之间未被使用。这种情况比较常见,大部分情况下也不会导致软件缺陷,但也应该进行检查和确认。

④ 参数不匹配。指的是函数声明中的形参的变量类型与实参的变量类型不同,许多编译器对这种情况执行自动类型转换,但在某些情况下是危险的。

⑤ 可疑类型转换。指的是为一个变量赋值的类型与变量本身的类型不一致,类型转换时两种类型看起来可能很相似,但赋值结果可能会导致信息丢失,如果无法避免,应使用显式的强制类型转换。

5.3.1.1 静态特性审查

静态特性审查单示例如表 12-8 所示。

表 12-8 静态特性审查单示例

源文件名			版本	
工具说明				
序号	审查内容	审查结果		
		描述	问题单	
1	子程序复杂度不大于 10			
2	子程序语句规模不大于 200			
3	注释率不小于 20%			

5.3.2.1 控制流规则审查

控制流规则审查单示例如表 12-9 所示。

表 12-9　控制流规则审查单示例

源文件名			版本	
工具说明				
序号	审查内容	审查结果		
		描述	问题单	
1	没有转向并不存在的语句			
2	不存在没有使用的语句			
3	不存在没有使用的子程序			
4	没有调用不存在的子程序			
5	不存在从程序入口进入后无法到达的语句			
6	不存在不可达语句			
7	不存在与设计不一致			

5.3.3.1　数据流规则审查

数据流规则审查单示例如表 12-10 所示。

表 12-10　数据流规则审查单示例

源文件名		版本	
工具说明			
序号	审查内容	审查结果	
		描述	问题单
1	UR：Variable is undefined and then referenced		
2	DD：Variable is not used（referenced）between two definitions		
3	DU：Variable is defined and is never used（referenced）before becoming undefined		

12.3.4　逻辑测试

逻辑测试严格意义上讲不是一种测试方法,而是一种分析、保证测试充分性的手段。测试人员应根据项目质量要求明确测试覆盖要求。

5.4.1.1　语句和分支覆盖测试

语句和分支覆盖测试用例示例如表 12-11 所示。

表 12-11　语句和分支覆盖测试用例示例

测试用例名称	语句和分支覆盖测试	用例标识	TLMZ_LT_COV_01
追踪关系	6.8.1　代码覆盖测试		
测试用例综述	测试目的:保证测试的充分性; 测试方法:使用覆盖测试工具,执行测试用例,检查语句、分支覆盖率是否达到 100％,对于确实无法覆盖的语句、分支,逐个分析说明未覆盖原因		

续表

用例初始化	插桩后的程序能够正确运行
前提和约束	有完整的软件源代码,测试工具能够正确插桩
设计方法	其他

测试步骤		
序号	输入及操作	期望结果与评估标准
1	使用覆盖测试工具,插装代码,执行动态测试用例,分析测试覆盖情况,并根据覆盖情况补充相应的测试用例,或分析无法覆盖的原因	语句、分支覆盖率应达到 100%,对于确实无法覆盖的语句、分支,逐个进行了分析,说明了未覆盖原因

测试用例终止条件	语句和分支覆盖率达到了 100%,确实无法覆盖的语句、分支,逐个进行了分析,并说明了未覆盖原因
测试用例通过准则	无

12.3.5 功能测试

功能测试是软件测试中最基本的测试,主要是依据软件文档中的功能需求进行的测试,以确认其功能是否满足要求。

以软件配置项功能测试为例,一般是基于软件需求规格说明的测试,应对软件需求规格说明进行分析,选择恰当的测试用例设计方法设计测试用例。具体的用例设计方法如下:

(1)功能测试中最常用的测试设计方法是等价类划分方法,包括有效等价类和无效等价类。有效等价类用于正常工作流程、正常输入值测试;无效等价类用于非正常工作流程、非正常值输入测试。

(2)边界值分析方法是功能测试中对等价类划分方法的重要补充。很多情况下,软件在处理边界值时经常会发生错误,因此针对边界进行分析、测试十分必要。

(3)因果图、决策表、基于场景的测试、组合测试和猜错法等动态测试用例设计方法,可以根据软件配置项实现的具体功能适当地加以应用。

5.5.1.1　正常设备数据仿真功能测试

正常设备数据仿真功能测试测试用例示例如表 12-12 所示。

表 12-12　功能测试测试用例示例

测试用例名称	正常设备数据仿真功能测试	用例标识	DDFZ_FU_MCL_01
追踪关系	6.1.5　设备数据仿真		
测试用例综述	测试目的:测试被测软件正常设备数据仿真功能是否正确; 测试方法:通过用例配置文件写入正常设备数据后执行被测软件,通过数据收发软件获取被测软件模拟仿真结果,检查数据收发软件捕获结果和外测仿真与处理软件的记盘文件,评估被测软件是否正确实现正常设备数据的仿真功能		

续表

用例初始化	(1) 系统参数按照本文档 4.4 节中的要求进行配置； (2) 启动外测仿真与处理软件和数据收发软件
前提和约束	(1) 被测软件读取系统参数文件初始化正常； (2) 数据收发软件正常运行
设计方法	有效等价类

测试步骤

序号	输入及操作	期望结果与评估标准
1	按照用例配置文件格式要求配置正常的设备数据，启动外测仿真与处理软件加载用例	外测仿真与处理软件应能成功加载该用例
2	点击"开始发送"	外测仿真与处理软件用例属性窗口应能显示成功计数，缓冲区应能跳动显示发送数据内容
3	利用数据收发软件捕获外侧仿真与处理软件发送的数据，对比数据收发软件所捕获的数据与外测仿真与处理软件的记盘文件，查看是否一致，并查看设备数据格式是否是正确	数据收发软件所捕获的数据应与记盘文件内容一致，并且应与正常的设备数据格式一致

测试用例终止条件	本测试用例的全部测试步骤被执行或因某种原因导致测试步骤无法执行（异常终止）
测试用例通过准则	本测试用例的全部测试步骤都通过即标志本用例为"通过"

5.5.1.2　设备状态码无效数据仿真功能测试

设备状态码无效数据仿真功能测试的测试用例示例如表 12-13 所示。

表 12-13　功能测试测试用例示例

测试用例名称	设备状态码无效数据仿真功能测试	用例标识	DDFZ_FU_MCL_02
追踪关系	6.1.5　设备数据仿真		
测试用例综述	测试目的：测试外测仿真与处理软件是否能够模拟不同状态码的设备数据； 测试方法：在用例配置文件中写入不同的异常设备状态码，通过检查被测软件数据发送缓冲区和记盘文件，评估设备状态码无效数据仿真功能是否正确		
用例初始化	(1) 系统参数按照本文档 4.4 节中的要求进行配置； (2) 启动外测仿真与处理软件		
前提和约束	被测软件读取系统参数文件初始化正常		
设计方法	无效等价类		

续表

	测试步骤	
序号	输入及操作	期望结果与评估标准
1	按照用例配置文件格式要求配置设备数据,将状态码设置为"67",保存用例配置文件,点击"重新加载"	外测仿真与处理软件应能成功加载该用例
2	点击"开始发送",查看发送数据的记盘文件内容	外测仿真与处理软件用例属性窗口应能显示成功计数,缓冲区应能跳动显示发送数据内容,记盘文件内容里应显示所发送的设备数据状态为"67"
3	按照用例配置文件格式要求配置设备数据,将状态码设置为"123",保存用例配置文件,点击"重新加载"	外测仿真与处理软件应能成功加载该用例
4	点击"开始发送",查看发送数据的记盘文件内容	外测仿真与处理软件用例属性窗口应能显示成功计数,缓冲区应能跳动显示发送数据内容,记盘文件内容里应显示所发送的设备数据状态为"123"
测试用例终止条件	本测试用例的全部测试步骤被执行或因某种原因导致测试步骤无法执行(异常终止)	
测试用例通过准则	本测试用例的全部测试步骤都通过即标志本用例为"通过"	

12.3.6　性能及余量测试

性能测试是对软件规定的性能需求逐项进行的测试,以验证其性能是否满足要求。性能测试一般需进行下列各项的测试,其中(1)、(2)、(3)项为必做项:

(1) 软件在定量结果计算时的处理精度测试;

(2) 软件时间特性和实际完成功能的时间(响应时间)测试;

(3) 软件完成功能所处理的数据量测试;

(4) 软件运行所占用空间的测试;

(5) 软件负荷潜力测试。

性能测试的实施要点主要有:

(1) 测试处理精度时,可通过捕获输出数据确认软件的处理精度是否满足要求;

(2) 测试软件响应时间时,可通过记录处理前时间 T_1 和处理后时间 T_2,计算处理后与处理前时间之差获得软件响应时间;

(3) 测试软件数据处理周期、数据量时,可按照软件要求的速度或数据量发送数据,捕获处理后输出的数据正确且无丢失即可认为满足要求;

(4) 对于时间指标的测试,需要使用相匹配的测量设备,根据需要可在时间信息、计算机时间、手持秒表等设备中选取;

（5）当时间指标要求高于 1 s 时,应编写测试程序获得时间信息或者计算机时间作为计算时间;

（6）由于测试的不确定性,性能测试用例应执行多次,应准确、详细地记录实际的执行结果,并进行最大值、最小值、平均值等分析;

（7）性能测试时,应考虑在正常、最好、最坏情况下的性能差异;

（8）与硬件环境相关的性能测试应在目标环境下实施。

余量测试是对软件是否达到规定余量的测试。如果没有明确要求时,一般至少保留 20％的余量。一般根据软件的具体需求选择进行如下余量测试:

（1）全部存储量的余量;

（2）输入/输出及通道的吞吐能力余量;

（3）功能处理时间的余量。

余量测试的实施要点主要有:

（1）余量测试一般与功能、性能、强度等测试一起进行;

（2）应注意观察软件在功能、性能、强度等测试中,处于空闲、正常、满负荷、临界状态下的 CPU 和内存的使用情况,并计算出余量;

（3）在进行处理时间的余量测试时,使得软件保持正常运行状态,观察功能处理时间,与软件要求的功能处理时间进行比较,计算出余量;

（4）在进行输入/输出及通道的吞吐能力余量测试时,可通过输入最大数据量,观察被测软件的输出,与软件要求的输入/输出及通道吞吐能力进行比较,计算出相应的余量;

（5）软件余量测试一般应在软件的目标运行环境下进行,若采用仿真环境应充分分析其差异性,以便保证测试结果的有效性;

（6）同性能测试相同,余量测试也需要进行多次测试。

5.6.1.1　挂起进程/业务处理/子计划处理时间测试及余量测试

性能及余量测试测试用例示例如表 12-14 所示。

表 12-14　性能及余量测试测试用例示例

测试用例名称	挂起进程/业务处理/子计划处理时间测试	标　识	BTAS2oFS_PE_CL_01
追踪关系	6.3.2　响应处理时间		
测试用例综述	测试目的:测试挂起进程/业务处理/子计划处理时间是否不大于 5 s,且处理时间余量不小于 20％。 测试方法:分别多次进行挂起进程/业务处理/子计划操作,查看日志文件记录操作开始时刻及操作被响应并完成时刻,统计响应处理时间,测试是否满足不大于 5 s 的要求,并计算时间余量		
用例初始化	设置被测软件配置项所需的初始化文件,具体参数设置内容见本文档 4.4 节的描述		
前提和约束	(1)被测软件已启动并运行正常,日志文件记录的时间精度为毫秒; (2)电文服务运行正常; (3)测试仿真及测试结果捕获软件运行正常		
设计方法	等价类划分		

续表

	测试步骤	
序号	输入及操作	期望结果与评估标准
1	在集中监控界面进行进程挂起操作,查看日志文件记录操作开始时刻,记为 T_1	可以进行进程挂起操作
2	在集中监控界面监视进程是否已被挂起,查看日志文件记录操作完成时刻,记为 T_2	进程被挂起
3	计算时间差 $\Delta T = T_2 - T_1$,并计算 ΔT 相对于 5 s 的余量	操作完成时间不大于 5 s,余量不小于 20%
4	重复执行 1~3 步 5 次,统计最长时间,并计算余量	最长处理时间不大于 5 s,余量不小于 20%
5	在集中监控界面进行业务处理挂起操作,查看日志文件记录操作开始时刻,记为 T_1	可以进行挂起操作
6	在集中监控界面监视业务处理是否已被挂起,查看日志文件记录操作完成时刻,记为 T_2	业务处理被挂起
7	计算时间差 $\Delta T = T_2 - T_1$,并计算 ΔT 相对于 5 s 的余量	操作完成时间不大于 5 s,余量不小于 20%
8	重复执行 5~7 步 5 次,统计最长时间,并计算余量	最长处理时间不大于 5 s,余量不小于 20%
9	在集中监控界面进行子计划挂起操作,查看日志文件记录操作开始时刻,记为 T_1	可以进行子计划挂起操作
10	在集中监控界面监视子计划是否已被挂起,查看日志文件记录操作完成时刻,记为 T_2	子计划被挂起
11	计算时间差 $\Delta T = T_2 - T_1$,并计算 ΔT 相对于 5 s 的余量	操作完成时间不大于 5 s,余量不小于 20%
12	重复执行 9~11 步 5 次,统计最长时间,并计算余量	最长处理时间不大于 5 s,余量不小于 20%
测试用例终止条件	本测试用例的全部测试步骤被执行或因某种原因导致测试步骤无法执行(异常终止)	
测试用例通过准则	挂起进程/业务处理/子计划处理时间是否不大于 5 s,且处理时间余量不小于 20%	

12.3.7 接口测试

接口测试是对软件文档中规定的接口逐项进行的测试。接口测试的必做项有:

(1) 测试所有接口,检查接口信息的格式及内容是否满足要求;

(2) 对每一个外部输入/输出接口必须进行正常和异常情况的测试。

接口测试的实施要点主要有以下 7 点:

(1) 对输入接口进行测试时,应按照接口信息的格式和内容,使用测试程序输入格式正确、内容正确的测试数据,以及格式错误、内容错误的测试数据。

（2）对输出接口进行测试时,应使用测试程序捕获被测软件的输出数据,检查是否满足接口信息的格式要求,内容是否正确。

（3）对 API 接口进行测试时,需要关注是否支持多个调用的情况。

（4）对 TCP、串口类接口进行测试时,应模拟几帧连在一起的情况,测试应用软件是否能从粘连的数据中提取有效数据。

（5）对网络接口进行测试时,应关注如下错误类型的测试:

① 任务标志错误,包括不存在的任务标志或非本次任务标志;

② 信源信宿错误,包括不存在的信源信宿或非规定的信源信宿;

③ 数据标志错误,包括不存在的数据标志或非规定的数据标志;

④ 包序号错误,包括包序号不连续、包序号倒序、包序号重复;

⑤ 数据域错误,包括数据域长度字段值小于实际数据域长度、数据域长度字段值大于实际数据域长度等。

（6）对以文件方式定义的接口进行测试时,错误一般应包括文件不存在、文件打开失败、文件保存失败、文件中数据不符合要求、文件中数据字段不完整等。

（7）对数据库接口进行测试时,应对下列内容进行测试:

① 数据库连接异常及恢复;

② 大规模并发访问控制;

③ 数据表增删改权限控制;

④ 数据库同步操作;

⑤ 数据库备份及还原;

⑥ 数据标识唯一性判别;

⑦ 数据表元素修改和插入的不完整提交;

⑧ 数据元素完整性判别;

⑨ 异常数据元素字段写入和修改控制;

⑩ 数据表间一致性检查;

⑪ 数据元素修改和删除的依赖控制;

⑫ 数据表键值设计合理性检查等。

5.7.1.1　接收设备状态信息接口测试

接口测试测试用例示例如表 12-15 所示。

表 12-15　接口测试测试用例示例

测试用例名称	接收设备状态信息测试	用例标识	DDFZ_IF_GZDD_01
追踪关系	6.2.1　与远程实时数据交换软件的接口测试		
测试用例综述	测试目的:测试被测软件与远程实时数据交换软件的设备状态信息接口是否正确; 测试方法:利用测试仿真程序远程实时数据交换软件,通过网络向被测软件发送设备状态信息数据,检查被测软件的记盘文件或界面显示,测试被测软件能否正确接收正常数据,能否对异常数据进行处理		

续表

用例初始化	测试仿真程序配置文件设置如下： MID＝0x5001 SID＝0x20110100 DID＝0x20210100 BID＝0x00020511 No.＝0x00000001 DATE＝0x0001 TIME＝0x022E9FDA
前提和约束	（1）被测软件正常运行； （2）测试仿真程序、测试结果捕获软件正常运行
设计方法	有效等价类 无效等价类

测试步骤

序号	输入及操作	期望结果与评估标准
1	利用测试仿真程序生成一包数据并发送给被测软件，设备状态字参数设置为：$T＝33$	被测软件界面显示接收正常帧计数加1，接收错误帧计数不增加，数据源码显示正确；数据记盘文件中正确记录了该数据
2	查看测试结果捕获软件是否接收到步骤1的数据	测试结果捕获软件接收到步骤1的数据，并且内容与步骤1的数据一致
3	修改测试仿真程序配置文件为：$T＝FF$，利用测试仿真程序生成数据并发送给被测软件	被测软件界面显示接收错误帧计数加1，接收正确帧计数不增加；错误数据记盘文件中记录了该数
4	查看测试结果捕获软件是否接收到步骤3的数据	测试结果捕获软件未接收到步骤3的数据
5	修改测试仿真程序配置文件为：$T＝00$，利用测试仿真程序生成数据并发送给被测软件	被测软件界面显示接收错误帧计数加1，接收正确帧计数不增加；错误数据记盘文件中记录了该数据
6	查看测试结果捕获软件是否接收到步骤5的数据	测试结果捕获软件未接收到步骤5的数据

测试用例终止条件	本测试用例的全部测试步骤被执行或因某种原因导致测试步骤无法执行（异常终止）
测试用例通过准则	被测软件能够接收格式正确的设备状态信息，能够转发设备状态字参数正确的设备状态信息；并能够接收和记录错误的设备状态信息

12.3.8　强度测试

强度测试是强制软件运行在不正常到发生故障的情况下（设计的极限状态到超出极限），检验软件可以运行到何种程度的测试。一般根据软件的具体需求选择进行如下强度测试：

（1）提供最大处理的信息量；

（2）提供数据能力的饱和实验指标；

（3）提供最大存储范围（如常驻内存、缓冲、表格区、临时信息区）；

（4）在能力降级时进行测试；

（5）在人为错误（如寄存器数据跳变、错误的接口）状态下进行软件反应的测试；

（6）通过启动软件过载安全装置（如临界点警报、过载溢出功能、停止输入、取消低速设备等）生成必要条件，进行计算过载的饱和测试；

（7）需进行持续一段规定的时间，而且连续不中断的测试。

强度测试的实施要点主要有以下 4 点：

（1）一般情况下，强度测试与软件的性能要求有较为紧密的关系，因此可以针对性能要求考虑对软件的强度进行相应的测试。

（2）强度测试重点考察软件在运行环境最为复杂的情况下，完成相应功能的能力，因此需要设计软件在复杂情况下所需的环境。

（3）进行与数据流量相关的强度测试时，首先输入正常数据量，然后逐步提高数据量使其达到性能指标所要求的数据量，观察被测软件输出是否正常，在该数据量下运行所要求的时间后，继续提高数据量以达到性能下降的临界状态，记录临界状态下的数据量。继续提高数据量，使得被测软件处于降级处理状态，随后降低数据量，使被测软件恢复正常。在测试过程中，应关注被测软件的 CPU、内存占用及其他相关的性能指标情况。

（4）在进行软件长时间连续运行的测试时，时间应以软件文档中要求的为准。没有明确要求的，默认为一个业务周期。在连续运行过程中，应达到最大处理能力并略超出一点，再恢复到正常处理水平，重复操作多次。

5.8.1.1　接收信息强度测试

强度测试测试用例示例如表 12-16 所示。

表 12-16　强度测试测试用例示例

测试用例名称	接收信息强度测试	用例标识	TLMZ_ST_ST_01
追踪关系	6.11.1　强度测试		
测试用例综述	测试目的：测试被测软件接收和处理信息的最高能力； 测试方法： （1）由测试仿真软件发送被测软件应接收和处理的所有信息； （2）依次减小数据的发送周期，查看被测软件各项功能的运行情况，每次周期时间减少当前值的一半； （3）如果软件各项功能正常，就再次降低数据周期继续进行上述测试；如果出现功能异常，则提高当前数据发送周期一半；如功能恢复正常，再次减少当前发送周期的一半；如此执行多次，直到发现数据发送周期的临界值		

续表

用例初始化	(1) 测试仿真软件按照被测软件实际运行情况配置各类仿真数据以及发送频率; (2) 被测软件运行在实际的软硬将环境中,见测试说明中测试环境配置
前提和约束	(1) 被测软件各项功能正常; (2) 测试仿真软件能够按照不同周期要求发送各类数据
设计方法	有效等价类 无效等价类

测试步骤

序号	输入及操作	期望结果与评估标准
1	由测试数据仿真软件向被测软件发送正常流量的数据信息,持续 5 min	被测软件信息收发及处理正常
2	设置测试数据仿真软件数据发送周期为当前值的 1/2,查看被测软件各项功能的运行情况: (1) 如果软件各项功能正常,设置测试数据仿真软件数据发送周期为当前值的 1/2; (2) 如出现功能异常,设置测试数据仿真软件数据发送周期为当前值增加 1/2; (3) 按照设置的周期发送数据 5 min	被测软件信息收发及处理正常或异常
3	重复步骤 2,直到发现数据发送周期的临界值	被测软件信息收发及处理正常
测试用例终止条件	找到被测软件接收和处理数据的临界值,或受仿真条件限制无法找到接收数据的临界值	
测试用例通过准则	被测软件在数据流量临界值时能正常地接收和处理信息	

12.3.9 安全性测试

安全性测试是检验软件中已存在的安全性、安全保密性措施是否有效的测试。测试应尽可能在符合实际使用的条件下进行。一般根据软件的具体需求选择进行如下安全性测试:

(1) 对安全关键等级较高的软件,必须单独测试安全性需求;

(2) 在测试中全面检验防止危险状态措施的有效性和每个危险状态下的反应;

(3) 对设计中用于提高安全性的结构、算法、容错、冗余及中断处理等方案,必须进行针对性测试;

(4) 对软件处于标准配置下其处理和保护能力进行测试;

(5) 应进行对异常条件下系统/软件的处理和保护能力的测试(以表明不会因为可能的单个或多个输入错误而导致不安全状态);

(6) 对输入故障模式的测试;

(7) 必须包含边界、界外及边界结合部的测试;

（8）对"0"、穿越"0"以及从两个方向趋近于"0"的输入值的测试；

（9）必须包括在最坏情况配置下的最小输入和最大输入数据率的测试；

（10）对安全性关键的操作错误的测试；

（11）对具有防止非法进入软件并保护软件的数据完整性能力的测试；

（12）对双工切换、多机替换的正确性和连续性的测试；

（13）对重要数据的抗非法访问能力的测试。

安全性测试的实施要点主要有以下 10 点：

（1）对关键等级较高的软件进行软件安全性测试时，应基于软件安全性分析的基础开展；

（2）安全性测试内容应覆盖所有安全性需求；

（3）在进行软件安全性测试时，应考虑各种异常输入和异常操作；

（4）对关键的操作进行测试时，需要测试其是否提供再次确认操作；

（5）在进行双工切换操作时，需要考虑以下测试内容：

① 重复多次双工切换、多机替换；

② 模拟无主机的状况，测试软件是否能报警或自动选出一个主机；

③ 模拟多主机的状况，测试软件是否能报警或自动选出一个主机，并且在多主机期间没有产生违反安全性的后果。

（6）测试用错误用户名、错误密码、超出权限等非法身份访问软件；

（7）应检查软件在进行权限判断时，是否无信息泄露；

（8）对于可远程提供 SQL 查询语句的软件，应测试其防止"SQL 注入"攻击的能力；对于可远程提供命令行执行语句的软件，应测试其防止"Shell 命令注入"攻击的能力；

（9）对有用户权限管理的软件，除了应进行各类用户权限管理测试外，还应检查保存用户密码的数据库或文件是否进行了加密保存，对安全关键数据是否进行了加密处理；

（10）测试各种资源不满足的情况，软件是否能够避免崩溃或异常退出，例如，文件访问操作中路径不存在、文件不存在、网络应用中网卡禁用/不存在、串口通信软件找不到串口设备等。

5.9.1.1　人工双工切换测试

安全性测试测试用例示例如表 12-17 所示。

表 12-17　安全性测试测试用例示例

测试用例名称	双工切换测试	用例标识	TELDP_SC_SGKZ_01
追踪关系	6.7.2　双工切换		
测试用例综述	测试目的：测试被测软件双工切换自动模式的正确性，包括初始启动时，主副机状态策略应为谁先启动谁为主机，在接收到切换命令时能够正确完成切换，当主机故障时，副机能够自动切换为主机； 测试方法：通过信息显示软件向主机发送双工切换命令，模拟双工服务异常和网络故障等情况，查看界面显示的双工状态和主副机输出的数据，检查是否正确完成双工切换		

续表

用例初始化	(1) 以管理员权限登录； (2) 主/副机启动双工服务； (3) 设置系统初始状态为：甲机为主机，乙机为副机，双工切换模式为自动模式； (4) 测试数据仿真软件按照被测软件实际运行环境和业务运行要求配置测试数据；详细的数据类型和数据发送频率设置见《接口控制文件》
前提和约束	(1) 主/副机双工服务正常，已按初始化要求完成主/副机状态和双工切换模式设置； (2) 信息显示软件运行正常，能够正确显示主/副机状态
设计方法	有效等价类 无效等价类

测试步骤

序号	输入及操作	期望结果与评估标准
1	先后开启数据处理软件服务器 A 机、B 机。测试数据仿真软件发送测试数据，查看信息显示软件 A、B 机的状态，并检查是否有正确的数据处理结果	信息显示软件显示 A 机为主机，B 机为副机，并收到 A 机发送来的正确的数据处理曲线结果
2	发送主副机切换命令，查看主副机状态和数据处理曲线	信息显示软件显示 A 机为副机，B 机为主机，信息显示软件显示的数据处理曲线连续，无断点
3	再次发送主副机切换命令，查看主副机状态和数据处理曲线	信息显示软件显示 A 机为主机，B 机为副机，信息显示软件显示的数据处理曲线连续，无断点
4	通过任务管理器停止 A 机双工服务，查看主副机状态和数据处理曲线	信息显示软件显示 A 机为副机，B 机为主机，信息显示软件显示的数据处理曲线连续，无断点
5	重新启动 A 机双工服务，查看主副机状态和数据处理曲线	信息显示软件显示 A 机为副机，B 机为主机，信息显示软件显示的数据处理曲线连续，无断点
6	断开 B 机网络连接，查看主副机状态和数据处理曲线	信息显示软件显示 A 机为主机，B 机为副机，信息显示软件显示的数据处理曲线连续，无断点
7	恢复 B 机网络连接，查看主副机状态和数据处理曲线	信息显示软件显示 A 机为主机，B 机为副机，信息显示软件显示的数据处理曲线连续，无断点

测试用例终止条件	本测试用例的全部测试步骤被执行或因某种原因导致测试步骤无法执行（异常终止）
测试用例通过准则	(1) 初始启动时主副机状态策略应为谁先启动谁为主机； (2) 在接收到切换命令时能够正确完成切换； (3) 当主机故障时，副机能够自动切换为主机

12.3.10　恢复性测试

恢复性测试是对有恢复或重置功能的软件的每一类导致恢复或重置的情况,逐一进行的测试,以验证其恢复或重置的能力。恢复性测试是要证实在克服硬件故障后,系统能否正常地继续进行工作,且不对系统造成任何损害。一般根据软件的具体需求选择进行如下恢复性测试:

（1）探测错误功能的测试;

（2）能否切换或自动启动备用硬件的测试;

（3）在故障发生时能否保护正在运行的作业和系统状态的测试;

（4）在系统恢复后,能否从最后记录下来的无错误状态开始继续执行作业的测试。

恢复性测试的实施要点主要有以下 3 点:

（1）嵌入式软件"看门狗"测试被认为是恢复性测试中的典型类型。在进行"看门狗"测试时,可修改被测软件代码,加入死循环代码。通过引发死循环,测试软件在这种情况下,是否能够通过"看门狗"复位使程序重新启动。

（2）软件断点续传功能的测试被认为是较为典型的恢复性测试。

（3）对具有数据恢复能力的软件,测试在断电等异常情况发生时,软件重新运行后恢复运行的能力。

5.10.1.1　恢复性测试

　　恢复性测试测试用例示例如表 12-18 所示。

表 12-18　恢复性测试测试用例示例

测试用例名称	发送文电断点续传能力测试	用例标识	WD_FU_WDCZ_05
追踪关系	6.2.4 文电操作		
测试用例综述	测试目的:测试被测软件断点续传功能的正确性,包括正常暂停、客户端异常、网络异常情况下的恢复能力; 测试方法:通过发送较大文电,执行暂停发送后恢复发送,并模拟文电客户端异常、网络异常后恢复正常,测试软件是否能够在断点处开始完成续传		
用例初始化	(1) 启动文电服务器; (2) 启动接收方和发送方文电客户端,利用普通账户登录		
前提和约束	与数据库的连接正确,软件正常运行		
设计方法	等价类划分		

测试步骤		
序号	输入及操作	期望结果与评估标准
1	进入文书收发界面,开始发送文书操作	进入发送文书界面
2	选中某一模板和数据库,尝试自动生成标准文书	根据选择项成功生成标准文书
3	修改生成的文书,并添加 1 个较大容量的附件	修改成功,添加附件成功
4	发送文书	开始发送

续表

序号	输入及操作	期望结果与评估标准
5	在发送完成前,按下"暂停"按钮	停止发送,显示已发送的百分比,接收方接收进度停止
6	按下"继续"按钮,发送完成后查看接收方接收到的数据与发送的数据是否一致	显示文件被继续发送,接收端接收到的数据与发送的数据一致
7	重复步骤1～4	开始发送,显示发送进度
8	通过任务管理器停止发送方的电文客户端程序	接收方接收进度停止
9	重启发送方的电文客户端程序。选择要继续发送的文件,按下"继续"按钮,发送完成后查看接收方接收到的数据与发送的数据是否一致	显示文件被继续发送,接收端接收到的数据与发送的数据一致
10	重复步骤1～4	开始发送,显示发送进度
11	发送文件过程中,断开网路连接	停止发送,显示已发送的百分比,接收方接收进度停止
12	重新连接网路,选择要继续发送的文件,按下"继续"按钮,发送完成后查看接收方接收到的数据与发送的数据是否一致	显示文件被继续发送,接收端接收到的数据与发送的数据一致
测试用例终止条件	本测试用例的全部测试步骤被执行或因某种原因导致测试步骤无法执行(异常终止)	
测试用例通过准则	被测软件断点续传功能正确,包括: (1)正常暂停后选择继续传送时,能够继续执行文件传送; (2)客户端异常、网络异常情况恢复正常后,能够继续完成文件的传送	

12.3.11　边界测试

边界测试是对软件处在边界或端点情况下运行状态的测试。一般根据软件的具体需求选择进行如下边界测试:

(1)软件的输入域和输出域的边界或端点的测试;

(2)状态转换的边界或端点的测试;

(3)功能界限的边界或端点的测试;

(4)性能界限的边界或端点的测试;

(5)容量界限的边界或端点的测试。

边界测试的实施要点主要有以下6点:

(1)边界测试不仅要考虑输入域的测试,还需要进行输出域的测试;

(2)边界测试一般需考虑小于下边界、等于下边界、大于下边界、小于上边界、等于上边界和大于上边界6种情况的测试;

(3)对输出域的边界测试,应通过控制输入数据实现输出边界的测试;

（4）性能界限的边界测试往往是强度测试的考虑内容，可一并考虑；

（5）容量界限的边界测试与容量测试是一致的；

（6）对于功能边界的测试，应建立达到功能边界的条件，例如，超过某个边界时使用不同的测量设备，测试时就需要建立模拟输入，使系统刚好处于这种状态下，检查是否按照规定选择了正确的测量设备。

5.11.1.1 边界测试

边界测试测试用例示例如表 12-19 所示。

表 12-19 边界测试测试用例示例

测试用例名称	业务跨零点测试		用例标识	TELDP_FU_PTM_01
追踪关系	6.6.1 边界测试			
测试用例综述	测试目的：测试被测软件在跨零点时，数据收发和处理是否正常；测试方法：由测试仿真软件发送接近零点的数据，检查接收到跨零点的数据包头的填写是否准确			
用例初始化	（1）测试仿真软件按照被测软件实际运行情况配置各类仿真数据以及发送频率；（2）被测软件运行在实际的软硬将环境中，见测试说明中测试环境配置			
前提和约束	（1）被测软件各项功能正常；（2）时统设备能够人工设置需要的时间			
设计方法	有效等价类 边界值			

	测试步骤	
序号	输入及操作	期望结果与评估标准
1	设置调整时间信息为"23:55:00"，设置业务日期为"2013-2-28"，并开始由测试仿真软件发送数据，检查零点前包头内的积日处理结果	被测软件开始接收数据，数据的接收和处理帧数和帧内容与发送的一致。跨零点前，包头内的积日应填写"4808"
2	检查零点后业务信息的显示结果	跨零点后包头内的积日应填写"4809"
3	测试数据仿真软件发送数据 10 min 后停止，检查数据发送和接收情况	被测软件数据接收和处理结果与发送的数据帧数一致，处理结果正确
测试用例终止条件	本测试用例的全部测试步骤被执行或因某种原因导致测试步骤无法执行（异常终止）	
测试用例通过准则	本测试用例的全部测试步骤都通过即标志本用例为"通过"	

12.3.12 互操作性测试

互操作性测试是为验证不同软件之间的互操作能力而进行的测试。互操作性测试一般针对以下情况进行测试：

（1）同时运行两个或多个不同的软件；

（2）软件之间发生了互操作。

互操作性测试的实施要点主要有以下 3 点：

（1）互操作测试时，须同时运行两个或多个不同软件，且软件之间进行了交互操作，例如，在某系统中，应用程序 S1 初始化时，应用程序 S2 发"检查好"消息，S1 收到后向 S2 发"读取数据 1"命令，S2 向 S1 发送当前数据 1，S1 将 S2 发送的数据 1 进行处理，并向 S2 发送"读取数据 2"命令，S2 向 S1 发送当前数据 2，S1 将 S2 发送的数据 2 进行处理，并完成软件初始化；

（2）应对正常的互操作流程进行测试；

（3）应对互操作流程中可能出现的异常情况进行测试，例如，应对接口格式错误、数据异常、流程异常等进行测试。

5.12.1.1 与寻北模块的互操作测试

互操作性测试测试用例示例如表 12-20 所示。

表 12-20 互操作性测试测试用例示例

测试用例名称	与寻北模块的互操作测试	用例标识	TLMZ_IO_XB_01
追踪关系	6.13.1 与寻北模块的互操作		
测试用例综述	测试目的：本测试用例测试被测软件与寻北模块的互操作性； 测试方法：在被测软件处于初始化界面时，寻北模块发"通信检查好"消息，被测软件收到后向寻北模块发"读取数据"命令，寻北模块发送当前温度，被测软件收到保存数据并向寻北模块发送"读取当前纬度"命令，被测软件收到保存纬度值并进入启动界面		
用例初始化	（1）被测软件和寻北模块以调试方式运行，在被测软件收到"通信检查好"消息、发送"读取数据"命令、收到数据消息、发送"读取纬度"命令、收到纬度消息处设置断点； （2）在寻北模块发送"通信检查好"消息、收到"读取数据"命令、发送数据消息、收到"读取纬度"命令、发送纬度消息处设置断点		
前提和约束	被测软件与寻北模块的串口连接正常		
设计方法	有效等价类		
测试步骤			

序号	输入及操作	期望结果与评估标准
1	被测软件和寻北模块启动	被测软件显示： "Preparing …" 寻北模块运行至发送"通信检查好"消息处并暂停运行
2	在寻北模块调试环境按"RUN"按钮	被测软件运行至处理收到"通信检查好"消息处
3	在被测软件调试环境按"RUN"按钮	被测软件显示"TX-OK"，寻北模块运行至处理收到"读取数据"命令处
4	在寻北模块调试环境按"RUN"按钮	被测软件运行至处理数据消息处，寻北模块正常运行

续表

序号	输入及操作	期望结果与评估标准
5	在被测软件调试环境按"RUN"按钮	被测软件解析数据并保存,然后停在发送"读取纬度"命令处,寻北模块正常运行
6	在被测软件调试环境按"RUN"按钮	被测软件正常运行,寻北模块暂停在处理"读取纬度"命令处
7	在寻北模块调试环境按"RUN"按钮	被测软件运行至处理纬度消息处,寻北模块正常运行
8	在被测软件调试环境按"RUN"按钮	被测软件解析纬度,并进入启动界面,寻北模块正常运行
测试用例终止条件	本测试用例的全部测试步骤被执行或因某种原因导致测试步骤无法执行(异常终止)	
测试用例通过准则	被测软件与寻北模块能够正确地进行交互	

12.3.13　安装性测试

安装性测试是对安装过程是否符合安装规程的测试,以发现安装过程中的错误。一般根据软件的具体需求选择进行如下安装性测试:

(1) 不同配置下的安装和卸载测试;

(2) 安装规程的正确性测试。

安装性测试的实施要点主要有以下 4 点:

(1) 安装性测试应按照软件用户手册/操作手册中规定的安装规程进行,在被测软件要求的软/硬件配置下安装被测软件,并运行被测软件,验证安装后被测软件的各项功能运行正常之后才能确认安装功能正常。

(2) 卸载被测软件,验证卸载被测软件后是否影响其他软件的运行。完成卸载后,应重新进行安装,验证软件是否能够正确地被重新安装,并检查安装后各项功能是否能够正常运行。

(3) 应在安装前获得计算机当前应用程序清单,安装和卸载后检查应用程序清单,比对两个清单检查软件安装和卸载功能是否正确。

(4) 对于专用软件,应在目标计算机环境下执行安装和卸载测试。对于通用软件,需在其支持的各种软件平台环境下进行测试,例如 Windows 系统,在 Windows XP、Windows 7、Windows Server 2008 以及 Windows 8 等环境下测试,必要时,还需在已安装有杀毒软件的环境下进行测试。

5.13.1.1 软件安装测试

软件安装测试测试用例示例如表 12-21 所示。

表 12-21 安装测试测试用例示例

测试用例名称	软件安装测试	用例标识	WD_IN_ANCS_01
追踪关系	6.6.1 安装性测试		
测试用例综述	测试目的:测试被测软件的安装及安装规程的正确性; 测试方法:按照用户手册进行安装,安装后启动运行被测软件检查被测软件的主要功能是否正确		
用例初始化	按照用户手册中的要求配置安装环境		
前提和约束	用户手册完成审查,相关问题已得到解决或已明确解决方案		
设计方法	等价类划分		

测试步骤		
序号	输入及操作	期望结果与评估标准
1	按照用户手册执行被测软件的安装程序,查看安装过程是否方便、快捷,易于操作	被测软件的安装过程方便、快捷,易于操作
2	运行安装完成后的被测软件,查看软件的设备仿真功能、发送显示功能是否正常	运行安装完成后的软件功能正常
测试用例终止条件	本测试用例的全部测试步骤被执行或因某种原因导致测试步骤无法执行(异常终止)	
测试用例通过准则	按照用户手册能够正确地进行安装,安装后主要功能运行正常	

5.13.2.1 软件卸载测试

软件卸载测试测试用例示例如表 12-22 所示。

表 12-22 卸载测试测试用例示例

测试用例名称	软件卸载测试	用例标识	WD_IN_ANCS_02
追踪关系	6.6.1 安装性测试		
测试用例综述	测试目的:测试被测软件的卸载及卸载规程的正确性; 测试方法:按照用户手册进行卸载,并检查是否留有残留文件		
用例初始化	按照用户手册中的要求配置安装环境		
前提和约束	用户手册完成审查,相关问题已得到解决或已明确解决方案		
设计方法	等价类划分		

测试步骤		
序号	输入及操作	期望结果与评估标准
1	按照用户手册执行被测软件的卸载程序,查看卸载过程是否方便、快捷,易于操作	被测软件的卸载过程方便、快捷,易于操作,软件安装的相关内容能够完全卸载
2	执行被测软件安装,并运行安装完成后的被测软件,查看其功能是否正常	运行安装完成后的软件,功能正常
测试用例终止条件	本测试用例的全部测试步骤被执行或因某种原因导致测试步骤无法执行(异常终止)	
测试用例通过准则	按照用户手册能够正确地进行卸载,重新安装后主要功能运行正常	

12.4　软件测试说明的常见问题

测试设计与实现是软件测试的关键环节,测试用例设计的合理性、有效性直接影响测试的充分性,构建测试环境的符合性也直接影响测试结果的可信性,因此,对该工作需要高度重视。软件测试设计与实现常见问题如下:

(1)测试环境描述的软/硬件资源与测试计划中提出的测试环境要求不一致,例如硬件配置不一致、软件版本不一致等。

(2)缺少数据准备的说明。测试数据是实施测试的必备条件,应充分考虑各类测试数据的准备情况,因此需要在测试说明中较为详细地说明测试数据的准备情况,例如除正常数据外还应包括异常数据,除仿真数据外还应包括真实数据等。

(3)测试用例的追踪关系不正确。如果没有文档管理工具进行辅助管理,经常出现测试用例与测试项的追踪关系不正确问题。

(4)缺少用例初始化、前提和约束条件的说明。用例初始化、前提和约束条件是测试用例执行的基础,应具体说明。较常见的问题是测试人员忽略或不重视此项内容,导致测试结果无法复现。

(5)未采取恰当的测试用例设计方法。测试用例设计方法是保证测试用例设计合理性、充分性的重要手段,需要根据测试项充分性要求,选择恰当的测试用例设计方法进行测试用例设计。

(6)测试用例设计时未按照测试项中提出的测试用例设计要求进行测试用例设计,测试用例中描述的测试方法与测试项中要求的测试方法不一致。这个问题发生的主要原因是由于测试用例设计时,发现测试项提出的测试方法不恰当,但未及时更新测试计划中测试项的测试方法说明。

(7)测试输入及操作描述不具体。测试用例执行时需要根据具体的测试输入及操作进行,因此应具体、明确地进行说明。但是在实施时经常出现测试输入及操作模糊、不明确和不具体的问题,该问题将导致软件问题无法复现,无法快速、准确定位缺陷等。

(8)期望结果不明确。期望结果是描述预期的测试结果,是判断测试步骤是否通过的重要依据,但在测试用例说明中经常存在期望结果不明确、不具体的问题。

(9)评估标准不明确。评估标准是判断测试步骤是否通过的依据,但在实际工作中往往存在评估标准较为笼统的问题,甚至出现未说明如何判断正确与否的情况。

(10)测试用例终止条件描述的不恰当,常见问题是未根据实际情况进行描述终止条件。每个用例的终止条件应根据不同测试用例的具体情况说明测试终止条件。

(11)测试用例通过准则描述的不具体,常见问题是所有测试用例的通过准则都描述的一样。应根据不同测试用例的具体情况说明测试用例通过准则。

(12)测试环境和测试数据的验证不充分。该问题导致测试实施时,需要大量时间调整测试环境和测试数据,有时因为测试环境和测试数据的问题影响部分测试用例的执行。

(13)测试用例执行顺序的制定,需要根据测试资源、测试优先级等因素确定,常见问题是未制定测试顺序。现场测试时,临时确定测试顺序,造成部分测试资源的浪费,或与其他测试工作发生冲突等问题。

在各种测试类型测试用例设计中常出现下列问题：

（1）文档审查中文档审查的内容不具体、不明确。文档审查单中只有简单的"文档一致性"审查条款。文档审查单应根据每个文档内容的不同特点制定较为具体、可操作的检查内容。另外，应注意文档检查内容应与开发文档遵循的文档规范一致，并得到相关方的认可，特别是应得到测试任务委托方的同意。

（2）代码审查不完整。代码审查中往往考虑了用工具进行代码执行标准情况的审查和代码可读性审查，往往忽略了最关键的代码和设计的一致性检查和代码逻辑表达正确性审查。

（3）静态分析不全面。静态分析可以利用工具进行辅助分析，但是工具辅助检查的结果需要进行进一步的分析，人工确认的工作量较大，这也是测试中往往容易忽略的内容。

（4）代码走查未说明选择关键代码的原则。代码走查一般是在代码审查、静态分析的基础上，对问题较多，比较关键的模块或测试无法覆盖的部分开展的测试，需要根据软件设计和代码设计用例，通过人工模拟计算机运行，检查输出结果是否正确。常见的问题是未说明走查内容选取的原则，用例的输入和输出结果不明确。

（5）逻辑测试未分析测试未覆盖的原因。常见问题主要是对未达到测试覆盖要求的情况未进行分析。逻辑测试应根据工具统计结果对未覆盖部分进行分析，并根据需要补充相应的测试用例。

（6）功能测试不全面。功能测试中容易忽略对异常输入的测试，未考虑超负荷、饱和情况和其他"最坏情况"的测试。在配置项测试时，缺少对控制流程的正确性、合理性的测试。

（7）性能测试未考虑环境因素。性能测试时，未考虑软件运行环境可能对性能指标的影响。另外，在对性能指标度量时未采用比指标要求精度更高的测量方法进行测量。

（8）接口测试对接口异常情况的考虑不充分，对数据内容本身的错误考虑欠缺。

（9）在人机交互界面的测试中未对用户手册的一致性进行检查，对错误操作流程的测试考虑的不充分。

（10）强度测试未在软件达到饱和指标后再恢复到正常状态进行测试。

（11）余量的测试多考虑资源的余量，未考虑功能处理时间的余量测试。

（12）安全性测试多对保密安全性进行了测试，对防止危险状态措施的有效性进行测试的内容考虑不全面。

（13）边界测试多考虑输入边界测试，对输出边界的测试不充分。

（14）安装测试多进行安装测试，未对卸载进行测试，也未对卸载后重新安装的正确性进行测试。

（15）兼容性测试多考虑了新版本与旧版本之间的兼容性，对与其他软件的兼容性考虑不充分。

软件测试报告

　　测试报告是对测试过程和被测软件质量进行分析和总结的文档,测试报告的目的在于总结测试阶段的测试以及分析测试结果,描述软件是否符合需求,其对被测软件问题和缺陷的分析为纠正软件存在的质量问题提供依据,同时为软件验收和交付奠定基础。测试报告应包含对被测软件产品质量和测试过程的评价,测试报告基于测试中的数据采集以及对最终的测试结果分析。

　　编写测试报告的具体活动如下:

　　(1) 对测试过程进行总结。应对测试需求分析与策划、测试设计与实现、测试执行过程进行总结,说明存在的主要问题及解决情况。

　　(2) 对测试环境进行说明。应说明测试所使用的实际测试环境,包括测试工具、测试软件、测试场所、测试数据等的情况,并对测试环境与计划的差异性,以及目标环境要求的差异性进行分析,说明测试环境是否满足测试的要求。

　　(3) 对实际使用的测试方法进行说明。应说明测试所采用的测试方法与策略,并说明采用这些方法的依据。如果与测试计划、测试说明存在差异时应进行充分地分析。

　　(4) 对测试结果进行分析。测试结果的分析应包括对测试执行过程以及所有回归测试的情况的分析。重点说明测试过程中发现的问题,并对问题解决情况进行说明。

　　(5) 根据测试结果分析说明对软件的评价,并提出改进的意见建议。

　　制定软件测试报告的策略如下:

　　(1) 测试报告编写依据。不同级别测试的测试报告的依据也不相同,例如单元测试应依据软件详细设计说明、单元测试计划、测试说明、测试记录、问题报告进行单元测试报告的编写。

　　(2) 测试报告编写时机。测试报告应在完成所有测试后进行编写,测试记录应准确、完整,问题报告应清晰、明了。

　　(3) 测试报告编写人员。软件测试报告应由测试组最有经验的测试人员来进行编写。

　　(4) 测试报告的评审。软件负责人评审测试报告中说明的测试环境的有效性、测试方法的可行性、测试执行情况的准确性、测试结果和评价结论的正确性等;质量保证人员评审测试报告的规范性;项目负责人评审测试报告中测试问题的解决情况等。

　　(5) 测试报告的管理。软件测试报告应按照配置管理的要求进行管理。

　　(6) 测试报告的原则。软件测试报告应遵循清晰、明了、准确和客观的原则制定和管理。

测试报告的使用人员包括用户、测试人员、开发人员、项目管理者、其他质量管理人员和需要阅读本报告的高层管理者。

13.1 软件测试报告编写要求

测试报告是对软件进行测试的测试总结文档,主要目的是详细说明测试结果,分析测试结果,报告测试中所发现问题,对被测对象进行评估,提出软件改进意见建议,为修改软件提供依据。

测试报告应满足以下 9 点要求:

(1)对测试工作情况进行分析和评价。应总结测试计划和测试说明的变化情况及其原因;在测试异常终止时,说明未能被测试活动充分覆盖的范围及其理由;确定无法解决的软件测试事件并说明不能解决的理由。

(2)对被测软件的质量进行分析和评价。总结测试中所反映的被测软件与软件需求(或软件设计)之间的差异;可能时,根据差异评价被测软件的设计与实现,提出改进的建议;在进行配置项测试或系统测试时,当需要时,测试总结中应对配置项或系统的性能做出评估,指明偏差、缺陷和约束条件等对于配置项或系统运行的影响。

(3)应根据被测软件文档、测试计划、测试说明、测试记录和软件问题报告等有关文档,对测试结果和被测软件问题进行分类和总结。

(4)测试结果应真实和准确。

(5)测试记录内容应完整、正确和规范。

(6)测试环境应与测试计划、测试说明保持一致,如果有差异应进行说明,并分析对测试结果的影响。

(7)软件测试报告与软件测试记录和问题报告应保持一致。

(8)实际测试过程与测试计划和测试说明应保持一致。

(9)对软件质量分析和评价应客观、准确。

13.2 软件测试报告内容

软件测试报告的编写内容如下所示。

<table>
<tr><td colspan="1" style="text-align:center">软件测试报告</td></tr>
<tr><td>1 范围</td></tr>
<tr><td>1.1 标识</td></tr>
<tr><td>写明本文档的:</td></tr>
<tr><td>(1)标识;</td></tr>
<tr><td>(2)标题;</td></tr>
<tr><td>(3)本文档的适用范围;</td></tr>
<tr><td>(4)本文档的版本号。</td></tr>
</table>

1.2　被测软件概述

概述被测软件的下列内容：

(1) 被测软件的名称、版本、用途；

(2) 被测软件的组成、功能、性能和接口；

(3) 被测软件的开发和运行环境等。

1.3　文档概述

概述本文档的用途和内容。

1.4　与其他文档的关系

概述本文档与其他文档之间的关系。

2　引用文档

应按标题和标识列出本文档引用的所有文档，并说明每一文档的版本、编写单位和发布日期，如表 13-1 所示。

表 13-1　引用文档表

序号	引用文档标题	引用文档标识	文档版本	编写单位	发布日期

3　术语和定义

给出所有在本文档中出现的专用术语和缩略语的确切定义，如表 13-2 所示。

表 13-2　术语和缩略语表

序号	术语和缩略语名称	术语和缩略语说明

4　测试概述

4.1　测试过程概述

说明测试过程的主要活动。

4.2　测试环境说明

4.2.1　软/硬件环境

对此次测试所采用的软/硬件环境进行描述。

(1) 整体结构。描述测试工作所采用的软/硬件环境的整体结构，例如需建立的网络环境，还需描述网络的拓扑结构和配置。

(2) 软/硬件资源。描述测试工作所采用的系统软件、支撑软件以及测试工具等，包括每个软件项的名称、版本、用途等信息；描述测试工作所采用的计算机硬件、接口设备和固件项等内容，包括每个硬件设备的名称、配置、用途等信息。另外，如果测试工作需借用、购买相应的测试资源时，应加以说明，如表 13-3 所示。

表 13-3　测试资源配置表

序号	资源名称	配置	数量	用途	维护人

4.2.2　测试场所

描述执行测试工作所使用场所的地点、面积以及安全保密措施等，如果测试工作在非测试机构进行，应加以说明。

4.2.3 测试数据

描述测试工作所使用的真实或模拟数据,包括数据的规格和数量等。

4.2.4 环境差异影响分析

描述软/硬件环境及其结构、场所、数据与被测软件开发要求或系统开发要求、软件需求规格说明及其他等效文档要求的软硬件环境、使用场所、数据之间的差异,并分析环境差异可能对测试结果产生的影响。

4.3 测试方法说明

说明软件测试实际采用的测试方法、测试工具等。如果实际测试方法与测试计划、测试说明不一致时,需要进行详细说明,并说明原因。

5 测试结果

5.1 执行测试情况

5.1.1 首次测试

本次测试的被测对象版本为:×.××

5.1.1.1 测试时间

测试开始日期:20××-××-××

测试结束日期:20××-××-××

5.1.1.2 测试人员

测试人员如表 13-4 所示。

表 13-4 测试组人员组成表

序号	角色	姓名	职称	主要职责

5.1.1.3 测试用例执行情况

测试用例执行情况如表 13-5～表 13-8 所示。

表 13-5 测试用例执行情况统计表

测试项个数			
设计的测试用例总数			
完全执行的测试用例数		通过的测试用例数	
		未通过的测试用例数	
部分执行的测试用例数		未通过的测试用例数	
未执行的测试用例数			

表 13-6 测试依据与测试项追踪关系表

序号	测试依据标识	测试依据	测试项名称或未追踪原因说明

表 13-7 测试类、测试项、测试用例关系表

序号	测试类名称/标识	测试项名称/标识	测试用例名称/标识

表 13-8　测试用例执行结果统计表

序号	测试用例名称/测试用例标识	执行状态	执行结果	问题步骤	问题报告单标识

5.1.1.4　未完整执行测试用例的原因说明

说明未完整执行测试用例的原因,并分析对测试结论的影响。

5.1.1.5　测试执行情况的其他说明

说明测试执行的其他情况。

5.1.2　第 n 次回归测试

本次测试的被测对象版本为:×.××

5.1.2.1　测试时间

测试开始日期:

测试结束日期:

5.1.2.2　测试人员

测试人员如表 13-9 所示。

表 13-9　测试组人员组成表

序号	角色	姓名	职称	主要职责

5.1.2.3　测试用例执行情况

测试用例执行情况如表 13-10～表 13-13 所示。

表 13-10　测试用例执行情况统计表

测试项个数			
设计的测试用例总数			
完全执行的测试用例数		通过的测试用例数	
		未通过的测试用例数	
部分执行的测试用例数		未通过的测试用例数	
未执行的测试用例数			

表 13-11　测试依据与测试项追踪关系表

序号	测试依据标识	测试依据	测试项名称或未追踪原因说明

表 13-12　测试类、测试项、测试用例关系表

序号	测试类名称/标识	测试项名称/标识	测试用例名称/标识

表 13-13　测试用例执行结果统计表

序号	测试用例名称	测试用例标识	执行状态	执行结果	问题步骤	问题报告单标识

5.1.2.4　未完整执行测试用例的原因说明

　　说明未完整执行测试用例的原因,并分析对测试结论的影响。

5.1.2.5　测试执行情况的其他说明

　　说明测试执行的其他情况。

5.2　软件问题

5.2.1　首次测试

　　说明首次测试发现被测软件问题情况,如表 13-14～表 13-16 所示。

表 13-14　提交问题分类统计表

问题类别 ＼ 严重性等级	第 1 级问题	第 2 级问题	第 3 级问题	第 4 级问题
计划				
方案				
需求				
设计				
编码				
数据库/数据文件				
测试信息				
使用性文档				
其他				
总计				

表 13-15　问题在测试类型中分布统计表

测试类型 ＼ 严重性等级	第 1 级问题	第 2 级问题	第 3 级问题	第 4 级问题
安装性测试				
文档审查				
功能性测试				
接口测试				
人机交互界面测试				
可靠性测试				
安全性测试				
余量测试				
强度测试				
总计				

首次测试共发现问题××个,其中,按照问题类别,编码类问题××个……;按照问题严重性等级分,1级问题××个……;按照测试类型,安装性问题××个……

表 13-16　软件问题报告处置情况及其影响域分析一览表

序号	软件问题标识	是否更动	影响域分析	
			说明	涉及的测试依据

5.2.2　第 *n* 次回归测试

描述第 *n* 次回归测试的问题情况。

5.3　测试的有效性、充分性说明

对照测试计划,根据测试需求分析、测试策划、测试设计与实现、测试执行、测试总结等阶段的实施情况以及发现的软件问题,对测试的有效性、充分性进行分析说明。

6　评价结论与改进建议

6.1　评价结论

根据测试计划中测试通过准则,按照被测软件开发要求或系统开发要求、软件需求规格说明及其他等效文档规定的书面要求和隐含要求,结合测试结果,对被测软件的质量作全面评价,对被测软件满足开发要求的情况,是否通过测试给出明确的结论。

若存在遗留问题,应分析遗留问题对系统可能的影响。

6.2　改进建议

结合测试的具体情况,提出对被测软件质量的改进建议。

附录 A　软件测试记录

附录 B　软件问题报告

13.3　软件测试报告示例

本节对测试过程概述、未执行测试用例情况说明、测试有效性充分性说明、评价结论、改进建议、问题报告等内容给出了编写示例。

13.3.1　测试过程概述

测试过程概述主要说明测试过程中的主要活动。目的是梳理测试过程中的主要问题和解决情况,避免因测试过程的不规范导致未实现测试目标。在说明测试过程时一般应按照测试过程的顺序描述各测试活动的开展情况,重点说明存在的问题和解决情况。

4　测试概述

4.1　测试过程概述

20××年××月××日在接受测试任务之后,就测试工作交办方提出的测试级别、测试类型、测试内容、测试时间,以及被测软件和测试环境等进行了分析和研究。根据软件测试任务要求、组建了软件测试组,并着手协调所需测试场所和设备。本次测试包括首次测试和第×次回归测试,现将测试过程中的主要情况进行说明。

4.1.1 测试需求分析和测试策划

20××年××月××日接收《××××软件·软件需求规格说明》《××××软件·软件设计说明》《××××软件·软件测试任务书》《××××软件·软件使用说明》，文档内容及文档签署完整。

软件测试组遵循质量管理体系的相关规定和相关要求，根据《××××软件·软件需求规格说明》《××××软件·软件设计说明》《××××软件·软件测试任务书》，对软件进行了测试需求分析、确定了测试级别、测试类型、测试项。对软件测试所采取的测试策略、技术方法、测试资源、测试进度、测试风险、结束条件、评价方法等进行了测试策划。

按照软件测试需求分析和测试策划的结果，并按照软件测试计划编制要求，提出了测试任务的测试范围、测试级别、测试类型、测试策略、测试项、测试技术方法、测试环境和资源、测试数据、测试进度、测试风险、结束条件、评价方法、通过准则、质量保证、配置管理等要求，形成软件测试计划。

20××-××-××，对测试计划进行了评审，软件测试组根据与会专家意见修改了软件测试计划。

4.1.2 测试设计和实现

20××-××-××—20××-××-××，依据《××××软件·软件测试计划》，软件测试组编写了软件测试说明，在测试说明中对需要分解的测试项进行层次化分解，对最终分解后的测试项进行测试用例的设计，包括用例名称、用例标识、前提、约束、测试方法、测试步骤、输入数据、预期结果、判定准则、结束条件等内容，共设计测试用例××个，并建立了测试项与测试依据的追踪关系，形成了软件测试说明文档。

20××-××-××—20××-××-××，测试组与开发方对测试环境和测试数据进行了验证。

20××年××月××日，就人员是否在位、场所是否落实、设备是否到位，测试环境和测试数据是否满足测试活动要求组织进行了评审，最终确定可以开展软件测试执行工作。

4.1.3 测试执行

4.1.3.1 第 1 轮测试

20××-××-××—20××-××-××，测试组首先对被测软件(版本：×.××)文档进行文档审查，文档审查采取文档审查单方式对相关文档的齐套性、完整性、一致性和准确性进行审查。

随后开始进行动态测试，按照《××××软件·软件测试说明》执行测试用例，测试过程中客观、详细填写测试记录。并根据每个测试用例的期望测试结果、实际测试结果和评估准则判定测试用例是否通过。执行测试用例××个，发现问题××个，形成问题报告单××份。

4.1.3.2 第 n 次回归测试

开发方对测试组发现的问题进行了确认，并对部分问题进行了修改。根据被测软件修改情况，20××-××-××，测试组对修改后的被测软件(版本：×.××)更改影响域进行了分析，确定了回归测试策略，设计回归测试用例 ××个，并在原有测试环境中执行了测试。执行测试用例××，未发现新的问题(或发现问题××个，形成问题报告单××份)。

13.3.2 未执行测试用例情况说明

在测试执行过程中，常因各种问题导致测试用例无法执行，测试报告中应详细说明未执行测试用例的原因，目的是分析未完整执行的测试用例对整个测试工作的影响，以及对软件整体评价的影响。

这一部分内容的说明应包括未执行测试用例以及未完整执行测试用例情况的说明，并分析未执行或未完整执行的原因。

5.1.1.4 未完整执行测试用例的原因说明

软件测试过程中部分测试用例未执行或部分执行，其执行状态和未执行或部分执行原因说明如表 13-17 所示。

表 13-17　用例的未执行或部分执行原因说明

序号	测试用例名称/标识	执行状态	未执行或部分执行原因说明
1	系统状态评估 ZHZX_FU_FZJC_SSPG_01	部分执行	软件为辅助决策提供了一个进行规则编辑的可视化平台,但是对于系统状态评估、任务执行情况评估、节点信息评估、关键参数信息评估等未建立评估所需规则集,因此,该用例未完整执行
2	设备状态及完成工作质量评估 ZHZX_FU_FZJC_SSPG_04	部分执行	软件为辅助决策提供了一个进行规则编辑的可视化平台,但是对设备状态评估及完成工作质量未建立评估所需的规则集,因此,该用例未完整执行
3	资源自动分配 ZHZX_FU_ZHZH_RWSZ_09	部分执行	软件未实现任务资源自动分配功能
4	指挥信息查询 ZHZX_FU_ZHZH_SJXF_04	部分执行	软件实现了从数据库获取并列表显示地点、设备、进程等信息,但未实现对信息的分类和综合查询
5	气象系统关键信息显示接口 ZHZX_IF_ZHGL_IN_04	未执行	由于与气象系统接口格式尚未明确,未进行相关测试
6	操作员登录测试 ZHZX_SC_INPUT_01	未执行	软件未实现用户权限控制功能

　　上述未执行测试用例主要原因是软件未实现相关功能和接口等,因此对软件进行评价时应重点说明这部分功能和接口。

13.3.3　测试有效性、充分性说明

　　测试有效性、充分性说明是对照测试计划,根据测试需求分析与测试策划、测试设计与实现、测试执行、测试总结等阶段的实施情况以及发现的软件问题,对测试的有效性、充分性进行分析说明。目的是通过分析保证测试的有效性和充分性。

　　这一部分内容主要是分析测试类型是否符合测试任务要求,测试环境是否满足测试执行的要求,测试项是否覆盖了测试需求和隐含需求,测试用例设计是否覆盖了所有测试项,设计是否合理充分,测试记录是否详细、完整和准确。

> 5.3　测试的有效性、充分性说明
> 　　测试组按照软件测试计划、测试说明的要求完成了测试,测试过程依照质量管理体系的规定实施。
> 　　选取的测试类型符合测试任务要求,测试环境满足测试执行的要求,测试项覆盖了测试需求和隐含需求规定的内容,测试用例覆盖了测试项,测试用例设计合理、充分,测试用例全部执行,测试记录详细、完整和准确。

13.3.4　评价结论

　　评价结论是根据测试计划中的测试通过准则,按照被测软件开发要求或系统开发要求、

软件需求规格说明及其他等效文档规定的书面要求和隐含要求,结合测试结果,对被测软件的质量作全面评价,对被测软件满足开发要求的情况、是否通过测试给出明确的结论。如果存在遗留问题,应分析遗留问题对系统可能的影响。

评价结论应客观、准确和清晰,避免使用笼统的语言对软件质量进行评价,应按照测试计划中明确的评价方法进行评价。一般评价结论应从软件需具备的功能、性能、接口、人机交互界面、安全性、余量和安装性等进行具体说明。

6.1　评价结论

根据对软件进行的首次测试(被测软件的版本为 3.14)情况和针对首次测试发现的问题及更动情况进行的回归测试(被测软件的版本为 3.15)情况,对软件分别从功能、接口、性能和其他等方面进行质量评估。

(1) 功能

① 实现了软件初始化功能。能够通过装订配置文件进行初始化;但对配置文件异常的容错处理需进一步加强。

② 实现了安全保护功能。被测软件启动时需输入安全保护密码。

③ 实现了数据通信功能。能够通过 RS422 接口接收控制系统数据,向控制系统发送数据。

④ 实现了显示功能。被测软件 7 个显示页面的显示内容,与模拟发送的数据内容一致,显示功能正确。

⑤ 实现了数据传输与比对功能。能够向控制系统发送数据,并根据回传结果,向控制系统发送回传比对正确或不正确的结果。

⑥ 实现了数据保存功能。能够对所接收的数据进行保存,包括命令、回令、状态和参数。状态数据保存时的文件名满足要求。

⑦ 实现了数据处理功能。能够对状态数据和测试参数数据进行分类处理。

⑧ 实现了数据回放功能。能够对状态数据和测试参数数据进行分类回放;数据回放功能具有数据选择页面,该页面中可对路径、文件进行选择;状态数据回放时间间隔为:0.1 s、0.5 s、1 s 和 5 s,测试参数数据回放时间间隔为 100 ms,不可选择。

⑨ 实现了软件版本显示功能。软件版本升级后,通过更改配置文件中的软件版本信息,例如版本号等,即可达到软件版本信息更新的目的。

⑩ 实现了强制退出功能。被测软件在正常运行的任何阶段,都可以通过人为的干预,终止软件的运行,实现强制退出。

⑪ 实现了设备自检功能。能够对主计算机 RS422 及可编程触摸键盘的初始化结果进行显示。

(2) 性能

采集时间间隔小于等于 300 ms。被测软件启动后,定时采集命令开关和按钮的"开""闭"状态。测试时连续观察 100 s 采集时间,平均 1 s 记录 4.5 次,采集时间平均值为 222.22 ms,小于 223 ms。共重复 3 次,结果相同,满足采集时间间隔小于等于 300 ms 的要求。

(3) 外部接口

对被测软件与控制系统的接口进行了测试,对符合接口格式的正常数据能够正确处理;对帧头异常、数据长度异常、识别符异常、参数代号异常和帧尾异常等具有容错能力。

(4) 其他

① 对数据帧发送频率的强度进行了测试,测试结果表明,1 ms 发送 1 帧时,被测软件仍然能够实时接收和显示;对逐字节发送的字节间隔进行了强度测试,字节和字节间的发送间隔为 0 ms 时,被测软件接收不到数据,设置为 1 ms 时,被测软件能够接收到数据,设置为 190 ms 时,被测软件能够接收到数据,当大于 190 ms 时,被测软件接收不到数据。

② 对软件的人机交互界面、余量、安装性、安全性、可靠性等进行了测试,满足测试要求。

通过对被测软件进行文档审查,以及对功能、性能、接口、余量、安装性、人机交互界面、安全性、可靠性、强度等方面的测试,测试组认为:被测对象符合被测软件需求规格说明和评测任务书的要求。

上述示例是软件定性的评价结论,下面给出一个定量的评价结论的示例。定量综合评价可以使用软件质量综合评价表和雷达图进行描述。

6.1　评价结论

　　根据软件测试计划中提出的软件定量评价方法和测试结果,软件质量综合评价情况如表 13-18 和图 13-1 所示。

表 13-18　软件综合评价表

综合评价项	质量特性	质量子特性	度量项	度量值	度量项加权值	子特性值	子特性加权值	特性值	特性加权值	评价项值	评价项值加权值	综合评分
质量评价模型	功能性	适合性	功能实现覆盖率	1	0.5	0.953	0.333	0.927	0.24	0.875	0.75	0.854
			功能正确实现率	0.907	0.5							
		互操作性	数据交换格式实现率	0.9	1	0.9	0.271					
		安全性	软件访问控制成功率	1	0.5	1	0.245					
			数据访问控制成功率	1	0.5							
		依从性	文档标准化实现率	0.8	1	0.8	0.151					
	可靠性	成熟性	失效率	0.948	0.5	0.922	0.5	0.711	0.219			
			故障率	0.897	0.5							
		容错性	误操作避免率	0.5	0.5	0.5	0.5					
			双工/双路切换成功率	0.5	0.5							
	效率	时间特性	快速响应时间符合率	1	1	1	1	1	0.169			
	易用性	易操作性	操作难易度	0.9	1	0.9	0.365	0.9	0.138			
		易学性	易学程度	0.9	1	0.9	0.323					
		易理解性	易理解程度	0.9	1	0.9	0.313					
	可维护性	易分析性	失效原因查找成功率	0.667	0.5	0.833	1	0.833	0.148			
			日志记录实现率	1	0.5							
	可移植性	易安装发性	安装支持等级	0.9	0.333	0.933	1	0.933	0.088			
			安装时间符合性	1	0.333							
			安装操作等级	0.9	0.333							
软件工程化	—	—	项目组人员三分离情况	0.75	0.167	0.79	1	0.79	1	0.79	0.25	
			项目开发管理人员接受培训情况	0.643	0.167							
			软件工具使用情况	0.85	0.167							
			软件研制进度控制	0.85	0.167							
			阶段评审有效性	0.8	0.167							
			项目配置管理执行情况	0.85	0.167							

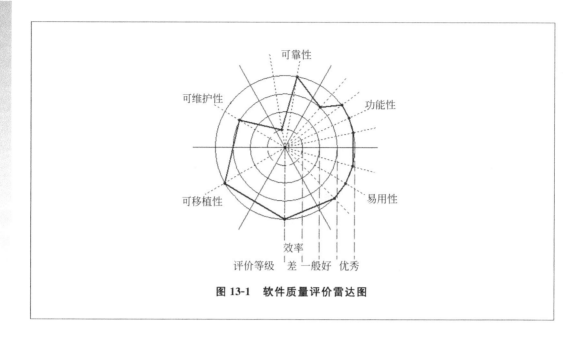

图 13-1　软件质量评价雷达图

13.3.5　改进建议

测试报告提出的改进建议是开发组织提高软件质量,进行软件过程改进的重要信息,因此测试人员应认真分析测试结果,提出切实可行的改进建议。软件测试报告中改进建议应包括如下具体内容:

(1) 对系统存在问题的说明,描述测试所揭露的软件缺陷和不足,以及可能给软件实施和运行带来的影响;

(2) 可能存在的潜在缺陷和后续工作;

(3) 对缺陷修改和产品设计的建议;

(4) 对过程改进方面的建议。

15.2　改进建议

通过对被测软件的功能、性能、接口、人机交互界面等方面进行测试,对被测软件提出以下改进建议。

(1) 增加软件界面显示的易理解性。

① 控制中心页面栏过短(最多显示 17 个选项),导致选项个数大于 17 个时,不能实时显示当前发送的最新选项。

② 控制中心页面上"故障状态"栏故障代码字段、"故障处理"栏、"最新状态"栏显示的不是当前接收的数据的最新状态,这些字段只记录最近一次正常值,会导致正常、异常数据同时发送后,如果继续发送相同状态的数据,从控制中心页面看不出当前最新数据是什么。

(2) 增加配置文件的容错处理能力。

① 配置文件 PortIO.ini 文件设置波特率为 0,重启软件后,主机蓝屏,退出系统,需重新手动启动计算机。

②　配置文件 Parameters. txt 中参数序号异常时,被测软件不能正常启动。设置配置文件 Parameters. txt 内容为 a、*、3、4、5、6、7;重启软件后,主进程界面未出现,查看任务管理器,xkt. exe 进程占用 CPU 为 100%,内存占用不断增加,直至溢出,软件给出"OUT OF MEMORY"的提示信息后,显示软件主界面;PortIO. exe 进程未启动,不能正常进行数据收发。从任务管理器将 xkt. exe 进程结束后,重启软件,软件能够正常运行。

③　配置文件 TZL. txt 中存在非法字符时,软件不能正常启动;且此时再次启动软件,能够有两个 xkt. exe 进程同时运行,不满足进程互斥要求。将配置文件 TZL. txt 中第 2 行的 0 改为 a(非法,只能为数字);重启软件,软件未能正常启动,观察任务管理器,xkt. exe 进程占用 CPU 为 100%。此时再次点击桌面上被测软件的运行图标,尝试重启软件,发现任务管理器中有两个 xkt. exe 进程,不满足进程互斥要求。

④　设置配置文件 PortIO. ini 中与控制系统的波特率为 9600(异常值),重启软件后,期望结果为显示"触摸屏自检正常";实测结果为,有时显示"不能打开触摸屏端口",有时显示"触摸屏自检正常"。

(3)　建议软件在点击"OC 卡传输"后,再对接收的数据进行比对。测试时,未点击"OC 卡传输",模拟发送回传数据,期望结果为不显示比对结果;实测结果为界面显示对比结果为不正确。

(4)　建议开发组织在类似软件的开发过程中增强软件容错能力设计。

13.3.6　软件问题报告

软件问题报告是开发组织修改软件,提高软件产品质量的依据,因此测试人员应清晰、详实、准确地记录软件问题现象。

软件问题报告单的内容包括问题标识、被测对象、版本、问题类别、问题严重性等级、关联的测试用例、问题描述、修改建议、报告人和报告日期,如表 13-19 所示。若是第三方测试问题报告,可能还包括设计师意见、更动说明、审批意见等。

表 13-19　软件问题报告单示例

问题标识	TRAIN_DT_9			
被测对象	火车订票模拟软件		版本	3.14
问题类别	□计划　□方案　□需求　□设计　☑编码　□数据库/数据文件 □测试信息　□使用性文档　□其他编码			
问题严重性等级	□1 级	□2 级	☑3 级	□4 级

关联的测试用例及其在测试记录中的章节号

2.2.12.16　列车在某车站到达时刻等于前一个车站的发车时刻(TRAIN_UI_NTR_16)

问题描述:新建列车时,未检查某站的到达时刻与前站的发车时刻相等的错误情况。

按照《火车订票模拟软件用户使用手册》5.6.4 节规定要求"列车在一个车站的到达时刻必须大于前一个车站的发车时刻"。

实际测试发现当列车在一个车站的到达时刻等于前一个车站的发车时刻时,按"确定"控件进行合理性检查认为正常。

如图 13-2 中的"武汉"站,其到达时间为 05:20,前一站"上海虹桥"的发车时间为 05:20,二者相等,但却通过合理性检查,不符合《火车订票模拟软件用户使用手册》5.6.4 节的相应要求。

续表

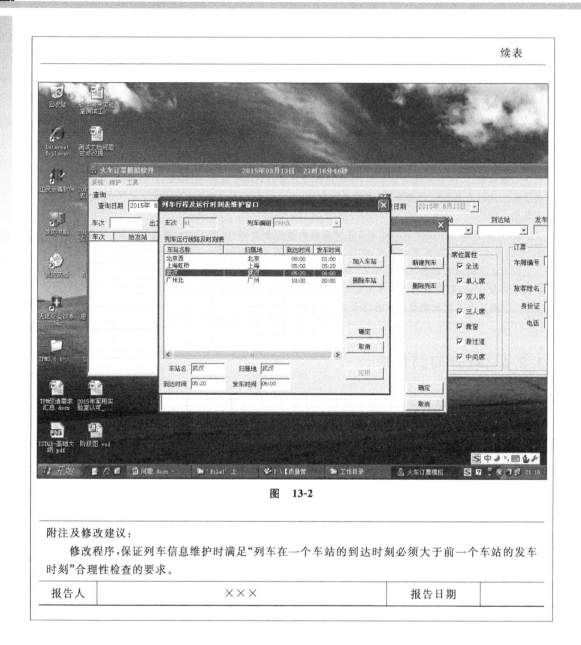

图 13-2

附注及修改建议:

　　修改程序,保证列车信息维护时满足"列车在一个车站的到达时刻必须大于前一个车站的发车时刻"合理性检查的要求。

报告人	×××	报告日期	

13.4　软件测试报告常见问题

　　测试总结不仅对被测软件的情况进行分析,为软件质量的改进提供依据。同时,也需要对测试工作本身的情况进行总结,为测试工作的持续改进提供依据。测试总结常见问题如下:

　　(1)被测软件的描述不全面。经常缺少软件关键等级、使用环境、主要技术指标、软件规模与开发语言等信息。

　　(2)软件版本说明不准确。特别是进行了多次测试时,测试报告中应准确描述每次测试的被测软件版本。常见问题是未说明每次被测软件的版本信息或版本信息与实际不一致。

（3）在说明测试过程时，当有多轮测试时应说明每次测试的软件版本，以及软件主要的更改情况。问题情况的分析和描述要准确，经常存在问题情况与实际不一致的问题。

（4）测试环境的描述与测试计划和测试说明中描述的不一致。测试报告中存在测试环境与实际测试环境不一致的问题，也存在测试报告中描述的测试环境与测试计划中测试环境不一致问题，且未分析和说明，也未分析在此环境下实施测试获得的测试结果的有效性。

（5）对测试用例执行情况分析不准确、不全面。常见问题表现在对测试用例执行数据分析不准确，且对未执行或部分执行的测试用例未说明具体原因。

（6）对软件问题的统计分析数据不准确。对按问题严重性等级/问题类别、测试类型/问题严重性等级的数据分析不准确。另外，对未修改的问题没有进行详细、深入地分析，未说明可能对系统的影响。

（7）对软件的评价客观性不足。大多数问题表现在评价结论笼统，使用了不确定的用语，建议用列项或表格化方式列出软件应满足的功能、性能、接口等要求，并明确说明每一项的满足情况。

（8）缺少对被测软件的改进意见。测试报告中应根据软件测试的情况对被测软件质量、管理等方面提出改进意见和建议。

（9）测试记录常见问题如下：

① 未记录被测软件版本信息；

② 未记录详细的输出结果，只给出了测试步骤通过与否的判断，测试记录应客观、详细、准确和完整，而不是只给出判断性的结论；

③ 测试结果有数值时，未记录实际量值；

④ 当有多次测试执行结果时，未逐一记录。

（10）软件问题报告常见问题如下：

① 未记录出现问题的软件的版本信息；

② 缺少软件问题严重性等级的定义的说明，且对每个软件问题严重性等级的划分较为随意；

③ 缺少软件问题与测试用例的追踪关系，或追踪关系不正确；

④ 问题描述不具体详细，造成问题无法复现。

软件回归测试方案

软件回归测试方案是软件回归测试的策划文档,它对回归测试的范围、内容、策略及环境要求等做出清晰、完整地策划。软件回归测试方案是软件回归测试的前提,其内容是否全面、合理是保证回归测试设计充分、高效开展的必要条件。

软件回归测试方案的重要作用体现在以下 4 个方面。

(1) 为回归测试过程中各活动节点安排时间进度,避免回归测试活动的随意性,有利于软件回归测试活动的有效统筹与及时开展。

(2) 依据软件的更动范围进行更动影响域分析,针对影响域范围进行回归测试设计,提高回归测试设计的针对性和效率。

(3) 明确软件回归测试的测试策略,为回归测试的顺利开展确定适合的测试方法和测试准备保障。

(4) 明确软件回归测试依据与回归测试设计之间的追踪关系,避免回归测试的设计冗余并保证回归测试设计的充分性。

软件回归测试方案针对被测软件的更动情况进行具体描述,参照被测方对软件更动影响域的分析进行软件测试的影响域分析,进行回归测试的策划及回归测试用例的设计,该文档还包括回归设计与回归测试依据的追踪情况、回归测试策略、回归测试环境、回归测试人员、回归测试进度计划等信息。制定软件回归测试方案具体活动如下。

(1) 确定回归测试的测试依据。

(2) 标识被测软件较其更动前所做的所有改变。

(3) 根据软件更动情况参照被测方的更动说明进行软件更动影响域分析,明确更动影响域范围及测试要求。

(4) 针对更动影响域范围进行回归测试设计,确定回归测试的用例信息。

(5) 确定回归测试环境及安装、验证与控制要求,并进行测试环境差异与有效性分析。

(6) 确定参加回归测试的人员安排。

(7) 确定回归测试进度计划。

(8) 确定回归测试策略。

(9) 确定回归测试的测试依据与测试设计之间的追踪关系。

制定软件回归测试方案的策略如下。

(1) 软件回归测试方案编写依据:被测方的软件更动报告、软件需求规格说明文档。

(2) 软件回归测试方案编写时机:被测方更动完毕并提交软件更动报告后。

（3）软件回归测试方案编写人员：应由测试人员进行编写。

（4）软件回归测试方案的变更：应根据软件更动情况变化，及时覆盖软件更动。

（5）软件回归测试方案的评审：软件项目参与人员评审软件回归测试方案的内容是否全面、合理、可行。评审内容主要包括：

① 更动影响域分析是否充分，回归测试类型及其测试要求是否适合；

② 测试策略是否合理；

③ 测试设计是否完整，采用的技术和方法是否适合；

④ 测试用例的设计是否充分、可行；

⑤ 是否确定了测试进度及人员安排，其安排是否合理、可行；

⑥是否确定了回归测试环境及其安装、验证与控制要求；

⑦ 是否进行了测试环境差异与有效性分析，分析是否合理；

⑧ 是否确定了回归测试的测试依据与测试设计之间的追踪关系，其追踪关系是否真实、全面；

⑨ 文档是否编制规范、内容完整、描述准确一致。

（6）软件回归测试方案的管理：软件回归测试方案应按照配置管理的要求进行管理。

（7）软件回归测试方案的原则：软件回归测试方案应按照严格依据更动情况进行影响域分析、测试设计覆盖影响域范围、回归策略与回归进度安排合理可行、回归测试设计充分并简约的原则制定和管理。

14.1　软件回归测试方案的编写要求

回归测试前被测方应提交软件更动报告，将所有更动的原因、更动前后的代码对比、更动涉及的软件功能、性能、接口等信息描述在其中。测试方将基于软件更动报告进行软件回归测试方案的编写。

软件回归测试方案应满足如下要求。

（1）对每个软件更动进行标识，并说明更动的具体情况。可按照更动类型，对软件更动进行标识及说明。在黑盒测试中，软件更动一般包含以下 4 种类型。

① 纠错性更动，纠正在软件开发过程中发现的错误，包括：

a. 设计错误；

b. 程序错误；

c. 数据错误；

d. 文档错误。

② 适应性更动。为适应软件运行环境改变而进行的更动，包括：

a. 影响系统的规则或规律的变化；

b. 硬件配置的变化，如机型、终端、外部设备的改变等；

c. 数据格式或文件结构的改变；

d. 软件支持环境的改变，如操作系统、编译器或实用程序的变化等。

③ 完善性更动。为扩充功能或改善性能而进行的更动,包括:

a. 为扩充和增强功能而作的更动,如扩充解题范围和算法优化等;

b. 为改善性能而作的更动,如提高运行速度、节省存储空间等;

c. 为便于维护而作的更动,如为了改进易读性而增加一些注释等。

④ 预防性更动。在问题发生之前,为防止问题发生所进行的更动,包括:

a. 在吸取其他软件的经验教训的基础上或对其他发生过的问题"举一反三"后,为预防问题的发生对软件进行更动,如增加软件防"跑飞"措施等;

b. 为改进软件的可维护性或可靠性,或者为了给未来的改进奠定更好的基础而更动软件,如采用逆向工程与重构工程等先进技术更动或重构已有的系统,产生一个新版本。

在软件回归测试方案中,将软件更动报告中说明的所有更动按照上述更动类型进行分类,对各类更动包含的每个软件更动进行标识,并说明其更动的具体情况。

(2)依据被测方的更动情况进行更动影响域分析。基于被测方的软件更动报告中对每个更动的说明,分析得到更动所涉及的被测软件的需求部分。在此基础上,如果被测软件有新增的需求,应将其加入构成回归测试的软件需求集合,这个需求集合就是更动影响域的分析结果,也是下一步回归测试设计的依据。上述更动影响域分析完成后应将每个更动的分析结果写入软件回归测试方案。

(3)回归测试设计应严格依据更动影响域的分析结果展开,所设计的回归测试用例应覆盖更动影响域的范围。更动影响域对应的软件需求部分一经确定,前次测试中针对这些需求部分所设计的所有测试用例,应当作为本次回归测试的缺省用例集合再次被执行。为了避免这个集合的冗余,保证回归测试的充分、高效开展,就必须要求将更动影响域分析到位,更动影响域所对应软件需求部分的分析结果应尽量准确、细化。在上述已有缺省用例集合选取的基础上,测试人员可增加新的测试用例,使更动影响域所对应的软件需求全部被测试设计覆盖到。软件回归测试方案中应包含所有的软件回归测试用例描述。测试用例的信息包括:测试用例名称、测试用例标识、测试用例综述、用例初始化信息、用例执行的前提和约束、用例设计方法、是否为新增用例、测试用例终止条件、测试用例通过准则、设计人员以及用例的测试步骤信息(包括每一步的输入及操作、期望结果与评估标准)。

(4)回归测试策略的描述应明确、具体,其内容可包括:回归测试目的及依据说明,确定回归测试用例集合的策略,功能及性能等测试所采用的策略,用例设计方法说明,测试结果的分析策略,需要配合测试的其他要求说明等。如果测试中需要模拟测试数据,应详细说明需要模拟哪些数据,测试数据的准备策略,模拟测试数据的相应工具支持等信息。

(5)回归测试进度及测试人员的安排应合理、可行,对回归测试过程中每项工作的工作内容、预计开始时间、预计结束时间、主要完成人等信息进行描述。

(6)应对回归测试依据与测试用例的追踪关系进行描述。回归测试依据就是更动影响域所包含的所有软件需求集合,应将组成该集合的全部需求依次列出,对各项需求所设计的用例情况分别进行统计。可用测试依据与测试用例的追踪关系表的形式进行展示。要求每项回归测试需求应设计相应用例进行覆盖,以保证回归测试的充分性;而每个测试用例也应有相关联的测试需求,以避免冗余设计的发生。

14.2　软件回归测试方案的内容

软件回归测试方案

1　范围

1.1　标识

写明本文档的：

(1) 标识；

(2) 标题；

(3) 本文档的适用范围；

(4) 本文档的版本号。

1.2　被测软件概述

概述被测软件的下列内容：

(1) 被测软件的名称、版本和用途；

(2) 被测软件的组成、功能、性能和接口；

(3) 被测软件的开发和运行环境等。

1.3　文档概述

概述本文档的用途和内容。

1.4　与其他文档的关系

概述本文档与其他文档之间的关系。

2　引用文件

按文档号、标题、编写单位(或作者)和出版日期等,列出本文档引用的所有文件。

3　术语和定义

本章给出所有在本文档中出现的专用术语和缩略语的确切定义。

4　测试环境

4.1　测试环境概述

对回归测试的测试环境进行描述,可用测试硬件环境图、测试环境示意图等形式进行说明。

4.2　测试环境配置

对上述测试环境概述中用到的所有软、硬件资源的名称、配置情况、数量、说明及维护人等信息进行说明,如表 14-1 所示。

表 14-1　测试资源配置表

序号	资源名称	配置	数量	说明	维护人

4.3　测试环境的安装、验证与控制

4.3.1　安装

说明测试环境的安装要求。包括被测软件运行所需的软/硬件环境的负责安装、维护人员要求；被测软件安装介质的提供人员要求；确认所提供的软件版本、介质的人员要求；负责安装人员要求；测试程序及其运行环境的相关要求等。

4.3.2　验证

对测试环境是否满足测试要求而进行的验证情况说明。包括验证时机、验证人员、协助验证人员、验证内容等要求。如果被测软件的运行环境不满足或测试程序不满足的相应处理。

4.3.3 控制

说明测试环境的管理控制要求。

4.3.4 测试环境差异与有效性分析

对测试环境与软件实际运行环境的差异进行分析,并说明测试环境是否有效。

5 测试人员安排

测试人员安排如表 14-2 所示。

表 14-2 测试人员安排表

序号	角色	姓名	职称	主要职责

6 测试进度计划

测试进度计划如表 14-3 所示。

表 14-3 测试进度计划表

序号	工作内容说明	预计开始时间	预计完成时间	主要完成人	备注

7 测试策略

说明软件回归测试的相应策略。其内容可包括回归测试目的及依据说明,确定回归测试用例集合的策略,功能及性能等测试所采用的策略,用例设计方法说明,测试数据的准备策略,测试结果的分析策略,需要配合测试的其他要求说明等。

8 测试分析与设计

8.1 软件更动说明

8.1.1 问题引发更动说明

对由于问题修改而引发的更动(就是前面介绍的纠错性更动)进行说明。

对前次所发现问题与更动情况进行说明。如果问题发生了更动,应标识更动并说明其更动情况;如果问题未发生更动,应说明未更动的原因,如表 14-4 所示。

表 14-4 问题引发更动情况说明表

序号	问题名称/标识	是否更动	更动标识	更动/未更动说明

8.1.2 其他软件更动说明

对其他更动(包括前面介绍的适应性更动、完善性更动、预防性更动)进行说明。

对更动进行标识并说明其更动情况,如表 14-5 所示。

表 14-5 其他软件更动情况说明表

序号	更动标识	更动说明

8.2 软件更动影响域分析

说明每个更动的影响域分析结果。应说明更动影响到哪些需求项,如表 14-6 所示。

表 14-6　软件更动影响域分析表

序号	更动标识	影响域分析

9　回归测试说明

　　该章说明回归测试的设计情况。说明回归测试要进行哪些测试类型的测试,每种测试类型有哪些测试点(即测试项),每个测试项下有哪些测试用例。

　　可用以下的多层次章节结构进行说明。层次结构包括测试类型、测试项和测试用例。测试项和测试用例信息可体现在表 14-7 和表 14-8 中。如果测试项、测试用例为新增,则应在相应表格中标示出来。

9.1　(测试类型名称)

9.1.1　(测试项名称)

表 14-7　测试项示例

测试项名称		测试项标识	
测试项说明			
测试方法			
测试充分性要求			
测试项终止条件			
优先级		是否新增	
追踪关系			

9.1.1.1　(测试用例名称)

表 14-8　测试用例示例

测试用例名称		标识	
测试用例综述			
用例初始化			
前提和约束			
设计方法		是否新增	
测试步骤			
序号	输入及操作	期望结果与评估标准	
1			
2			
测试用例终止条件			
测试用例通过准则			
设计人员			

9.1.1.2 （测试用例名称）
　　...
9.1.1.X （测试用例名称）
　　...
9.1.2 （测试项名称）
9.1.2.1 （测试用例名称）
　　...
9.1.2.Y （测试用例名称）
　　...
9.1.Z （测试项名称）
　　...
9.2 （测试类型名称）
　　...
9.W （测试类型名称）
　　...

10　测试追踪关系

说明回归测试依据与回归测试用例设计的追踪情况，如表14-9所示。

表14-9　测试依据与测试用例的追踪关系表

序号	测试依据标识	测试依据名称	测试用例标识	测试用例名称

14.3　软件回归测试方案编写示例

14.3.1　文档概述

文档概述是对本文档的主要内容进行说明，其内容应包括文档的编写依据、文档的主要内容信息等。

1.3　文档概述

该文档是×××软件的软件回归测试方案。

该方案依据《×××软件需求规格说明(V1.1)》中针对×××软件的更动说明，针对软件的更动情况进行具体描述，参照被测方对软件更动影响域的说明进行软件测试的影响域分析，进行了回归测试的策划及回归测试用例的设计，该文档还包括回归测试用例与软件需求及更动的追踪情况、回归测试策略、回归测试环境、回归测试人员、回归测试进度计划等信息。

14.3.2　回归测试策略

回归测试策略是对回归测试的设计及执行策略进行说明，其内容可包括回归测试方法、测试用例设计方法、搭建测试环境的策略以及为满足充分性要求所做的考虑等。

---

7 测试策略

本次测试是在软件真实运行环境下进行的配置项级的回归测试。软件测试策略主要有以下内容。

根据软件改造需求和更动情况进行影响域分析，测试内容应覆盖全部更动及其影响到的区域。

测试主要采用黑盒测试方法，通过提供模拟输入、捕获软件输出并与期望结果比对的方式进行。模拟输入数据和期望结果数据主要采用先前成功型号（如××任务）的实际测量数据，必要时，对数据进行适当修改或加工。

×××配置项数据入接口主要是各种数据文件和菜单文件，采用文件拷贝或在已有文件上修改的方式实现。××配置项数据出接口有文件、电文两种形式。对电文形式的输出，通过在×××终端查看的方式进行捕获分析；对文件形式的输出，直接在指定目录下查看和分析。

在软件更动影响域分析的基础上开展测试用例设计，通过选取和沿用已有测试用例、对已有测试用例进行修改以及新增测试用例的方式实现对测试需求的全覆盖。

采用等价类划分、边界值分析、错误推测法等测试用例设计方法，设计有针对性的测试用例。对于每项功能或接口，一般应设计正常的和异常的测试用例，测试输入应包括有效等价类值、无效等价类值和边界数据值等多种情况。

除功能外，还应对软件更动可能影响到的性能指标或其他质量因素进行测试。

对于性能指标，一般采取在软件系统的不同运行状态下多次测试取统计值的方法以保证测试结果的准确性。

除正常情况外，还应考虑功能、接口等对异常情况的容错处理能力，重点关注软件输出结果的格式和内容正确性。

14.3.3 软件更动影响域分析

软件更动影响域分析是对软件更动后的影响范围进行描述，其内容应明确更动所涉及到的软件功能、性能及接口等。影响域分析结果越精确越有利于回归测试的高效开展。

8.2 软件更动影响域分析

软件更动影响域分析如表 14-10 所示。

表 14-10 影响域分析表

序号	更动标识	影响域分析
1	GD_×××-01	该更动修改了××参数类的××方法。当接收××数据时改变设备工作状态中的工作状态值，不会对其他××设备的工作状态参数值产生影响。相关代码更动没有修改其他输出数据帧处理类的接口、调用关系。对整个××软件程序整体性、设计兼容性、程序结构标准化和软件操作等方面不产生影响。因此该软件更动的影响域只涉及对被测软件××功能中接收××数据的处理

14.4　软件回归测试方案的常见问题

在编写软件回归测试方案中常见的问题如下。

（1）在评测任务概述中未明确说明回归测试的测试依据文档，使回归测试方案中对更动影响域分析及测试设计等工作的开展缺少相应的依据文档支持。

（2）测试策略描述粗略，从中不能获取如何有效执行回归测试的策略信息；测试需要模拟测试数据，但缺少模拟哪些数据、如何模拟的相应说明；缺少测试中使用工具支持的相应描述。

（3）未按照被测方的软件更动报告进行更动的相应说明或更动说明不准确、不具体，将不利于针对更动影响域的分析工作。

（4）更动影响域分析结果不够细化。影响域分析结果应该是软件更动所影响到的需求部分，但如果该部分的范围不够细化、精确，则会造成前次测试用例拣择范围的扩大，不利于回归测试设计的高效开展，因此影响域分析的结果应尽量细化到某个被测软件需求的具体需求项。

（5）回归测试用例的描述不够全面、具体。前面编写要求一节中介绍了对回归测试用例组成信息的相应要求。测试设计时应在测试用例综述中说明该用例的测试目的及测试策略；应在用例初始化、终止条件中说明执行用例应满足的初始化条件与终止该用例执行的终止条件；每个测试步骤应详细说明其输入信息及操作方法，在每个步骤的期望结果与评估标准中应明确给出该步测试是否通过的判断标准。如果上述信息含混、不明确，将给测试用例的顺利执行与通过结论的客观判断带来困难，不利于回归测试的充分与高效开展。

（6）测试进度计划安排不可行。

（7）缺少回归测试依据与回归测试设计的追踪关系。测试设计人员通过查看追踪关系中每项回归测试依据是否有测试用例进行覆盖，每个测试用例是否有相关联的测试依据项，能够直观地判断回归测试设计是否充分，以及是否有冗余设计的发生。

第五篇

软件使用文档

软件使用文档主要是为用户、测试人员及其他相关人员使用软件提供产品规格说明、版本说明和操作指南,主要包含软件产品规格说明、软件版本说明和软件用户手册。

1. 软件产品规格说明

软件产品规格说明描述软件的可执行程序、源文件以及软件支持的信息,主要内容包括一个计算机软件配置项的设计信息、源代码列表、编译程序、链接程序,以及测试和使用等过程中所获得的资源利用情况。

2. 软件版本说明

软件版本说明描述由一个或多个计算机软件配置项组成的一个软件的版本,主要内容包括发布的材料清单、更改说明、适应性数据、有关的文档、安装说明、可能的问题和已知的错误等。

3. 软件用户手册

软件用户手册描述用户如何安装和使用该软件,能够给予用户完整、准确的使用指导,能够提高软件对用户的亲和度和用户使用体验,能够在用户出现使用问题时迅速准确地找到解决方式。软件用户手册的主要内容包括:软件应用、软件清单、软件环境、软件组织和操作概述、意外事故及运行的备用状态和方式、保密性、帮助和问题报告、熟悉设备、访问控制、安装和设置、启动、停止和挂起、能力、约定、处理规程、有关的处理、数据备份、消息、快速参考指南以及错误、故障和紧急情况下的恢复等。

　　对于软件,开发者往往将注意力放在软件功能、性能和接口方面,而忽略了软件使用文档的编写。事实上,软件使用文档也是衡量软件好坏的一个重要指标。例如,好的软件产品规格说明能够帮助用户深入理解软件,对软件运行时编译、链接所需的源码文件及其他库文件等非常清楚,一旦出现错误,能够快速处理;好的软件版本说明能够帮助用户更好地了解新老版本的差异及兼容性;好的用户手册能够帮助用户快速入门,减少培训和售后服务的费用。

CHAPTER 15

软件产品规格说明

软件产品规格说明包含有或引用了可执行程序、源文件以及软件支持的信息。一般包括一个计算机软件配置项的设计信息、源代码列表、编译程序、链接程序，以及测试和使用等过程中所获得的资源利用情况。软件产品规格说明可被用于订购可执行软件和/或对应于该配置项的源文件。它是针对该配置项的基本的软件支持文档。不同的组织对软件的订购和移交有着不同的策略，这种策略应在使用这个文档之前决定。

一般在软件实现阶段完成软件产品规格说明的编写。软件产品规格说明依据软件设计和可执行程序/源代码编制，与软件用户手册、软件版本说明一起为用户使用提供操作指南和支持。

15.1 软件产品规格说明的编写要求

软件产品规格说明的编写要求：

(1) 准确列出所有在本文档中出现的专用术语和缩略语的确切定义；

(2) 准确提供产品所包含的所有设计文档；

(3) 准确提供产品的源代码列表；

(4) 建立源代码列表与计算机软件部件和单元的索引关系；

(5) 规定编译源代码的编译程序和链接程序；

(6) 规定在交付时产品所用的测量资源；

(7) 文档编写规范、内容完整、描述准确一致。

15.2 软件产品规格说明的内容

软件产品规格说明

1 范围

1.1 标识

写明本文档的：

(1) 已批准的标识号；

(2) 标题；

(3) 适用的系统或 CSCI；

(4) 版本号。

1.2　系统概述

应简述本文档所适用系统和软件的用途。它还应描述系统与软件的一般特性,概述系统开发、运行和维护的历史;标识项目的需求方、用户、开发方和保障机构等;标识当前和计划的运行现场;列出其他有关文档。

1.3　文档概述

本条应概述本文档的用途与内容,并描述与其使用有关的保密性与私密性要求。

2　引用文档

本章应列出本文档引用的所有文档的编号、标题、修订版本和日期。也应标识不能通过正常的供货渠道获得的所有文档的来源。

3　术语和定义

给出所有在本文档中出现的专用术语和缩略语的确切定义。

4　需求

本章应分为以下几条,以实现软件交付,并建立另一软件实体要成为该 CSCI 的有效拷贝所应满足的需求。

4.1　可执行软件

本条应通过引用附带的或其他形式提供的电子媒体,给出 CSCI 的可执行软件,包括在目标计算机上安装和运行该软件所需的批处理文件、命令文件、数据文件或其他软件文件。为使软件实体成为该 CSCI 可执行软件的有效拷贝,它必须与这些文件精确匹配。

4.2　源文件

本条应通过引用附带的或其他形式提供的电子媒体,给出 CSCI 的源文件,包括重新生成 CSCI 可执行软件所需的批处理文件、命令文件、数据文件或其他文件。为使软件实体成为该 CSCI 源文件的有效拷贝,它必须与这些文件精确匹配。

4.3　包装需求

本条应描述 CSCI 拷贝的包装和标记方面的需求。

5　合格性规定

本条应描述用于证明指定软件实体是 CSCI 有效拷贝所使用的方法。例如,针对可执行文件所使用的方法可以是,确定 4.1 中引用到的每个可执行文件在当前所述软件中是否有相同命名的对等实体,并且可通过按位比较、校验和/或其他方法表明每个这样的对等实体和对应的可执行文件是相同的;针对源文件所使用的方法可以是与 4.2 中引用的源文件进行比较。

6　软件支持信息

6.1　"已建成"软件设计

本条应包含描述"已建成"CSCI 的设计信息,或引用包含此信息的一个附录或其他可交付的文档。此信息应与软件设计说明、接口设计说明和数据库设计说明所要求的信息相同。如果这些文档或其等价物要随"已建成"CSCI 交付,本条应引用这些文档;否则,此信息应在本文档中提供。本条也可以引用源代码清单中的头文件、注释和代码提供的信息,此处无需重复提供。如果软件设计说明、接口设计说明和数据库设计说明是以附录的形式提供,无需改变其条号与页码。

6.2　编译/建立规程

本条应描述从源文件创建可执行文件和准备向固件或其他分布媒体中加载可执行文件所要使用的编译/建立规程,或引用描述此信息的附录。本条应指定所用的编译程序/汇编程序,包括版本号;其他所需的软、硬件,包括版本号;要使用的设置、选项或约定;编译/汇编、连接和建立 CSCI 和包含 CSCI 的软件系统的规程,包括对不同现场、配置、版本的变更等。CSCI 级之上的建立规程可以在某个 SPS 中给出,而在其他 SPS 中引用。

6.3　修改规程

本条应描述修改 CSCI 应遵循的规程。包括或引用下述信息:

(1) 保障设施、设备和软件,以及它们的使用规程;

（2）CSCI 所使用的数据库/数据文件，以及使用与修改它们的规程；

（3）要遵循的设计、编码及其他约定；

（4）（若有）与上述不同的编译/建立规程；

（5）要遵循的集成和测试规程。

6.4　计算机硬件资源使用

本条应描述"已建成"CSCI 对计算机硬件资源（如处理器能力、内存容量、输入/输出设备能力、辅存容量和通信/网络设备能力）的实际使用情况，并应覆盖包括在 CSCI 使用需求中的、影响 CSCI 的系统级资源分配中的，或软件开发计划中的所有计算机硬件资源。如果指定的计算机硬件资源的所有使用数据出现在一个地方，如在某个 SPS 中，则本条可以引用它。针对每一计算机硬件资源，应包括：

（1）得到满足的 CSCI 需求或系统级资源分配（到 CSCI 需求的可追踪性可在 7(3)中提供）；

（2）使用数据所基于的假设和条件（例如典型用法、最坏情况用法、特定事件的假设）；

（3）影响使用的特殊考虑（例如虚存的使用、覆盖、多处理器或操作系统开销的影响、库软件或其他的实现开销等）；

（4）所采用的测度的单位（例如处理器能力百分比、每秒周期、存储器字节数、每秒千字节等）；

（5）已进行的估计或测量的级别（例如软件单元、CSCI 或可执行程序）。

7　需求的可追踪性

本章应描述：

（1）从每一 CSCI 源文件到它所实现的软件单元的可追踪性；

（2）从每一软件单元到实现它的源文件的可追踪性；

（3）从 6.4 中指定的每一计算机硬件资源使用测量到它所涉及的 CSCI 需求的可追踪性（此可追踪性也可在 6.4 中提供）；

（4）从有关计算机硬件资源使用的每一 CSCI 需求到 6.4 中指定的使用测量的可追踪性。

8　注释

本章应包括有助于了解文档的所有信息（例如背景、术语、缩略语或公式等）。

15.3　软件产品规格说明编写示例

本节给出软件产品规格说明一些关键部分的描述示例。

15.3.1　可执行软件

在本节应通过引用附带的或其他形式提供的电子媒体，给出 CSCI 的可执行软件，包括在目标计算机上安装和运行该软件所需的批处理文件、命令文件、数据文件或其他软件文件。

4.1　可执行软件

外测仿真与处理软件是基于 Microsoft Visual Studio 2010（支持. Net FrameWork 4.0）环境编译的 C♯程序，可执行程序为 WCFZ. vshost. exe。安装和运行时所需的动态库包括：Common. dll、Common3. dll、C1. Win. C1FlexGrid. 2. dll、C1. Win. C1Input. 2. dll、C1. Win. C1SuperTooltip. 2. dll、PcapDotNet. Base. dll。运行时，需要选择的数据文件为 xml 格式的数据文件。这些库文件和数据文件都属于可执行软件的一部分。

15.3.2 源文件

本条应通过引用附带的或其他形式提供的电子媒体，给出 CSCI 的源文件，包括重新生成 CSCI 可执行软件所需的批处理文件、命令文件、数据文件或其他文件。为使软件实体成为该 CSCI 源文件的有效拷贝，它必须与这些文件精确匹配，还应说明 CSCI 的源代码列表。

4.2　源文件

构成外测仿真与处理软件配置项的源文件为 WCFZ 文件夹，该文件夹下包含以下文件夹：Common、Device、FaultTraj、Package、Port、Properties、TestCase、库文件和数据文件。所有源文件清单如表 15-1 所示。

表 15-1　源文件清单

文件夹	子文件夹	序号	文件名称
WCFZ	Common	1	AboutForm_FaultTraj. cs
		2	AboutForm_FaultTraj. Designer. cs
		3	AboutForm_Wcfz. cs
		4	AboutForm_Wcfz. Designer. cs
		5	CommonExtender. cs
		6	ConverterForm. cs
		7	ConverterForm. Designer. cs
		8	CrcForm. cs
		9	CrcForm. Designer. cs
		10	GlobalData. cs
		11	HexDisplayControl. cs
		12	HexDisplayControl. Designer. cs
		13	LogInfo. cs
		14	LogListForm. cs
		15	LogListForm. Designer. cs
		16	MainForm. cs
		17	MainForm. Designer. cs
		18	OptionForm. cs
		19	OptionForm. Designer. cs
		20	ViewTestCase. cs
		21	ViewTestCase. Designer. cs

续表

文件夹	子文件夹	序号	文件名称
WCFZ	Device	22	AbnormalValue. cs
		23	BaseDeviceInfo. cs
		24	BufferHistory. cs
		25	ByteTimeList. cs
		26	C154Device. cs
		27	CheckSumGen. cs
		28	CustomDeviceConfig. cs
		29	CustomDeviceModal. cs
		30	DeviceConfig. cs
		31	DeviceConfigListBuilder. cs
		32	DeviceDetailControl. cs
		33	DeviceDetailControl. Designer. cs
		34	DynamicScript. cs
		35	FormularAssist. cs
		36	FrameDealer. cs
		37	IYcParamNode. cs
		38	KaDevice. cs
		39	LostFrame. cs
		40	Noise. cs
		41	NumberStepClass. cs
		42	PackageDealClass. cs
		43	PackageDealMethod. cs
		44	Radar_DMC_Device. cs
		45	Radar_HighPrecise_Device. cs
		46	Radar_HighPrecise_Device_DF. cs
		47	ShortBaselineDevice. cs
		48	T0DeviceConfig. cs
		49	TestCaseDetailControl. cs
		50	TestCaseDetailControl. Designer. cs
		51	TimeRangeClass. cs
		52	TrajDetailControl. cs

续表

文件夹	子文件夹	序号	文件名称
WCFZ	Device	53	TrajDetailControl. Designer. cs
		54	TrajDetailControl2. cs
		55	TrajDetailControl2. Designer. cs
		56	WCDeviceConfig. cs
		57	YcCodeDisplayControl. cs
		58	YcCodeDisplayControl. Designer. cs
		59	YcContextData. cs
		60	YcDetailControl. cs
		61	YcDetailControl. Designer. cs
		62	YCDeviceConfig. cs
		63	YCFillSubFrame. cs
		64	YCFillSubFrame2. cs
		65	YCParamData. cs
		66	YCParamDataList. cs
		67	YCParamGroup. cs
	FaultTraj	68	FaultTrajGen. cs
		69	FaultTrajGen. Designer. cs
	Package	70	BasePackage. cs
		71	CustomPackage. cs
		72	HdlcInnerPackage. cs
		73	HdlcOuterPackage. cs
		74	NullPackage. cs
		75	PxdpPackage. cs
		76	PxdpPackageWithIP. cs
		77	UdfPackage. cs
	Port	78	BasePort. cs
		79	CcpPort. cs
		80	RawIPPort. cs
		81	RawMacPackage. cs
		82	UdpPort. cs

续表

文件夹	子文件夹	序号	文件名称
WCFZ	Properties	83	AssemblyInfo. cs
		84	Program. cs
		85	Resources. Designer. cs
		86	Settings. Designer. cs
	TestCase	87	CurrentTime. cs
		88	Formular. cs
		89	MySocket. cs
		90	NetTimer. cs
		91	Ostream. cs
		92	StationConfig. cs
		93	StationInfo. cs
		94	TestCase. cs
		95	TimeRecord. cs
		96	TrajInfo. cs
		97	WaitT0Form. cs
		98	WaitT0Form. Designer. cs
	库文件	99	Common. dll
		100	Common3. dll
		101	C1. Win. C1FlexGrid. 2. dll
		102	C1. Win. C1Input. 2. dll
		103	C1. Win. C1SuperTooltip. 2. dll
		104	PcapDotNet. Base. dll
	数据文件	105	数据文件_模板. xml

15.3.3 "已建成"软件设计

在本节应包含描述"已建成"CSCI 的设计信息,或引用包含此信息的一个附录或其他可交付的文档,例如软件设计说明、接口设计说明和数据库设计说明。如果这些文档要随"已建成"CSCI 交付,本节应引用这些文档;否则,此信息可以附录的形式在本文档中提供。

6.1 "已建成"软件设计

构成外测仿真与处理软件配置项的设计文档如表 15-2 所示。

表 15-2 软件设计文档

序号	文档名称	标识	存储形式
1	外测仿真与处理软件概要设计说明	WCFZ/DOC_SSD/1.0	光盘
2	外测仿真与处理软件详细设计说明	WCFZ/DOC_SPD/1.0	光盘

15.3.4　计算机硬件资源使用

在本节应说明对计算机硬件资源的实际使用情况。

6.4　计算机硬件资源使用

（1）外测仿真与处理软件配置项的测试和使用在联想笔记本 X201 上进行。当该软件发送 1 台设备数据时查看 Windows 任务管理器，系统的 CPU 使用率为 10% 左右，内存使用率为 18% 左右，该进程的 CPU 使用率为 2% 左右，内存使用为 45 M 左右；当同时发送 100 台设备的数据时，CPU 使用率为 11% 左右，内存使用率为 19% 左右，该进程的 CPU 使用率为 2% 左右，内存使用为 47 M 左右，并能够保持连续 24 h 正常运行。

（2）外测仿真与处理软件配置项运行时所需内存 1 GB 以上，可用磁盘空间 10 GB 以上，处理器为奔腾 4 以上，操作系统为 Windows 操作系统。

（3）外测仿真与处理软件能够发送数据的最快频率是 200 帧/s。测试时将发送帧间隔设置为 "5 ms"，载入用例文件。发送数据后查看记盘文件，显示所有数据的发送帧间隔为 5 ms。当加快发送频率时，偶尔会出现时标错误的现象。

15.4　软件产品规格说明的常见问题

软件产品规格说明的常见问题有以下 3 种。

（1）可执行软件内容不全。例如，某些软件可执行程序光盘中只包含一个 exe 文件，点击运行时，提示缺少 dll 文件。出现这种情况的原因一般是可执行程序运行时未找到所需的动态库。因此，提供可执行软件时，不仅要提供 CSCI 的可执行软件的进程，还应提供在目标计算机上安装和运行该软件所需的批处理文件、命令文件、数据文件或其他软件文件。

（2）软件产品规格说明中源文件列表中的文件与实际文件名称、数量不一致，或缺少重要的数据文件。需要特别注意的是，某些库文件、配置文件，看似不是程序代码的一部分，但是如果没有这些文件，软件无法运转起来。例如，外测仿真与处理软件通过配置文件的方式实现程序的通用化，即软件将很多需经常修改的信息写入配置文件中，这样就能实现随时修改配置信息发送不同的外测数据，而不需要频繁改动代码。但是，配置文件也因此变得非常重要,成为软件必不可少的一部分。因此,提供源文件时,不仅要提供 CSCI 的源代码文件,还应提供可执行软件所需的批处理文件、命令文件、数据文件或其他文件。

(3) 未说明测试和使用等过程中所获得的资源利用情况。不仅要对处理器能力、内存容量的实际使用情况进行说明,还应对输入/输出设备能力、辅存容量和通信/网络设备能力及其他影响使用的情况等进行说明。例如,外测仿真与处理软件能够发送数据的最快频率是 200 帧/s,如果对发送频率的要求是大于 200 帧/s,该软件就无法满足要求。

软件版本说明

软件版本说明标识并描述了由一个或多个计算机软件配置项组成的一个软件的版本。它被用于发行、追踪以及控制软件的版本。软件版本说明的主要内容包括发布的材料清单、更改说明、适应性数据、有关的文档、安装说明、可能的问题和已知的错误等。

一般在软件实现阶段完成软件版本说明的编写。软件版本说明依据软件可执行程序和源代码的实际变更情况编制,与软件用户手册、软件产品规格说明一起为用户使用提供操作指南。

16.1 软件版本说明的编写要求

软件版本说明的编写要求:

(1) 正确列出所发行产品的文档清单;

(2) 正确列出所发行产品的文件清单;

(3) 正确列出所发行产品的更动清单;

(4) 正确列出所发行产品的修改数据;

(5) 正确说明新版本与旧版本产品之间的接口兼容性;

(6) 正确列出所发行产品的引用文档清单,若有更动,还应说明该清单的更动部分;

(7) 清楚说明更动对旧版本的影响;

(8) 提供产品的安装说明;

(9) 说明所发行产品的可能问题和已知错误及其解决办法;

(10) 文档编写规范、内容完整、描述准确一致。

16.2 软件版本说明的内容

软件版本说明

1 范围

1.1 标识

写明本文档的:

(1) 已批准的标识号;

(2) 标题;

（3）本文档适用的系统或 CSCI；

（4）版本号。

本条应包含本文档适用的系统和软件的完整标识,包括标识号、标题、缩略词语、版本号和发行号。它也应标识软件版本说明预期的接受者和该标识影响发行软件的内容的程度(例如源代码可能不向所有的接受者发行)。

1.2　系统概述

应简述本文档所适用系统和软件的用途。它还应描述系统与软件的一般特性,概述系统开发、运行和维护的历史;标识项目的需方、用户、开发方和保障机构等;标识当前和计划的运行现场;列出其他有关文档。

1.3　文档概述

本条应概述本文档的用途和内容,并描述与其使用有关的保密性或私密性要求。

2　引用文件

按文档号、标题、编写单位(或作者)和出版日期等,列出本文档引用的所有文件。

3　术语和定义

给出所有在本文档中出现的专用术语和缩略语的确切定义。

4　版本说明

4.1　发布的材料清单

本条应按标识号、标题、缩略名、日期、版本号和发布号,列出构成所发布软件的所有物理媒体(例如列表、磁带、磁盘)和有关的文档。本条还应给出适用于这些项的保密性考虑、处理它们的安全措施(例如对静电和磁场的关注)和关于复制与许可证条款的说明及约束。

4.2　软件内容清单

本条应按标识号、标题、缩略词语、日期、版本号和发布号列出构成所发布软件版本的所有计算机文件,还应给出适用的保密性考虑。

4.3　更改说明

本条应列出自上一个版本后引入当前软件版本的所有更改。如果使用了更改类别,则更改应按这些类别进行划分。本条应标识与每一更改相关的问题报告、更改建议和更改通告,以及每一更改对系统运行和其他软硬件接口产生的影响。本条不适用于初始软件版本。

4.4　适应性数据

本条应标识或引用包含在软件版本中所有现场专用的数据。对于第一版之后的软件版本,本条应描述对适应性数据做的更改。

4.5　有关的文档

本条应按标识号、标题、缩略名、日期、版本号和发布号列出与所发布软件有关但未包含在其中的所有文档。

4.6　安装说明

本条应提供或引用以下信息:

（1）安装软件版本的说明;

（2）为使该版本可用而应安装的其他更改的标识,包括未包含在软件版本中的场地唯一的适应性数据;

（3）与安装有关的保密性和安全性提示;

（4）判定版本是否正确安装的规程;

（5）安装中遇到问题后的求助联系地点。

4.7　可能的问题和已知的错误

本条应描述软件版本在发布时,可能发生的问题和已知的错误、解决问题与错误要采取的步骤,以及用于识别、避免、纠正问题与错误的说明(直接或通过引用)或其他处理措施。给出的信息应适合于软件版本说明(SVD)的预期接受者(例如用户机构可能需要避免错误的建议,保障机构则需要改正错误的建议)。

5　注释

本章应包括有助于了解文档的所有信息(例如背景、术语、缩略语或公式)。

16.3 软件版本说明编写示例

本节给出软件版本说明中一些关键部分的描述示例。

16.3.1 发布的材料清单

在本节应说明构成新版本的全部文档的清单和相应的物理媒介(例如 U 盘、移动硬盘、光盘等)。

4.1 发布的材料清单

构成新版本的全部文档的清单和相应的物理媒介如表 16-1 所示。

表 16-1 文档清单和相应的物理媒介

序号	文档名称	版本	物理媒介
1	外测仿真与处理软件需求规格说明	V1.0	U 盘
2	外测仿真与处理软件接口需求规格说明	V1.0	U 盘
3	外测仿真与处理软件概要设计说明	V1.0	U 盘
4	外测仿真与处理软件详细设计说明	V1.0	U 盘
5	外测仿真与处理软件单元测试计划	V1.0	U 盘
6	外测仿真与处理软件单元测试说明	V1.0	U 盘
7	外测仿真与处理软件单元测试记录	V1.0	U 盘
8	外测仿真与处理软件单元测试报告	V1.0	U 盘
9	外测仿真与处理软件单元测试问题报告	V1.0	U 盘

16.3.2 软件内容清单

在本节应标识构成 CSCI 的所有文件清单,并对每个文件进行简要说明。

4.2 软件内容清单

(1) 外测仿真与处理软件需求规格说明

采用面向对象的方法进行软件需求分析,描述了外测仿真与处理软件的功能需求、性能需求、内部接口需求、设计约束、安装要求、合格性需求、交付需求、运行环境要求以及维护保障需求。

(2) 外测仿真与处理软件接口需求规格说明

采用面向对象的方法进行软件接口需求规格说明,描述了外测仿真与处理软件接口需求。

(3) 外测仿真与处理软件概要设计说明

采用面向对象的方法进行软件概要设计说明,描述了外测仿真与处理软件的结构设计、接口设计、内存和处理时间分配、设计说明、CSCI 数据。

（4）外测仿真与处理软件详细设计说明

采用面向对象的方法进行软件详细设计说明，描述了外测仿真与处理软件的单元划分、设计需求和设计约束。

（5）外测仿真与处理软件单元测试计划

本文档说明了外测仿真与处理软件单元测试环境、方法及要求，是软件测试人员的指导文档。

（6）外测仿真与处理软件单元测试说明

本文档说明了外测仿真与处理软件单元测试环境、方法及要求，是软件测试人员的指导文档，为软件质量的评价提供依据。

（7）外测仿真与处理软件单元测试记录

本文档记录了测试说明文档中定义的各测试用例的测试结果，验证每个测试用例是否正确实现了各项要求。

（8）外测仿真与处理软件单元测试报告

本文档总结了测试说明文档中定义的各测试用例的测试结果，对每个测试单元进行质量评估。

（9）外测仿真与处理软件单元测试问题报告

本文档对外测仿真与处理软件单元测试中出现的问题进行记录和描述，验证每个测试用例是否正确实现了各项要求，为软件质量的评价提供依据。

（10）外测仿真与处理软件源程序

本文档为外测仿真与处理软件的程序代码。

16.3.3　更改说明

对初始版本的 CSCI，可以这样描述：本次发布的软件版本为第 1 版，实现了软件的主要功能要求，无相对前一版本的更改。对升级的 CSCI 版本，应列出上一版本以来 CSCI 所有的更动情况。

4.3　更改说明

软件更动情况示例如表 16-2 所示。

表 16-2　软件更动情况表

序号	更动类型	更 动 内 容
1	修改	修改 MySocket.cs 文件中的发送函数 send()，使软件具有伪装源 IP 地址和端口的功能，能够发送指定源 IP 和端口号的仿真数据
2	修改	修改 PackageDealClass.cs 文件中地心系转发射系的处理公式 DiXinToFaShe()
3	增加	修改 MySocket.cs 文件中的发送函数 send()，增加多个配置文件中的数据同时发送的功能
4	增加	修改 MySocket.cs 文件中的发送函数 send()，数据配置时，增加数据区中数据能够按位偏移 n 个 bit(n 可配置)的功能
5	修改	修改 DeviceConfig.cs 文件中的函数 FileConfig()，修改配置文件的默认路径，由 C 盘根目录修改为可执行文件所在文件夹下的 config 目录

16.3.4 适应性数据

对初始版本的 CSCI,可以这样描述：本次发布的软件版本为第 1 版,实现了软件的主要功能要求,无相对前一版本的更改。对升级的 CSCI 版本,本节则要对数据的更动部分进行说明。

4.4 适应性数据

数据更动情况示例如表 16-3 所示。

表 16-3 数据更动情况表

序号	更 动 内 容
1	配置文件中增加"伪装 IP 地址""伪装端口"字段
2	配置文件中增加"偏移 bit 位"字段

16.3.5 有关的文档

对初始发行的 CSCI 版本,本节须列出所有与 CSCI 有关的文档清单。对于升级的 CSCI 版本,还须对有关文档清单的更动进行说明。

16.3.6 安装说明

在本节应提供安装 CSCI 版本的说明。如果在软件用户手册中已经有安装说明,而且没有差异,可直接引用软件用户手册 4.安装过程。

16.3.7 可能的问题和已知的错误

列出 CSCI 该版本所有可能的问题或已知的错误,说明解决这些问题或错误的方法和步骤。

4.7 可能的问题和已知的错误

可能的问题或已知的错误示例如表 16-4 所示。

表 16-4 软件问题及解决措施

序号	可能的问题	解 决 措 施
1	找不到默认的配置文件	在软件运行界面上通过手工方式选择正确的配置文件
2	不能伪装多个指定源 IP 和端口的数据	启动多个实例发送数据,各个实例伪装成不同的 IP 地址和端口号

16.4　软件版本说明的常见问题

软件版本说明的常见问题有以下 3 种。

（1）接口更动时，未对接口的更动部分，以及更动后的接口与老版本接口的兼容性进行说明。一般情况下，接口兼容性分为兼容更新和不兼容更新两类。兼容更新是指这些更新中新增了接口，先前可用的接口仍然保持不变；不兼容更新是指这些更新更改了现有接口，先前可用的接口发生变化。例如，外测仿真与处理软件新增了一个读 txt 数据文件生成 xml 配置文件的接口，该接口属于新增接口，与老版本接口不兼容。但由于 xml 配置文件也能够进行手工配置，因此老版本可通过直接配置 xml 文件适应不兼容更新。

（2）对软件代码或数据的更动描述不清晰。不仅要对软件代码或数据的更动情况进行简要说明，还应说明更动的具体内容。如是软件代码更动，可以具体到更动的文件、函数；如是数据文件更动，可以具体到数据文件名、更改行号。

（3）未说明该版本所有可能的问题或已知的错误。不仅应对该版本所有可能的问题或已知的错误进行说明，还应说明解决所有可能的问题或错误的方法和步骤。

软件用户手册

软件用户手册描述用户如何安装和使用该软件,能够给予用户完整、准确的使用指导,能够提高软件对用户的亲和度和用户使用体验,能够在用户出现使用问题时迅速准确地找到解决方式。一个好的软件产品没有一份完备的用户手册,不能算作一个完备的产品。对于用户而言,好的用户手册可以帮助用户快速入门,是用户正确、充分使用软件的前提。对于开发人员而言,好的用户手册可以减少软件培训和售后服务的费用。对于测试人员而言,好的用户手册可以帮助测试人员了解、使用、测试软件。因此,软件用户手册在软件使用过程中发挥着极其重要的作用。

软件用户手册的主要内容包括软件应用、软件清单、软件环境、软件组织和操作概述、意外事故及运行的备用状态和方式、保密性、帮助和问题报告、熟悉设备、访问控制、安装和设置、启动、停止和挂起、能力、约定、处理规程、有关的处理、数据备份、消息、快速参考指南以及错误、故障和紧急情况下的恢复等。一般情况下,从以下方面考察用户手册的质量。

(1) 用户手册的完整性:描述全面,涵盖全部模块。

(2) 用户手册的准确性:描述与软件实际功能一致。

(3) 用户手册的易理解性:描述易于理解,必要时附有图表说明。

(4) 用户手册是否提供学习操作的实例:通过详细实例进行说明。

一般从需求分析阶段就开始进行初步的用户手册的编写,要求使用非专门术语的语言,充分地描述该软件具有的功能及基本的使用方法,使用户通过用户手册能够了解软件的用途,并能够确定在什么情况下,如何使用它。在软件实现阶段,完成用户手册的编写。软件用户手册依据软件需求和软件具体操作过程编制,与软件产品规格说明、软件版本说明一起为用户使用提供操作指南。

17.1 软件用户手册的编写要求

软件用户手册的编写要求:

(1) 正确给出所有在本文档中出现的专用术语和缩略语的确切定义;

(2) 准确描述软件安装过程,完整列出安装的有关媒体情况及使用方法;

(3) 准确描述软件的各功能及操作说明,包括初始化、用户输入、输出、终止等信息;

(4) 准确标识软件的所有出错告警信息、每个出错告警信息的含义和出现该错误告警信息时应采取的恢复动作等;

（5）文档编写规范、内容完整、描述准确一致。

17.2 软件用户手册的内容

软件用户手册

1 范围

1.1 标识

写明本文档的：

（1）已批准的标识号；

（2）标题；

（3）所适用的系统或 CSCI；

（4）版本号。

1.2 系统概述

应简述本文档所适用系统和软件的用途。它还应描述系统与软件的一般特性，概述系统开发、运行和维护的历史；标识项目的需方、用户、开发方和保障机构等；标识当前和计划的运行现场；列出其他有关文档。

1.3 文档概述

概述本文档的用途和内容。

2 引用文件

按文档号、标题、编写单位（或作者）和出版日期等，列出本文档引用的所有文件。

3 术语和定义

给出所有在本文档中出现的专用术语和缩略语的确切定义。

4 软件综述

4.1 软件应用

本条应简要说明软件预期的用途，并应描述对软件使用所期望的能力、运行改进和受益情况。

4.2 软件清单

本条应标识使软件运行而必须安装的所有软件文件，包括数据库和数据文件。标识应包含每一文件的保密性考虑以及紧急时刻继续或恢复运行所需的软件的标识。

4.3 软件环境

本条应描述用户安装并运行该软件所需的硬件、软件、手工操作和其他的资源。包括以下方面：

（1）应提供的计算机设备，包括需要的内存数量、辅存数量及外围设备（如打印机和其他的输入/输出设备）；

（2）应提供的通信设备；

（3）应提供的其他软件，例如操作系统、数据库、数据文件、实用程序和其他的支持系统；

（4）应提供的表格、规程或其他的手工操作；

（5）应提供的其他设施、设备或资源。

4.4 软件组织和操作概述

本条应从用户的角度出发，简要描述软件的组织与操作。描述应包括以下 4 项。

（1）从用户的角度，概述软件逻辑部件和每个部件的用途/操作。

（2）用户可能期望的性能特性，例如：

① 可接受的输入的类型、数量、速率；

② 软件产生的输出类型、数量、准确性和速率；

③ 典型的响应时间和影响它的因素；

④ 典型的处理时间和影响它的因素；

⑤ 限制，例如可追踪的事件数目；

⑥ 预期的错误率；

⑦ 预期的可靠性。

(3) 该软件执行的功能与接口系统、组织或位置之间的关系。

(4) 为管理软件而能够采取的监控措施(例如口令)。

4.5 意外事故及运行的备用状态和方式

本条应说明在紧急时刻以及在不同运行状态和方式下用户处理软件的差异。

4.6 保密性

本条应概述与本软件相关的保密性考虑，适用时还应包括对软件或文档进行非授权复制的警告信息。

4.7 帮助和问题报告

本条应标识联系方式、获得帮助和报告软件使用中遇到的问题所应遵循的规程。

5 软件入门

5.1 软件的首次用户

5.1.1 熟悉设备

需要时，本条应描述以下内容：

(1) 打开与调节电源的规程；

(2) 可视化显示屏幕的大小与能力；

(3) 光标形状，如果出现了多个光标如何标识现行的光标，如何定位光标和如何使用光标；

(4) 键盘布局和不同类型键与点击设备的功能；

(5) 需要特殊的操作顺序时关闭电源的规程。

5.1.2 访问控制

本条应概述对用户可见的软件的访问与保密性方面特征。

本条应包括以下内容：

(1) 如何获得与何处获得口令；

(2) 如何在用户的控制下添加、删除或更改口令；

(3) 与用户生成的输出报告及其他媒体的存储和加标记有关的保密性考虑。

5.1.3 安装和设置

本条应描述在指定的设备上访问或安装软件、执行该安装、配置该软件、删除或覆盖以前的文件或数据以及输入软件操作参数所必须执行的规程。

5.2 启动

本条应提供开始工作的逐步的规程，包括任何可用的选项。本条还应提供遇到问题时用于问题确定的检查单。

5.3 停止和挂起

本条应描述用户如何停止或中断软件的使用，以及如何判断是否为正常结束或停止。

6 使用指南

本条应向用户提供使用软件的规程。如果规程太长或太复杂，按本条相同的条结构添加第6条、第7条等，标题含义与所选择的条有关。文档的组织依赖于被文档化的软件的特性。例如一种办法是根据用户工作的组织、他们被分配的位置、他们的工作现场或他们必须完成的任务来划分条。对其他的软件而言，第5条可以为菜单指南，第6条为使用的命令语言指南，第7条为功能指南，在5.3节中给出详细的规程。根据软件的设计，可根据逐个功能，逐个菜单，逐个事务或其他方式来组织各子条。在合适的地方应包含用"警告"或"注意"标记的安全提示。

6.1　能力

为了提供软件使用的概述,本条应简述事务、菜单、功能或其他的处理相互之间的关系。

6.2　约定

本条应描述软件使用的任何约定,例如显示中使用的颜色、使用的警告铃声、使用的缩略词语表和使用的命名或编码规则。

6.3　处理规程

6.3.X　(软件使用方面)

本条的标题应标识出被描述的功能、菜单、事务或其他的过程。本条应描述并给出以下方面的选项与实例,包括菜单、图标、数据项表、用户输入、可能影响软件与用户接口的其他软硬件的输入、输出、诊断或错误消息、报警,以及能提供联机描述或使用说明信息的帮助工具。给出的信息格式应适合于软件的特性。描述应使用一致的风格,例如对菜单的描述应保持一致,对事务描述应保持一致。

6.4　有关的处理

本条应标识并描述任何关于未被用户直接调用,并且在 5.3 中也未描述的由软件执行的批处理、脱机处理或后台处理,并应说明支持这种处理的用户的责任。

6.5　数据备份

本条应描述创建和保留备份数据的规程,这些备份数据在发生错误、缺陷、误动作或事故时可以用来代替主要的数据拷贝。

6.6　错误、故障和紧急情况下的恢复

本条应给出从发生错误或故障中重启或恢复的详细规程,以及确保紧急事件下运行连续性的详细规程。

6.7　消息

本条应列出完成用户功能时可能发生的所有错误消息、诊断消息等,或引用列出这些消息的附录,并应标识和描述每一条消息的含义以及消息出现后要采取的动作。

6.8　快速参考指南

合适时,本条应为使用该软件提供或引用快速参考卡或页。快速参考指南应概括常用的功能键、控制序列、格式、命令或软件使用的其他方面。

7　注释

本章应包括有助于了解文档的所有信息(例如背景、术语、缩略语或公式等)。

17.3　软件用户手册编写示例

本节给出软件用户手册一些关键部分的描述示例。

17.3.1　安装和设置

需要介绍安装的软硬件环境、安装步骤及其过程中需要注意的设置情况。

安装与初始化:逐步说明为使用本软件而需要进行的安装与初始化过程,包括程序的存储形式、安装与初始化过程中的全部操作命令、系统对这些命令的反应与答复,以及安装过程所需要的其他控件或软件。

硬件环境：说明为运行软件所要求的硬件设备的最小配置，如处理机的型号、内存容量；所要求的外存储器、媒体、记录格式、设备的型号和台数；硬件联机或脱机状态；数据传输设备和转换设备的型号、台数。

软件环境：说明为运行软件所需的支持软件，如操作系统的名称、版本号；程序语言的编译/汇编系统的名称和版本号；数据库管理系统的名称和版本号，以及其他支持软件。

以下是安装过程的示例。

4.3　软件环境

本软件是基于.Net技术开发的，软件的安装和运行需要.Net FrameWork 4.0的支持。如果系统没有安装所需版本的.Net FrameWork，安装程序将会先自动在计算机上进行安装，FrameWork安装完成后，会提示需要重启机器，系统重启后会自动继续进行软件的安装。

计算机系统需具有1 GB以上内存，10 GB以上的可用磁盘空间。

计算机操作系统支持Microsoft Windows XP SP3及以上版本，需安装Microsoft Office Word 2003及以上版本文字处理系统、Microsoft Office Access 2003及以上版本数据库。

17.3.2　处理规程

对于软件的功能描述，一般采用图文结合的方式。本条的标题应标识出被描述的功能、菜单、事务或其他的过程。例如软件登录功能。本条应描述并给出以下方面的选项与实例，包括菜单、图标、数据项表、用户输入，可能影响软件与用户的接口的其他软/硬件的输入、输出，诊断或错误消息、报警，以及能提供联机描述或使用说明信息的帮助工具。给出的信息格式应适合于软件的特性。描述应使用一致的风格，例如对菜单的描述应保持一致，对事务描述应保持一致。

以下是描述软件登录功能的示例。

6.3.1　软件登录功能

启动程序后进入主界面区，主界面区包括标题栏、工具栏、显示区、日志区等。显示区从左到右包括设备列表区、设备显示区、组帧结构区、设备配置信息区、发送原码显示区等，具体如图17-1所示。

用例操作功能主要完成打开、关闭用例，启动发送线程，设置时间速率等功能。

单击工具栏上的"打开用例"按钮，软件弹出"打开文件"对话框，用户选择事先配置好的用例配置文件，由软件读出文件中的配置信息，如图17-2所示。

单击工具栏上的"重新加载"按钮，软件自动重新加载并初始化最近一次打开的用例文件，如图17-3所示。当临时编辑用例文件时，可使用此功能快速打开修改后的用例文件。需注意，在数据发送过程中进行用例文件编辑时，只有单击"停止发送"后，再单击"重新加载"，编辑后的用例文件才能生效。

打开并初始化用例文件完成后，用户可单击"开始发送"按钮，启动仿真线程，开始发送仿真数据，如图17-4所示。

用例仿真结束后，用户可单击"停止发送"按钮，结束仿真线程，如图17-5所示。

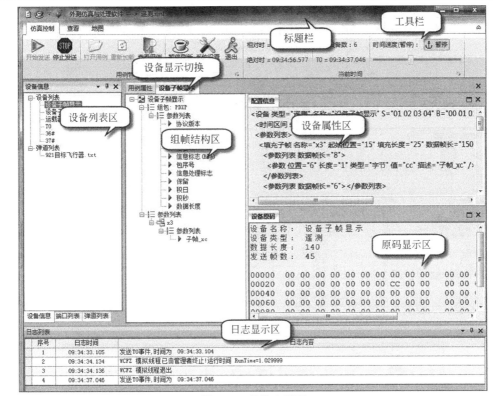

图 17-1 软件主界面

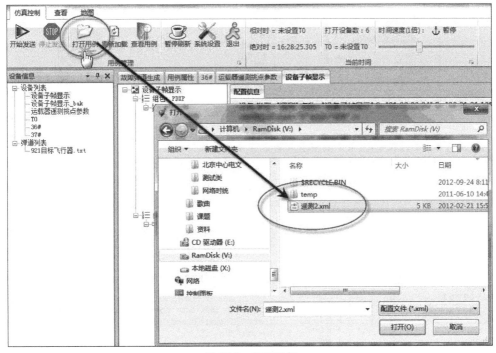

图 17-2 打开用例

图 17-3   重新加载用例

图 17-4   启动用例

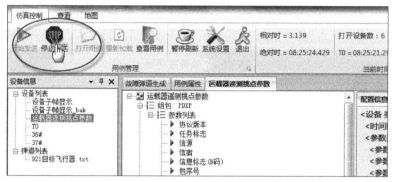

图 17-5   停止用例发送

在用例仿真的过程中,为便于检查仿真的数据或者调试被测软件,可实时设置仿真的速度。如图 17-6 所示,用户可以设置的范围从 1/100 倍速到 100 倍速度,也可以点击暂停按钮暂停软件发送仿真数据。

图 17-6   时间速率设置

用户手册还应对配置文件的格式进行详细描述。

以下是描述仿真设备配置文件的示例。

6.3.2　仿真设备配置文件格式

各仿真设备的属性包括内容如下。

设备类型：设备的类型，如光学设备、雷达、干涉仪等，不同类型的设备有不同的数据仿真方法。

位置：测量设备的位置，具体的定义在测量站址的配置中定义。

S：该设备帧的信源地址，格式为四字节十六进制整数。

B：该设备帧的信息类别码，格式为四字节十六进制整数。

时间区间：可选参数包括起始时间（发送的起始时间，单位：s）和结束时间（发送的结束时间，单位：s）。

帧数：最大的发送帧数，达到此帧则停止发送。

驱动：驱动事件由网络时统产生还是由本机时钟产生，一般来说网络时统更加精确，但时间必须是 50 ms 的倍数，且必须有时统服务器的支持。

参数列表：自定义参数列表，分别定义了数据帧中每个位置的值、变化趋势等属性。

野值：野值定义列表，定义了各时间段的野值分量以及附加点、跳过点等。

噪声：噪声定义列表，定义了各分量的噪声最大值以及均值。

配置文件的格式如图 17-7 所示。

```
77  <设备 类型="光学设备3104" 位置="2#" 名称="自定义光学设置" S="01 02 03 04" B = "00 01 01 10">
78    <时间区间 start="0" end="6000" 驱动="网络时统" 帧数="10000" />
79    <参数列表 名称="其它">
80      <参数 位置="4" 长度="1" 类型="字节" 值="11" 描述="状态码" />
81      <参数 位置="22" 长度="4" 类型="A" 量纲="0.0001" 名称="状态码+1" />
82      <参数 位置="26" 长度="4" 类型="*X" 描述="状态码" />
83      <参数 位置="30" 长度="2" 类型="int" 值="0" 描述="副帧1" 副帧="4,1" />
84      <参数 位置="30" 长度="2" 类型="int" 值="3" 描述="副帧2" 副帧="4,3" />
85    </参数列表>
86    <野值>
87      <内容 发生时间="4.25" 点数="4" 附加点="2" 跳过点="3" R="0.4" A="0.1" E="0.2" VR="1" I="1"
88      <内容 发生时间="15" 点数="100" 附加点="2" 跳过点="3" R="4" A="1" E="2"/>
89      <内容 发生时间="25" 点数="4" 附加点="2" 跳过点="3" R="1.4" A="0.1" E="0.2"/>
90    </野值>
91    <参数引用 名称="状态码" 值="CC,12.3,BB" />
92    <参数引用 名称="状态码" 值="EE,12.3,FF" />
93  </设备>
```

图 17-7　配置文件的格式

17.3.3　错误、故障和紧急情况下的恢复

分析软件所有的出错告警信息、每个出错告警信息的含义和出现该错误告警信息时用户应采取的恢复动作。

以下是出错信息的示例。

6.6　错误、故障和紧急情况下的恢复

为增强软件健壮性，本软件在设计、实现过程中对输入信息进行容错处理；对容易出现异常的地方进行处理并记录日志，保证本功能模块在异常情况下不退出，不影响其他软件模块的运行。详细内容如表 17-1 所示。

表 17-1　软件出错信息表

	1. 配置文件连接超时	
提示类型	MessageBox	
影响范围	正常提示信息,按提示信息进行操作,对系统运行无影响	
执行操作	配置文件连接超时,请检查配置文件是否正常!	
	2. 登录验证信息输入错误提示	
提示类型	登录窗口输入控件下文本提示	
影响范围	正常提示信息,按提示信息进行操作,对系统运行无影响	
执行操作	按提示信息重新输入登录验证信息,提示信息有以下 5 种: (1) 用户名不能为空! (2) 用户名不能超过 13 个字符! (3) 用户名只能包含 0~9,A~F,a~f! (4) 密码不能为空! (5) 密码不能超过 13 个字符!	
	3. 网络端口设置	
提示类型	MessageBox	
影响范围	正常提示信息,按提示信息进行操作,对系统运行无影响	
执行操作	按提示信息重新输入配置信息,提示信息有以下 2 种: (1) IP 地址不能为空,请重新输入 (2) 端口号不能为空,请重新输入	
	4. 读取配置文件信息异常,行号为:×××	
提示类型	日志列表中使用红色字体提示	
影响范围	影响配置文件信息的获取	
执行操作	此错误信息出现在读取配置文件信息中,致错原因主要是配置文件格式或内容错误。出现该错误后: (1) 请检测配置文件格式是否正常,例如,提示的行中各元素是否缺少空格隔开,或括号、引号不匹配;如有字节流,请检查各字节是否逗号隔开等 (2) 请检测配置文件内容是否正常,例如,提示的行中是否存在数值超限、数值中存在非法字符、数据类型不存在等异常	

17.4　软件用户手册的常见问题

软件用户手册的常见问题有以下 5 种。

(1) 软件用户手册不完整。一般需注意以下情况:

① 用户手册中缺少某些功能细节的详细说明,给用户使用带来不便。以 17.3.2 节中图 17-2 为例,如果编写人员未说明在数据发送过程中进行用例文件编辑时,只有点击"停止发送"后,再点击"重新加载",编辑后的用例文件才能生效,则可能会给用户使用带来不便。

用户或许会以为，用例文件是修改后即时生效的。

②　配置文件形式的输入和输出文件，未说明文件的格式、内容要求。配置文件是软件的重要组成部分，尤其是输入文件，文件的格式、内容要求很重要。以下是一些常见示例：

a. 配置文件中要求输入数据的范围是 0～255，如果数据超限，如输入 256，则可能会导致加载配置文件失败；

b. 配置文件中要求输入数据为数字，如果输入数据中存在英文字母，如输入 123a，则可能会导致加载配置文件失败；

c. 配置文件中要求输入 3 个整数，以回车符隔开，如果输入数据是以空格隔开，如输入"111 222 333"，则可能会导致加载配置文件失败。

③　软件界面的输入未说明输入参数的范围，未给出允许使用的字符组合的列表、禁止使用的字符组合的列表、参数的缺省值、计量单位等。例如要求从软件界面输入发送帧间隔时间，但用户手册中未说明时间单位为 ms，用户可能会按照单位为 s 来输入，给用户操作带来不便。

（2）软件用户手册不准确。例如用户手册中关于某个功能的描述与软件实际操作不符。

（3）软件用户手册易理解性差。例如对于软件界面的操作说明，仅提供文字描述，未给出图形表示，造成用户使用不便。优秀的用户手册应该是图文并茂，易于理解。

（4）软件用户手册未提供操作实例。例如对于数据库操作类的软件，未给出具体增加、删除、更改的实例。优秀的用户手册不仅对重要功能和关键操作/文件提供应用实例，而且对实例的描述还应详细、充分、易于理解。

（5）出错信息不全。例如软件界面出现异常时，未提示出现异常的原因，未告诉用户如何处理。

在整个软件生命周期中，项目管理人员和开发人员往往将更多的精力集中到满足软件的功能要求和性能指标上，经常忽略软件用户手册的重要性。而软件用户手册对于软件开发人员、测试人员和用户都起着不容忽视的作用，随着软件产业的快速增长，用户手册成为衡量软件质量的一个重要指标。因此，项目实施过程中应充分认识到用户手册的重要性，严把用户手册质量关，以促进软件整体质量的提高。在编写软件用户手册时，可根据需要插入图表或提供实例，它们都是软件用户手册的重要组成部分。图表比文字描述更加清晰、易于理解；实例有助于用户迅速掌握软件功能，并更好地理解其内容。另外，用户手册中出错信息章节也非常重要，应分析可能的失败情景并告诉用户如何处理发生的问题，指导用户采取合适的措施。

第六篇

软件项目管理文档

软件管理的目的是根据软件项目有关要求制定软件计划,依据计划组织项目的实施,并及时监督项目的进展过程,确保项目的顺利完成。

软件管理的目的具体描述为:

(1) 对软件开发活动进行估计及策划,制定软件计划,为软件开发过程及软件产品是否满足要求的评价提供依据;

(2) 在项目进展过程,通过测量分析、质量评价、配置审核、项目监控等多种管理手段及时监督项目的进展状态及趋势;

(3) 项目某个阶段结束或某个里程碑到达时,总结项目一段时间内按照计划执行的偏差程度及项目的质量趋势,以促进项目及时纠正存在的不良趋势及问题,确保项目顺利进展;

(4) 在软件开发过程完成后对项目的开发工作及管理工作进行全面总结,为软件产品的顺利移交提供依据。

1. 软件管理过程

软件管理过程包括:项目策划、项目监控、风险管理、集成项目管理、测量与分析、配置管理、质量保证等过程。

1) 项目策划

项目策划的目的是制定和维护项目活动的计划。项目策划的主要活动内容如下。

（1）制定项目策划计划。在项目策划活动开始前，应确定进行软件项目策划的计划安排，包括任务、人员、进度安排、所需的支持工具，以及参与项目策划活动的其他利益相关方等。

（2）项目初始估计。项目初始估计是根据软件开发要求和特点，确定技术解决途径、标识软件产品和产品部件、工作产品的规模、工作量初步估计、建立顶层 WBS 等。

（3）初始策划。初始策划是根据项目估计制定项目进度计划表、标识并分析项目风险，策划数据管理、策划监督活动、策划项目资源和需要的知识技能，制定相关方参与计划，并完成软件开发计划文档的编写及评审。

（4）项目详细策划。在各阶段开始前，应对顶层 WBS 进行细化、分解，根据当前项目进展情况，估计下一个阶段工作产品的规模以及任务的工作量，并按照工作量估计结果制定阶段详细进度计划。

（5）执行计划。执行软件项目计划是依据阶段详细计划和工作完成情况定期分派任务，并跟踪项目的执行情况。执行计划主要工作包括：

① 依据软件开发计划所确定的资源，建立满足软件工程活动所需要的开发、测试环境，获取并建立满足过程管理所需要的环境；

② 项目成员及时填写工作日志，其内容包括已完成产品的规模、完成的工作量，遇到的问题（包括技术性问题和其他问题）及建议的解决措施，同时上报问题；

③ 定期召开例会，例会主要内容包括项目负责人说明完成的规模及工作量、进度、问题跟踪、风险跟踪等方面的信息，项目配置管理组通报配置管理工作情况，项目质量保证组通报质量保证工作情况，项目负责人组织对项目进展情况与相应计划的偏差进行分析，并安排后续工作计划。

（6）计划变更控制。在项目进行过程中，可能会有多种因素对计划产生影响，应根据具体情况对项目相应计划进行变更。

2）项目监控

项目监控的目的是及时了解项目进展，并在项目绩效显著偏离计划时，能采取适当的纠正措施。项目监督的主要活动内容如下：

（1）项目负责人依据软件开发计划制定和维护项目监控计划，明确监控对象、监控时机、监控活动、监控责任人等；

（2）项目进展过程中及时收集个人工作记录，其内容包括已经完成产品的规模、当前进度、完成的工作量、遇到的问题及建议的解决措施；

（3）项目负责人根据项目进展及成员个人工作记录、记录培训情况、数据管理情况、利益相关方参与情况、人力资源情况、计算机资源情况、问题和风险情况，总结任务执行情况，记录实际测量值及项目跟踪情况；

（4）项目定期召开周例会，通报本周工作完成情况、配置管理工作情况、质量保证工作情况、发现问题情况、风险跟踪情况等,并针对项目进展与计划的偏差情况进行分析,当偏差超出阈值时应进行必要的调整控制;

(5) 在各阶段结束时,项目组按照项目监控计划要求对整个阶段工作情况进行总结,形成项目阶段跟踪报告并进行阶段总结评审;

(6) 当里程碑到达时,项目组针对项目计划完成情况、关键依赖关系的满足情况、重大问题的解决情况和风险情况等进行总结,形成里程碑跟踪报告并进行里程碑评审;

(7) 项目结束时进行项目总结,编写软件研制总结报告,总结项目实施情况,说明项目实施过程中的经验、教训并提出过程改进建议;

(8) 对所发现的问题应指定问题责任人,并应及时对问题的解决情况进行跟踪及验证,直至问题关闭。

3) 风险管理

风险管理的目的是在风险发生前,标识出潜在的问题,以便在软件产品或项目的生存周期中规划风险处理活动,并在必要时启动这些活动,以缓解对目标实现的不利影响。风险管理的主要活动内容如下。

(1) 建立风险管理策略。通过制定和维护用来标识、分析和缓解风险的策略,进行风险管理的准备工作。风险管理策略通常记录在风险管理计划中(可写入软件开发计划),在计划中还应说明用于控制风险的特定措施和管理方法,包括标识风险源,风险分类,以及用于评价、界定和控制风险所用的参数等。

(2) 标识和分析风险。风险的严重程度影响着处理该风险需分配多少资源,以及决定何时需要管理者的适当关注。分析风险首先需要对已标识的内部和外部风险源进行风险识别,然后评估每一个风险,判定它的概率和后果。为了实现高效处理和有效使用风险管理资源,可将相关的风险归类进行管理。

(3) 风险缓解。处理风险的步骤,包括制定风险处理策略、监控风险,以及在超过所定义的阈值时执行风险处理活动。对选定的风险,应制定和执行风险缓解计划,前瞻地缓解风险的潜在影响。除采取风险缓解措施,还要制定应急计划,以处理风险发生时的影响。

4) 集成项目管理

集成项目管理的目的是按照组织的标准过程裁剪所得的集成的、已定义的过程,建立并管理项目,并确保利益相关方按计划参与项目的相关活动。集成项目管理的主要活动内容如下。

(1) 实施和维护项目的已定义过程。实施和维护项目已定义过程的具体活动包括建立从项目开始并覆盖项目生存周期的项目已定义过程,使用组织的过程资产和测量库进行项目估计和项目策划,基于组织的工作环境标准建立和维护项目的工作环境,制定项目相关计划,按照项目相关计划管理项目,并将工作产品、测量项和经验教训等纳入组织的过程资产。

（2）与利益相关方协调和协作。按照计划安排管理利益相关方参与项目活动，与利益相关方一起标识、协商和跟踪关键依赖关系，并解决与利益相关方的问题。

5）测量与分析

测量与分析的目的是更好地理解、预测、评估、控制和改善软件开发过程。测量与分析的主要活动内容如下：

（1）根据组织和项目的质量目标，识别项目的信息需要和测量目标，定义项目的测量项并安排资源，编制项目的测量分析计划；

（2）在测量分析计划规定的采集时机采集测量数据，正确存储并执行数据分析；

（3）将测量分析的结果与相关人员进行交流，当测量值超出计划阈值时，按项目监控过程的要求分析偏差情况及采取纠正措施。

6）配置管理

配置管理的目的是利用配置控制和配置审核建立和维护工作产品的完整性（包括完备性、正确性、一致性和可追踪性）。配置管理的主要活动内容如下：

（1）明确项目的配置管理职责，确定并标识 CMI 和基线，安排必要的配置管理资源和活动，编制《配置管理计划》；

（2）依据配置管理计划，按照配置库管理要求创建配置库，并对配置库进行管理；

（3）规定基线生成和发布流程，在项目进展过程中及时发布或重新发布基线；

（4）对纳入配置管理的 CMI 的更改进行控制，跟踪更改状态，直至更改结束；

（5）对受控库中的 CMI 进行状态记录，并按配置管理计划规定的时机或事件发布状态报告；

（6）对受控库配置管理对象和活动实施审核，保证基线的完整性。

7）质量保证

质量保证的目的是客观评价项目实施过程及工作产品的质量状态与趋势，发现偏离及时采取措施确保项目质量。质量保证的主要活动内容如下：

（1）策划项目质量保证活动，确定过程评价和产品评价、不符合项管理的规程、准则等，并编写质量保证计划；

（2）根据质量保证计划规定的内容对项目过程及产品实施客观评价，发现偏离过程、标准、规程的情况，及时采取措施，确保项目质量；

（3）对在项目生存周期中发现的不符合项进行处理，并对不符合项的处理情况进行跟踪、验证，直至不符合项关闭；

（4）定期制定质量保证报告，报告其按照计划实施质量保证活动的情况及结果、质量趋势分析或质量评估。

2. 软件管理文档

开发软件的管理过程中产生的独立的软件管理文档一般如下表所示。

开发管理过程	独立管理文档
项目策划 项目监控 集成项目管理 风险管理	软件开发计划 软件研制总结报告
项目监控 集成项目管理 风险管理	阶段跟踪报告 里程碑跟踪报告 软件研制总结报告
配置管理	配置管理计划
测量与分析	测量分析计划
质量保证	质量保证计划

1）软件开发计划

软件开发计划是指导软件项目开发工作进展的计划文档，是项目进行开发活动的依据。其中明确软件开发所需的组织与资源要求，提出技术解决途径、选择软件开发模型、制定进度安排、说明风险管理，制定利益相关方参与计划、知识和技能获取计划、数据管理计划、需求管理计划、项目监控计划，提出软件测试要求、软件验证与确认要求等，并说明用户交付要求、软件开发标准要求等。

2）配置管理计划

配置管理计划是说明项目配置管理活动的相应规程及计划的文档，是项目开展配置管理活动的依据。其中明确与项目相关的配置管理的各项内容，包括从事配置管理活动的人员、资源、基线的设置、配置管理记录的收集维护和保存、配置管理库的安全性要求、配置管理活动规程及活动的进度安排等。

3）质量保证计划

质量保证计划是说明项目质量监督和审核的规程及计划的文档，是项目开展质量管理活动的依据。其中明确与项目的质量保证活动有关的各项内容，包括从事质量管理活动的组织与人员、资源、质量保证活动针对的软件工作产品和工作过程范围及其审核准则、质保活动流程、不符合项处理及跟踪验证要求、软件质量保证活动的进度安排等。

4）测量分析计划

测量分析计划是说明项目的测量信息采集、存储、分析和结果交流的规程及计划的文档，是项目开展测量分析活动的依据。其中明确与项目测量分析活动有关的各项内容，包括从事测量分析活动的组织与人员、资源、测量目标、各测量项的定义、测量分析活动的进度安排等。

5) 阶段/里程碑总结报告

阶段/里程碑总结报告是对项目某个阶段或某个里程碑到达时项目的状态进行总结的文档,是判断项目开展过程中其偏差程度及质量趋势是否满足要求的依据。其中内容主要包括技术工作、各种计划跟踪、项目变更、质量保证、配置管理、问题跟踪、风险跟踪等方面的进展及与计划偏差情况,并提出改进意见和下阶段计划。

6) 软件研制总结报告

软件研制总结报告是在软件项目完成后对其开发工作及管理工作进行全面总结的文档,是软件产品能否顺利移交的依据。其中内容主要包括任务背景、项目需求、软件实现、开发工作综述、管理工作综述、改进意见及建议等。

本篇将分 4 章对软件开发计划、配置管理计划、质量保证计划、软件研制总结报告进行说明,明确各份文档的编写要求。每份文档将给出一个编写模板说明各文档组成章节及内容要素,并给出了一些关键部分的描述示例,便于读者更好地对各要素内容及编写粒度的了解。

第 18 章

软件开发计划

古人说"凡事预则立,不预则废",其中"预"就是做计划,只有在开展软件开发项目前做好一个可行、有效的计划,才可能使项目有条不紊地进行。

在生活中我们常常可以听到"计划没有变化快""计划赶不上变化"等,这反映了一些人对计划和计划变化的误解。计划和变化本身就是相辅相成的,没有计划,变化又何从谈起?正是存在着不可预知的变化才充分体现了计划的重要性。基于软件项目的特点,在软件开发过程中经常存在各种各样的变化,如果不进行有效地管理,可能导致进度滞后、成本增加,或者产生严重的质量问题,进而导致项目的失败。

软件开发计划(SDP)是软件项目策划的工作产品。该文档是在完成项目初步估计后,根据项目估计的结果安排项目人员以及提出各种资源(包括软硬件资源等)需求,明确项目进度计划,说明项目完成的标准要求,标识并分析项目风险,策划数据管理、所需要的知识技能,制定相关方参与计划,标识关键依赖关系等,指导整个项目开发工作的顺利进行,并为软件开发活动提供依据。

制定软件开发计划的活动如下:

(1) 确定项目的范围;

(2) 估计软件产品的规模和工作量;

(3) 确定软件开发生命周期模型;

(4) 确定项目的进度计划;

(5) 识别并分析项目风险;

(6) 策划项目的资源、数据管理以及项目人员所需的知识与技能;

(7) 制定相关方参与计划;

(8) 识别关键依赖关系;

(9) 说明软件开发标准;

(10) 制定需求管理计划、项目监控计划等;

(11) 明确用户交付要求等。

软件开发计划的制定应尽早开展,应遵循远粗近细的原则。

软件开发计划使用人员几乎涉及所有与软件开发活动相关的人员。

为了保证软件开发计划的有效落实,需要在完成开发计划编写后对其进行评审,以便保证软件开发计划与质量保证计划、配置管理计划、测试计划、验收交付计划、供方协议管理计划等保持一致。

18.1　软件开发计划编写要求

软件开发计划是为项目的开展制定软件开发所需的组织与资源要求,提出技术解决途径、选择软件开发模型、制定进度安排、说明风险管理,制定利益相关方参与计划、知识和技能获取计划、数据管理计划、需求管理计划、项目监控计划,提出软件测试要求、软件验证与确认要求等,并说明用户交付要求、软件开发标准和非开发软件。

软件开发计划应满足如下要求:

(1) 应明确定义软件开发项目各个组织及其成员、职责、权限等;

(2) 应说明完成软件开发项目各项活动必需的硬件和软件资源,应标识和说明资源的来源及资源获取计划;

(3) 应根据开发任务要求和软件自身特点选择恰当的开发模型;

(4) 应合理定义项目的所有活动及其进度,指明所有的重要事件;

(5) 应充分识别和分析项目各类风险,制定有效的风险缓解措施以及恰当的应急措施;

(6) 应规定合理可行的项目安全保密措施;

(7) 应明确清晰地定义与其他软件承制方之间的接口或协议;

(8) 应完整识别利益相关方,利益相关方参与计划与项目的进度计划应协调一致;

(9) 应制定有效的项目培训计划;

(10) 应制定满足任务要求的项目人力资源计划;

(11) 应明确规定满足开发任务要求的标准或规范,例如文档编制规范、设计标准、编码标准等;

(12) 应制定明确的相关数据管理计划;

(13) 应制定合理可行的项目监控计划;

(14) 应制定满足开发任务要求的验证与确认计划,且应与项目的进度计划协调一致;

(15) 应明确说明用户交付要求,用户交付要求应满足开发任务要求。

18.2　软件开发计划内容

软件开发计划的编写内容如下所示。

软件开发计划
1　范围
1.1　标识
写明本文档的:
(1) 标识;
(2) 标题;
(3) 本文档的适用范围;
(4) 本文档的版本号。

1.2 系统概述

概述本文档所适用的系统和/或 CSCI 的用途、主要功能、性能、接口,运行环境要求等,并说明软件的需方、用户、开发方和维护保障机构等。

1.3 文档概述

说明编写本文档的依据,并概述本文档的用途和内容。另外,还应说明该文档在保密性方面的要求。

1.4 与其他文档的关系

概述本文档与其他文档之间的关系。

2 引用文档

应按标题和标识列出本文档引用的所有文档,并说明每一文档的版本、编写单位和发布日期,如表 18-1 所示。

表 18-1 引用文档表

序号	引用文档标题	引用文档标识	文档版本	编写单位	发布日期

3 术语和定义

给出所有在本文档中出现的专用术语和缩略语的确切定义,如表 18-2 所示。

表 18-2 术语和缩略语表

序号	术语和缩略语名称	术语和缩略语说明

4 组织与资源

4.1 组织与人员

概述软件开发项目的组织机构及其所属人员信息,可以用表 18-3 的形式来表示此信息。

表 18-3 人员与职责表

角色	人员	职称	人员职责

4.2 环境资源

软件开发、软件测试、软件工程所需硬件和软件资源如表 18-4 所示。

表 18-4 资源配置表

序号	资源名称	资源标识	数量	配置	到位时间	使用说明	获取方式

5 软件开发总体计划

5.1 技术解决途径

描述开发软件产品的顶层策略,包括采用何种体系结构(例如分布式或客户-服务器结构)、采用的关键技术、最终产品的安全性和保密性策略等。

5.2 软件开发模型

描述本项目采用的软件开发模型,说明选取该软件开发模型的原因,并描述开发各阶段的活动、输入和输出、关键技术要求等,如表 18-5 所示。

表 18-5　项目已定义过程

序号	过程名称	软件阶段	主要活动	主要输出产品	裁剪

项目策划过程中可以根据项目的具体情况选择其他生存周期模型,但应清晰、合理地定义生存周期阶段和各阶段的主要活动、关键技术要求、工作产品和出入口准则等。

5.3　软件开发标准

5.3.1　设计标准

描述在软件开发中计划使用的设计标准。

5.3.2　编码标准

描述在软件开发中计划使用的编码标准。

5.4　软件重用

5.4.1　可重用软件的选取

描述标识、评估和采用可重用软件产品所遵循的方法,包括查找这些产品的范围和进行评估的准则。在制定或更新计划时对已选定的或候选的可重用的软件产品应加以标识和说明,适用时还应给出与使用有关的优缺点和限制。

5.4.2　可重用软件的开发

描述开发可重用软件产品的可能性及所遵循的方法。

5.5　关键需求的处理要求

按照开发任务要求等描述关键需求所应遵循的处理方法,可以从如下 4 个方面描述关键需求所遵循的处理方法:

(1) 安全性保证;

(2) 保密性保证;

(3) 私密性保证;

(4) 其他关键需求的保证。

5.6　资源的使用要求

按照软件开发任务要求描述分配硬件资源和监控其使用情况所遵循的方法。

5.7　解决方案的管理

说明记录决策过程和原因等所应遵循的方法。

6　开发活动详细计划

6.1　项目估计

对软件产品的规模、工作量进行估计,应使用组织资产库中的历史数据估计项目的规模和工作量。

6.2　进度计划

说明本项目的所有活动,包括需求分析、设计、编码、测试以及评审等的工作安排、开始和结束时间、完成形式等。

6.2.1　阶段进度计划

说明阶段计划安排。

6.2.2　测试活动进度计划

说明项目所有测试活动的进度计划。

6.2.3　评审计划

说明项目所有评审活动的进度计划。

6.3　开发活动关键依赖关系

说明软件开发活动的关键依赖关系。

6.4　纠正措施

说明项目问题纠正措施应遵循的要求,包括问题报告、纠正措施报告应记录的内容等。

6.5　风险管理

应描述项目实施过程中可能出现的各类风险。另外,还应说明对风险进行评估的时机,风险负责人等信息。

6.6　安全保密

描述为保证项目的安全保密性和私密性要求而制定的措施,说明需方或授权代表访问开发方和分承制方设施应遵循的规定。

6.7　分承制方管理

描述与其他相关软件开发方的协作设计和数据管理要求,以保证与其他相关软件承制方接口的相容性。

6.8　利益相关方管理

说明利益相关方参与的各项活动,包括用户、交办方、其他软件开发方、第三方评测机构等。

6.9　知识和技能获取计划

应对项目所需技能,人员现有技能进行分析。描述是否需要聘用新人,描述需要进行培训的知识和技能,说明培训的目的、内容、人员、时间、培训方式。

6.10　数据管理计划

应说明外来文件、记录的管理、技术文件的管理应遵照的规程。应对数据管理时机和存储方式进行说明。应在访问权限中应说明对各类数据拥有访问权利的人员范围。

6.11　需求管理计划

描述项目需求管理活动计划。

6.12　项目监控计划

说明项目监控计划,并明确监控阈值的要求。

6.13　用户交付要求

说明需交付的软件产品和文档名称及交付形式等。

18.3　软件开发计划示例

18.3.1　环境资源

环境资源是软件开发活动的必要保障,应根据项目需要制定详细的环境资源计划。环境资源的内容包括以下 2 点:

(1)软件开发活动和过程管理活动所需要的资源。依据组织定义的标准工作环境和软件项目的实际需求,确定软件项目所需要的资源。软件开发计划中重点描述软件开发活动所需要的关键资源,过程管理所需要的资源可在各过程计划中明确,例如质量保证计划、配置管理计划等。

(2)策划项目所需的设施、设备和部件需求等。

4.2 环境资源

软件开发、软件测试、软件工程所需硬件和软件资源如表 18-6 所示。

表 18-6 环境资源

序号	资源名称	资源标识	数量	配置/版本	到位时间	使用说明	获取方式
1	遥控数据仿真机		1	HP 计算机,双核 2 GHz CPU,2 GB 内存,320 GB 硬盘,1000 M 网卡,配 PCI 总线的时统板, Windows 平台	2013-09-16	运行遥控数据仿真软件以及软件开发与调试	已具备
2	数据收发机	11070006	1		2013-09-16	运行数据收发软件以及软件开发与调试	已具备
3	测试数据管理机	11070009	1		2013-09-16	运行测试数据管理与过程支持软件	已具备
4	软件开发机	11130003 11110001	2	硬件配置同上,编译程序 C#,Windows 7 平台, Microsoft Framework 3.0 软件开发环境	2013-09-16	编写开发文档	已具备
5	项目管理机	11130004 11110012 11140003	3	所网无盘工作站,联想 S4700,Windows XP 平台,2.20 GHz 处理器,1 GB 内存	2013-09-16	质量保证、配置管理、项目监控、项目测量等活动	已具备
6	软件测试机	11000058 11000059	2	IBM 便携机,Windows XP 平台,2.20 GHz 处理器,1 GB 内存,100 GB 硬盘,1000 M 网卡	2013-09-16	软件测试	已具备
7	交换机	11070020	1	Cisco2950 24 交换机, 100/1000 自适应端口 24 个,2 个 SFP 接口模块	2013-09-16	软件开发与测试	已具备
8	软件过程管理工具	SPM	1	SPM V1.0	2013-09-16	项目策划与管理	已具备
9	软件测试过程管理工具	TP-Manager	1	TP-Manager V3.5	2013-09-16	软件测试过程管理和测试文档生成	已具备
10	服务器端版本控制工具	Visual SVN-Server	1	VisualSVN-Server/ 1.6.11	2013-09-16	开发库管理	已具备
11	客户端版本控制工具	TortoiseSVN	1	TortoiseSVN 1.6.5	2013-09-16	开发库管理	已具备
12	软件开发工具	Visual Studio	1	Visual Studio 2010	2013-09-16	软件编码与调试	已具备

续表

序号	资源名称	资源标识	数量	配置/版本	到位时间	使用说明	获取方式
13	单元测试工具	Visual Studio	1	Visual Studio 2010 Unit Test Tools、Code Coverage Tools	2013-09-16	软件单元测试	已具备
14	时统设备		1	PCI 总线,提供 1Hz、20Hz 中断服务	2014-03-20	系统测试	借用
15	远程实时数据交换软件		1	V1.0	2014-03-20	系统测试	借用

18.3.2　软件开发模型

软件开发计划需要根据软件开发任务要求(任务、周期、资源、质量要求等)和生存周期模型,按照组织标准软件过程裁剪指南,建立软件开发模型,即项目的已定义过程,并说明裁剪的理由。

项目已定义过程应满足项目的需要,超出组织标准软件过程裁剪指南规定的裁剪或选用组织标准过程以外的其他过程、方法和工具等,需得到组织的批准。项目已定义过程的内容包括过程名、软件阶段、主要活动、主要输出产品、裁剪说明等。

5.2　软件开发模型

该软件为新研软件,软件关键等级为 D 级,采用简化 V 模型。软件开发阶段包括系统分析与设计、软件需求分析、软件设计与实现、软件测试、软件验收与交付 5 个阶段,项目已定义过程如表 18-7 所示。

表 18-7　项目已定义过程

序号	过程名称	软件阶段	主要活动	主要输出产品	裁剪说明
1		软件系统分析与设计	(1) 开发系统需求; (2) 确定技术解决方案; (3) 系统分析与设计; (4) 评审该阶段工作产品	系统设计说明 系统测试计划	该软件研制项目依照计划处下达的子系统研制任务书开展工作,裁剪软件研制任务书
2	软件工程过程	软件需求分析	(1) 开发软件需求; (2) 确定软件配置项需求; (3) 评审该阶段工作产品	软件需求规格说明 配置项测试计划	(1) 裁剪软件安全性分析活动; (2) 软件接口需求规格说明与软件需求规格说明文档合并
3		软件设计与实现	(1) 选择软件产品的技术解决方案; (2) 进行软件体系结构设计、接口设计、重用分析和设计; (3) 评审软件设计说明	软件设计说明	(1) 合并概要设计和详细设计; (2) 裁剪安全性分析活动; (3) 软件接口设计说明、软件数据库设计说明与软件设计说明合并

续表

序号	过程名称	软件阶段	主要活动	主要输出产品	裁剪说明
4			进行软件编码和调试	软件源程序代码	
5		软件设计与实现	(1) 进行单元测试需求分析与策划与设计； (2) 进行动态单元测试； (3) 编写单元测试报告	软件单元测试方案 软件单元测试报告 通过单元测试的软件代码	选择复杂度、扇入/扇出数高的模块进行单元测试，单元测试模块覆盖率不低于60%
6			(1) 编写软件用户手册； (2) 评审该阶段工作产品	软件用户手册	裁剪外部评审
7	软件工程过程	软件测试	(1) 进行配置项测试设计； (2) 编写配置项测试说明； (3) 搭建配置项测试环境； (4) 实施配置项测试； (5) 编写配置项测试报告； (6) 评审配置项测试工作产品	软件配置项测试说明 软件配置项测试记录 软件配置项测试问题报告(如需要) 软件配置项回归测试方案(如需要) 软件配置项回归测试记录(如需要) 软件配置项测试报告 测试通过的软件代码	D级软件，裁剪外部评审
8			(1) 进行系统测试设计； (2) 编写系统测试说明； (3) 搭建系统测试环境； (4) 实施系统测试； (5) 编写系统测试报告； (6) 评审系统测试工作产品	系统测试说明 系统测试记录 系统测试问题报告(如需要) 系统回归测试方案(如需要) 系统回归测试记录(如需要) 系统测试报告 测试通过的软件代码	
9		软件验收与交付	(1) 编写研制总结报告； (2) 进行验收评审； (3) 交付工作产品	软件研制总结报告 交付的软件产品	
10	软件项目管理	所有阶段	(1) 项目估计，制定计划； (2) 项目监控； (3) 集成项目管理； (4) 项目风险管理	软件开发计划 各阶段计划 周例会记录 监控记录 风险跟踪记录 阶段/里程碑跟踪报告等	(1) 当周例会日期与阶段总结日期相差不超过一周时，可裁剪周例会；例会可结合阶段总结一并进行； (2) 里程碑评审可与外部评审一同进行
11	需求管理	所有阶段	对需求进行跟踪，管理需求变更(若有)	需求状态跟踪表	

续表

序号	过程名称	软件阶段	主要活动	主要输出产品	裁剪说明
12	配置管理	软件系统分析与设计阶段	(1) 制定配置管理计划； (2) 阶段工作产品管理和控制、基线管理	软件配置管理计划 入库申请表 出库申请表 更动申请报告表 更动追踪表	若同一工作产品的内部评审与外部评审在3天以内时，工作产品在外部评审后入受控库
13		其他阶段	阶段工作产品管理和控制、基线管理、配置管理计划变更(若有)	配置审核检查表 配置审核报告表 基线发布表 记录登记表 记录借阅登记表	
14	过程和产品质量保证	软件系统分析与设计阶段	制定质量保证计划	软件质量保证计划	
15		所有阶段	对各阶段工作产品和过程进行评价	过程评价报告 产品评价报告 质量评价报告 不符合项报告与处置表等	
16	测量与分析	软件系统分析与设计阶段	制定测量分析计划、阶段测量数据收集与分析	测量分析计划 测量与分析数据	
17		软件验收与移交	阶段测量数据收集与分析、测量分析计划变更(若有)、收集整理项目测量数据和优秀实践提交 EPG 审核	变更的测量分析计划(若有) 项目测量数据和优秀实践	
18		其他阶段	阶段测量数据收集与分析、测量分析计划变更(若有)	变更的测量分析计划(若有) 测量与分析数据	
19	决策分析与决定	所有阶段	评价和选择备选方案	决策分析与决定报告	

18.3.3　软件开发标准

5.3　软件开发标准

5.3.1　设计标准

软件设计的一般准则为：

(1) 设计应依据需求，并建立设计与需求间的追踪关系；

(2) 应以软件单元为实体进行软件体系结构的设计，软件单元应具有单一功能；

(3) 应为每个接口的数据元素建立数据元素表；

(4) 应借助规范化的控制流图和数据流图进行设计；

(5) 人机界面设计时，提供给操作员的显示信息、图标及其他人机交互方式应清晰、简明且无歧义；

（6）在设计文档中应上下文一致地使用标准的术语和定义，界面的设计应与文档所描述的界面一致，输入/输出格式应一致。

5.3.2　编码标准

软件编码的一般准则如下：

（1）欲编码的每个软件单元应源自详细设计所分解的软件单元。

（2）每个软件单元的代码应对应详细设计时所定义的处理，并有相同的控制逻辑结构。

（3）在软件代码中分配的内存使用完后应释放。

（4）数据规则：

① 语言关键字和保留字绝不能用作变量名；

② 一个变量应有且只能有一个名字；

③ 所有变量均应显式初始化，此初始化应在其首次使用前完成；

④ 缺省值应定义。

（5）异常处理规则：

① 当一个软件单元的输入数据会影响处理的进展，或者有发生溢出危险的情况下，应对这些数据的定义域进行检查；

② 有错误时，要把错误码返回给调用者；

③ 任何调用低层软件单元者应该测试由此被调用者所返回的状态码，若为错误，此调用者则应执行或调用异常处理过程。

（6）表示法规则：

① 代码缩进应使代码易读；

② 不要把多条语句写在一行代码中；

③ 注释应按功能观点书写，应清楚地解释该代码；

④ 注释至少应占全部编码的 20%。

（7）代码的编写格式应有助于代码的可读性及可维护性。

18.3.4　项目估计

项目估计是制定项目计划的基础，可遵循远粗近细的原则逐步完善项目估计，以实现较为准确的项目估计。因此，项目估计分为两步完成：第一步项目初步估计在制定软件开发计划时进行；第二步阶段详细估计则在制定阶段实施计划时完成。本节说明在制定软件开发计划中进行的项目估计。此时项目估计主要包括确定项目技术解决途径、产品结构分解、估计工作产品的规模、定义项目生存周期、建立项目已定义过程、建立顶层 WBS 和估计工作量等。

项目负责人按照项目策划工作计划组织项目估计人员进行以下活动：

（1）确定项目的技术解决途径。技术解决途径决定开发产品的顶层策略，包括确定采用何种体系结构（例如分布式或客户/服务器结构）、采用的关键技术、最终产品的安全性和保密性策略等；

（2）根据软件项目的产品和产品部件要求，进行产品结构分解。需要强调的是在进行产品结构分解时，要明确地标识出从项目以外获得的产品或产品部件，以及可复用的工作产品；

（3）在产品结构分解的基础上进行规模估计。项目估计人员在产品结构分解的基础上，按照下列活动进行规模估计：

① 确定规模估计方法，项目估计人员根据项目特点，选择合适的估计方法。如果需要

使用非组织规定的估计方法进行规模估计时,应获得组织 EPG 的认可;

② 用选定的方法进行规模估计,估计时应考虑软件复杂度及风险的影响,规模估计的结果应包括工作产品标识、名称、主要功能说明、规模估计结果和获取方式等;

③ 工作量估计结果应包括工作安排、工作产品、规模、工作量估计结果和人员安排等。

6.1　项目估计

本项目的待开发软件是在现有的测试仿真系统的基础上,沿用已有的软件,新研遥控数据仿真软件。参考现有测试仿真系统中的遥测仿真与处理软件的功能、结构、开发语言以及源代码规模,估计新研遥控数据仿真软件的规模。

遥控数据仿真软件与现有测试仿真系统中的遥测仿真与处理软件都采用 C♯ 语言编程,遥测仿真与处理软件的源代码约为 11 500 行,经项目组讨论确定遥控数据仿真软件源代码规模为 13 000 行。

遥控数据仿真软件的规模估计结果如表 18-8 所示,与其对应的各开发阶段的工作量估计结果如表 18-9 所示。

表 18-8　规模估计表

序号	工作产品标识	工作产品名称	说　明	规模	获取方式
1	1	遥控数据仿真软件	遥控数据仿真软件主要功能包括: (1) 数据原码生成功能; (2) 遥测数据结果帧生成功能; (3) 数据发送功能; (4) 数据提取和处理功能	13 000 行	新研
2	1.1	数据原码生成功能	提供数据原码配置界面,根据任务需要动态配置原码数据,包括 UDP 帧头原码、遥测数据原码、加密的指令信息原码、小环比对结果原码等	3000 行	新研
3	1.2	遥测数据结果帧生成功能	提供遥测数据结果帧配置界面,根据任务需要动态配置遥测结果数据。能够灵活配置和方便修改仿真数据包帧格式,能够将各种类型数据按照特定数据结构排列,能够灵活定制每一帧仿真数据参数的位置、类型、仿真值	4000 行	新研
4	1.3	数据发送功能	采用的接口为 UDP 协议,提供网络实时传输功能,实时将仿真数据发送出去。仿真系统根据当前设置的数据处理方法,通过计算得出下一帧的数据并将其发送,支持数据的发送、暂停和停止	2000 行	新研
5	1.4	数据提取和处理功能	能够从网络捕获各类不同的 UDP 数据帧。对每一种数据,能够将指定位置的数值写入要发送的数据中并发送出去。包括数据过滤功能和数据处理功能	4000 行	新研
合计				13 000 行	
估计方法		☑经验估计法　　□Wideband Delphi 估计法　　□三点估计法　　□其他			

表 18-9　工作量估计表

编号	工作安排	工作产品	规模	工作量（人/日）	人员
1	系统分析与设计阶段			25	
1.1	系统分析与设计	系统设计说明	25 页	5	
1.2	系统测试需求分析与策划	系统测试计划	20 页	4	
1.3	制定软件开发计划	软件开发计划	20 页	7	
1.4	软件质量保证策划	软件质量保证计划	50 页	4	
1.5	软件配置管理策划	软件配置管理计划	15 页	3	
1.6	测量分析策划	测量分析计划	15 页	2	
1.7	项目管理			12	
2	软件需求分析阶段			11	
2.1	软件需求分析	软件需求规格说明	30 页	7	
2.2	配置项测试需求分析与策划	软件配置项测试计划	20 页	4	
2.3	项目管理			8	
3	软件设计与实现阶段			144	
3.1	软件设计	软件设计说明	130 页	40	
3.2	编码实现	软件源代码	13 000 行	60	
3.3	单元测试策划与设计	软件单元测试方案	140 页	20	
3.4	单元测试	软件单元测试记录 软件单元测试问题报告 软件单元回归测试方案 软件单元回归测试记录 软件单元测试报告	180 页	20	
3.5	编写软件用户手册	软件用户手册	15 页	4	
3.6	项目管理			12	
4	软件测试阶段			64	
4.1	配置项测试设计	软件配置项测试说明	80 页	20	
4.2	执行配置项测试	软件配置项测试记录 软件配置项测试问题报告 软件配置项回归测试方案 软件配置项回归测试记录 软件配置项测试报告	110 页	20	
4.3	系统测试设计	系统测试说明	50 页	10	
4.4	执行系统测试	系统测试记录 系统测试问题报告 系统回归测试方案 系统回归测试记录 系统测试报告	70 页	14	

续表

编号	工作安排	工作产品	规模	工作量 （人/日）	人员
4.5	项目管理			6	
5	软件验收与交付			7	
5.1	项目总结	软件研制总结报告	15 页	4	
5.2	验收评审	验收评审意见	5 页	3	
5.3	项目管理			6	
	合计			295	
估计方法	☑经验估计法　□Wideband Delphi 估计法　□三点估计法　□生产率法 □其他				

18.3.5　进度计划

进度计划是软件开发项目执行开发活动的依据。主要内容包括以下 2 点。

（1）依据项目初步估计结果和开发任务要求，制定项目进度计划。主要活动包括：

① 估计阶段持续时间，在各阶段工作量估计和人员安排的基础上，确定各阶段持续的时间；

② 制定项目进度表，根据项目启动时间、阶段持续时间等完成项目进度安排。

（2）当项目进度计划与开发任务要求有偏离时，应协调各项资源或与客户进行沟通使其一致。

一般情况下，客户在软件开发任务要求中都会提出产品交付和各阶段完成的时间以及重要评审的时间安排。这时，需要项目负责人根据具体情况进行分析，可以通过调整资源满足客户要求的，在制定计划时尽量予以满足，确有困难的需要与客户进一步沟通以得到客户的支持。

6.2　进度计划

6.2.1　阶段进度计划

根据《关于远程测试系统软件开发需求的沟通纪要》对项目完成时间的要求以及项目规模、工作量、人员、时间、资源等方面的安排，本项目阶段进度安排如表 18-10 所示。

表 18-10　阶段进度安排表

序号	工作安排	是否里程碑	开始时间	结束时间	完成形式
1	系统分析与设计阶段	是	2013-09-16	2013-09-30	系统设计说明 系统测试计划 软件开发计划 软件质量保证计划 软件配置管理计划 测量分析计划

续表

序号	工作安排	是否里程碑	开始时间	结束时间	完成形式
2	软件需求分析阶段	是	2013-11-01	2013-11-15	软件需求规格说明 软件配置项测试计划
3	软件设计与实现阶段	否	2013-11-16	2014-03-14	软件设计说明 软件单元测试方案 软件源代码和可执行程序 软件单元测试记录 软件单元测试问题报告 软件单元回归测试方案 软件单元测试报告 软件用户手册
4	软件测试阶段	否	2014-03-15	2014-04-23	软件配置项测试说明 软件配置项测试记录 软件配置项测试问题报告 软件配置项回归测试方案 软件配置项回归测试记录 软件配置项测试报告 系统测试说明 系统测试记录 系统测试问题报告 系统回归测试方案 系统回归测试记录 系统测试报告
5	软件验收与交付阶段	是	2014-04-24	2014-04-30	软件研制总结报告

6.2.2 测试活动进度计划

软件测试分单元测试、配置项测试(含集成测试)、系统测试 3 个阶段。单元测试由软件编码实现人员完成,配置项测试和系统测试由测试小组完成。测试的组织与实施、测试组人员职责和进度安排如表 18-11 所示,测试计划的详细内容在系统测试计划、配置项测试计划、单元测试方案中明确。

表 18-11 软件测试进度与人员计划表

测试阶段	开始时间	结束时间	组织与实施	人员	人员职责
单元测试	2014-02-08	2014-03-07	项目技术主管组织软件工程组完成单元测试	×××	单元测试策划与设计; 编写单元测试文档; 执行单元测试
配置项测试	2014-03-15	2014-04-11	项目技术主管组织软件测试组完成配置项测试	×××	配置项测试策划与设计; 编写配置项测试文档; 执行配置项测试
系统测试	2014-03-29	2014-04-23	项目技术主管组织软件测试组完成系统测试	×××	系统测试策划与设计; 编写系统测试文档; 执行系统测试

6.2.3　评审计划

本项目的评审计划如表 18-12 所示。

表 18-12　评审计划表

序号	工作内容	评审对象	预计时间	参与人员	设备与工具	评审类型
1	软件系统分析与设计阶段里程碑内部评审	系统设计说明 系统测试计划	2013-09-27	主管领导 主任设计师 项目组	便携机 打印机	会议
2	软件系统分析与设计阶段里程碑外部评审	软件开发计划 软件配置管理计划 软件质量保证计划 测量分析计划 里程碑跟踪报告	2013-09-30	总师 计划处 主管领导 主任设计师 用户 项目组	便携机 打印机	会议
3	软件需求分析阶段里程碑内部评审		2013-11-14	主管领导 主任设计师 项目组	便携机 打印机	会议
4	软件需求分析阶段里程碑外部评审	软件需求规格说明 软件配置项测试计划 里程碑跟踪报告	2013-11-15	总师 计划处 主管领导 主任设计师 用户 项目组	便携机 打印机	会议
5	软件设计说明评审	软件设计说明	2013-12-13	主管领导 主任设计师 项目组	便携机 打印机	会议
6	软件单元测试策划与设计评审	软件单元测试方案	2014-02-21	主管领导 主任设计师 项目组	便携机 打印机	会议
7	软件单元测试评审	软件单元测试方案 软件单元测试记录 软件单元测试问题报告 软件单元回归测试方案 软件单元测试报告	2014-03-07	主管领导 主任设计师 项目组	便携机 打印机	会议
8	软件设计与实现阶段评审	软件设计与实现阶段所有技术文档 阶段跟踪报告	2014-03-14	主管领导 主任设计师 项目组	便携机 打印机	会议
9	软件配置项测试就绪评审	软件配置项测试说明 软件配置项测试环境	2014-03-28	主管领导 主任设计师 项目组	便携机 打印机	会议

续表

序号	工作内容	评审对象	预计时间	参与人员	设备与工具	评审类型
10	软件配置项测试评审	软件配置项测试记录 软件配置项测试问题报告 软件配置项回归测试方案 软件配置项测试报告	2014-04-11	主管领导 主任设计师 项目组	便携机 打印机	会议
11	系统测试就绪评审	系统测试说明 系统测试环境	2014-04-11	主管领导 主任设计师 项目组	便携机 打印机	会议
12	系统测试评审	系统测试记录 系统测试问题报告 系统回归测试方案 系统测试报告	2014-04-23	主管领导 主任设计师 项目组	便携机 打印机	会议
13	软件测试阶段评审	测试阶段所有技术文档 阶段跟踪报告	2014-04-23	主管领导 主任设计师 项目组	便携机 打印机	会议
14	软件验收与交付阶段里程碑内部评审	软件研制总结报告 软件需求规格说明 软件设计说明	2014-04-29	主管领导 主任设计师 项目组	便携机 打印机	会议
15	软件验收与交付阶段里程碑外部评审	软件配置项测试报告 系统测试报告 软件可执行程序 软件用户手册 里程碑跟踪报告	2014-04-30	总师 计划处 主管领导 主任设计师 用户 项目组	便携机 打印机	会议

18.3.6　关键依赖关系

在制定软件开发计划时需要对项目实施过程中的关键依赖关系进行标识,描述承诺的内容、承诺者、满足承诺的时间、满足承诺的标准等。

6.3　开发活动关键依赖关系

　　在项目进展过程中,与项目相关的关键依赖关系如表 18-13 所示。

表 18-13　关键依赖关系

序号	工作内容	联系人	负责人	完成时间	标准要求
1	获取时统设备	×××	×××	2014-03-20	时统设备通过出所测试
2	远程实时数据交换软件获取	×××	×××	2014-03-20	软件通过配置项测试

18.3.7　风险管理

软件项目应在适当的时候开展风险的识别和标识。风险识别活动贯穿项目整个生存周期,可以在下述时机开展风险的评估:

(1) 在项目策划阶段进行首次风险评估,评估结果应写入风险列表;

(2) 在项目主要里程碑处需要再次进行风险评估;

(3) 在制定阶段实施计划时需要再次进行风险评估;

(4) 项目发生重要变更(例如需求项变更超过20%,需要重新进行项目估计)时,需要对风险进行重新标识与分析,再次进行风险评估。

风险评估是通过风险识别活动将不确定的条件或事件转变为风险描述,分析风险发生的概率、危险程度及发生时段,评估风险影响,给出风险优先级排序,并制定缓解措施和应对措施。

软件开发计划中应描述项目实施过程中可能出现的各类风险。另外,还应说明对风险进行评估的时机和风险负责人等。

6.4　风险管理

　　在项目进展中,可能遇到并需要跟踪的风险如表 18-14 所示。在例会、阶段总结、里程碑处或事件触发对风险进行评估,由项目技术主管负责。风险等级为中等以上时,执行风险缓解措施。

表 18-14　风险列表

序号	风险事件	风险标识	优先级	缓解措施	启动时机	应急措施
1	时统设备可能无法按时到位,将影响系统测试	YCPT_Risk1	较低	协调时统设备提供进度,适时调整系统测试时间安排	2014-03-10,时统设备仍未提供时	如果时统设备不能按时到位,将系统测试推迟,与远程支持平台联调同时进行
2	远程实时数据交换软件可能无法按时到位,将影响系统测试	YCPT_Risk2	中	协调远程实时数据交换软件提供进度,适时调整系统测试时间安排	2014-03-10,远程实时数据交换软件仍未提供时	如果远程实时数据交换软件不能按时到位,将系统测试推迟,与远程支持平台联调同时进行

18.3.8　利益相关方管理

利益相关方的管理在软件项目中有很重要的作用,将保障软件交付的是用户期望的系统。因此开发计划中应制定详细的利益相关方管理计划,主要内容包括利益相关方参与的活动、开始时间、结束时间和参与人员等。

6.7 利益相关方管理

本项目的利益相关方应按下列计划参与项目相关活动。利益相关方参与项目的计划表如表18-15所示。

表 18-15 利益相关方参与计划表

序号	活动安排	开始时间	结束时间	参与人员
1	软件系统分析与设计阶段里程碑评审	2013-09-30	2013-09-30	总师 计划处 主管领导 专业主任设计师 用户 项目组
2	软件需求分析阶段里程碑评审	2013-11-15	2013-11-15	总师 计划处 主管领导 专业主任设计师 用户 项目组
3	软件验收与交付阶段里程碑评审	2014-04-28	2014-04-30	总师 计划处 主管领导 专业主任设计师 用户 项目组

18.3.9 知识和技能获取计划

开发人员的技能关系到软件项目的成败,因此开发计划中应详细分析项目所需知识和技能,并分析人员已有技能与项目需求的差异,制定切实可行的知识技能获取计划。

知识和技能获取计划的内容包括:

(1)应按照进度要求、技术解决途径等确定开展软件开发活动所需的知识和技能;

(2)评估现有人员的知识和技能;

(3)确定项目所需的外部人力资源,可以从项目组外借调人员;

(4)确定需要进行培训的知识和技能,制定培训计划,包括目的、内容、人员、时间和培训方式(内部培训或外部培训)等。

6.8 知识和技能获取计划

项目组人员长期从事测控领域应用软件开发和软件测试相关工作,熟练掌握软件开发与测试相关技能及工具使用,项目质量保证组人员熟悉本单位 GJB 5000A 质量保证过程和规程,项目配置管理组人员熟悉本单位 GJB 5000A 配置管理过程和规程,基本技能方面不再进行培训。

开发遥控数据仿真软件,首先需要了解遥控数据处理软件在任务中的作用、组成、运行环境等背景知识,还需要掌握遥控数据处理方法和遥控数据仿真方法等,分析人员技能情况,相关知识培训计划如表 18-16 所示。

表 18-16　项目培训计划

序号	培训目的	培训内容	培训时间	受训人员	培训方式
1	了解遥控数据处理软件在任务中的作用、组成、运行环境等背景知识	(1) 遥控数据处理软件应用背景； (2) 遥控数据处理软件作用、组成、运行环境	2013-11-01	全体成员	外请专家
2	掌握遥控软件数据处理方法和遥控数据仿真方法	(1) 遥控软件数据处理方法； (2) 遥控数据仿真方法	2013-11-01	全体成员	外请专家

18.3.10　数据管理计划

项目数据包括：接收的各类文件、资料、数据，以及项目进行过程中产生的各类文件、记录、程序和数据等。数据管理计划的内容包括以下 3 点：

(1) 标识项目中需要管理的所有数据。

(2) 制定确保数据安全保密性和私密性的要求。项目数据的安全保密不仅要遵守安全保密的相关要求，也要遵守用户提出的有关安全保密要求；另外，为确保数据的私密性，还应明确项目数据的访问权限。

(3) 对项目中的所有数据进行有效管理。对项目数据应按类型区分，并实施有效的管理。外来文件和过程实施产生的记录应进行标识，并可利用配置管理的开发库进行管理控制，在项目结束时按照档案管理规定进行归档处理。

6.9　数据管理计划

外来文件按《文件管理程序》实施；记录的管理按《记录管理规程》实施；技术文件的管理按照配置管理计划实施。项目的工作产品、风险跟踪、测量与监控等的相关记录由软件过程管理工具 SPM 管理，其余数据的管理按表 18-17 列出的计划执行。例会或阶段总结后 3 天内完成下表计划的数据管理，纸介质的记录存放于配置管理资料柜中，所有纳入数据管理的文档、记录等由××负责管理。

表 18-17　数据管理计划

类别	序号	名称/标识	负责人	管理时机	访问权限	发布形式	存取方式
需求管理	1	需求更改申请/确认表	×××(项目负责人)	数据生成后3天内	项目组 主任设计师 部门领导 总师	纸介质	配置管理员使用资料柜保存并管理
	2	需求状态跟踪表		数据生成后3天内	项目组	电子	利用开发库进行管理
项目管理	3	例会记录表		数据生成后3天内	项目组	纸介质	配置管理员使用资料柜保存并管理

续表

类别	序号	名称/标识	负责人	管理时机	访问权限	发布形式	存取方式
项目管理	4	项目阶段跟踪报告	×××（项目负责人）	数据生成后3天内	项目组 主任设计师 部门领导 总师	纸介质	配置管理员使用资料柜保存并管理
	5	评审记录表		数据生成后3天内	项目组 主任设计师 部门领导	纸介质	
	6	问题报告与处置表	报告人	数据生成后3天内		纸介质	
	7	规模估计表		数据生成后3天内		纸介质	
	8	工作量估计表	×××（项目负责人）	数据生成后3天内		纸介质	
	9	进度估计表		数据生成后3天内		纸介质	
配置管理	10	基线发布表	报告人	数据生成后3天内	项目组 项目CCB	纸介质	
	11	配置审核检查表	报告人	数据生成后3天内	项目组 项目CCB	纸介质	
	12	配置审核报告表	报告人	数据生成后3天内	项目组 项目CCB	纸介质	
	13	配置管理状态报告		数据生成后3天内	项目组 项目CCB	纸介质	
	14	记录借阅登记表		数据生成后3天内	项目组 项目CCB	纸介质	
	15	记录登记表	×××（配置管理员）	数据生成后3天内	项目组 项目CCB	电子	利用开发库进行管理
	16	更动申请报告表		数据生成后3天内	项目组 项目CCB	纸介质	配置管理员使用资料柜保存并管理
	17	更动追踪表		数据生成后3天内	项目组 项目CCB	电子	利用开发库进行管理
	18	入库申请表		数据生成后3天内	项目组 项目CCB	纸介质	
	19	出库申请表		数据生成后3天内	项目组 项目CCB	纸介质	
质量保证	20	评价报告	×××（质量保证人）	数据生成后3天内	项目组、专业主任设计师、部门领导	纸介质	配置管理员使用资料柜保存并管理
	21	质量保证报告		数据生成后3天内	项目组、专业主任设计师、部门领导	纸介质	

续表

类别	序号	名称/标识	负责人	管理时机	访问权限	发布形式	存取方式
质量保证	22	问题上报表	×××（质量保证人）	数据生成后 3 天内	项目组 专业主任设计师 部门领导 EPG 最高管理者	纸介质	配置管理员使用资料柜保存并管理
	23	不符合项报告与处置表		数据生成后 3 天内	项目组 专业主任设计师 部门领导	纸介质	
决策分析与决定	24	决策分析与决定报告	×××（项目负责人）	数据生成后 3 天内	项目组 专业主任设计师 部门领导	纸介质	
其他	25	会议记录表		数据生成后 3 天内	项目组	纸介质	

注：CCB 为 Configuratoin Control Board。

18.3.11　需求管理计划

需求管理是软件开发活动的重要环节,是保证项目完成软件交付要求的重要手段。需求管理计划是项目开展需求管理活动的依据,应根据软件开发的进度计划制定需求管理计划,在计划中明确需求管理的人员、资源,制定需求理解与承诺、需求双向追踪、需求变更等活动的利益相关方参与计划。

6.10　需求管理计划

本项目的需求管理活动计划如表 18-18 所示,项目技术主管负责需求管理。

表 18-18　需求管理计划表

序号	需求管理活动	开始时间	完成时间	人员	内　　容
1	需求理解与需求承诺	2013-09-16	2013-09-16	用户 主任设计师 项目技术主管 项目组	主任设计师、项目技术主管、项目组主要成员与用户成员一起分析理解任务,协商后形成《关于远程测试系统软件研制需求的沟通纪要》,项目组按照需求接受准则对《关于远程测试系统软件研制需求的沟通纪要》进行审核,并签字确认

续表

序号	需求管理活动	开始时间	完成时间	人员	内　容
2	软件系统分析与设计阶段需求跟踪	2013-09-30	2013-09-30	项目技术主管 软件工程组	(1) 建立系统设计说明与《关于远程测试系统软件开发需求的沟通纪要》的双向跟踪表； (2) 建立初始需求状态跟踪表
3	软件需求分析阶段需求跟踪	2013-11-15	2013-11-15	项目技术主管 软件工程组	(1) 建立需求规格说明与系统设计说明的双向跟踪表； (2) 检查需求一致性并更新需求分析阶段的需求状态跟踪表； (3) 发现不一致项，标识并填写《问题报告与处置表》，并启动纠正措施
4	软件设计与实现阶段需求跟踪	2013-12-13	2014-03-14	项目技术主管 软件工程组	(1) 建立软件设计说明与需求规格说明的双向跟踪表； (2) 检查需求一致性并更新设计阶段的需求状态跟踪表； (3) 建立代码与设计的双向跟踪表； (4) 检查需求与需求的一致性，并更新代码实现后的需求状态跟踪表； (5) 发现不一致项，标识并填写《问题报告与处置表》，并启动纠正措施
5	软件测试阶段需求跟踪	2014-03-20	2014-04-23	项目技术主管 软件测试组	(1) 建立软件配置项测试计划与软件需求规格说明的双向跟踪表； (2) 建立系统测试计划与系统设计说明的双向跟踪表； (3) 建立软件配置项测试说明与软件配置项测试计划的双向跟踪表； (4) 建立系统测试说明与系统测试计划的双向跟踪表； (5) 检查需求一致性并更新软件测试阶段的需求状态跟踪表； (6) 发现不一致项，标识并填写《问题报告与处置表》，并启动纠正措施

续表

序号	需求管理活动	开始时间	完成时间	人员	内　容
6	软件验收与交付需求跟踪	2014-04-30	2014-04-30	项目技术主管软件工程组	(1) 建立系统设计说明与交付产品的跟踪表； (2) 检查需求一致性并更新软件验收与交付阶段的需求状态跟踪表； (3) 发现不一致项，标识并填写《问题报告与处置表》，并启动纠正措施

18.3.12　项目监控计划

项目监控计划是项目实施过程中进行项目监控的依据。制定项目监控计划的内容包括监控活动、时间或时机、负责人/参加人、监控活动内容、完成形式、明确偏差阈值的要求等。

6.11　项目监控计划

项目的监控活动计划如表 18-19 所示。规模、工作量、进度偏差阈值为 30%，当进度偏差超出阈值时要分析原因，确定纠正措施。规模和工作量偏差超出阈值但不影响进度时，不需要制定纠正措施。

表 18-19　项目监控计划表

序号	监控活动	时间或时机	负责人/参加人	内　容	完成形式
1	数据采集	项目开始至项目结束每双周采集1次	项目技术主管	对规模、工作量、进度、问题、风险等情况进行采集	任务分派与跟踪表问题跟踪表风险跟踪表
2	例会	项目开始至项目结束每双周1次。时间一般为第二周周五上午，特殊情况时间可以提前或推后，但不应超过3天	项目技术主管	对项目进展的进度、规模、工作量、问题、风险、需求管理情况、配置管理情况、质量保证情况以及下周工作计划等进行分析和确认	任务分派与跟踪表例会记录问题跟踪表风险跟踪表
3	阶段总结	阶段结束时进行阶段分析	主管领导项目技术主管	对阶段的技术工作完成情况、各种计划跟踪情况、变更情况、质量保证情况、配置管理情况、问题和风险跟踪情况、经验教训进行总结和分析，并安排下阶段工作计划	阶段跟踪报告

续表

序号	监控活动	时间或时机	负责人/参加人	内　　容	完成形式
4	系统分析与设计阶段里程碑评审	2013-09-30	总师 计划处 用户 专业主任设计师 主管领导 项目组	对系统分析与设计阶段工作进行评审	里程碑报告 评审意见
5	需求分析里程碑阶段评审	2013-11-15		对至现阶段的所有工作进行分析和评审	
6	验收与交付阶段里程碑评审	2014-04-30		对项目工作进行总结评审	

18.3.13　用户交付要求

用户交付要求是完成项目的目标,是开展软件开发活动的根本要求,是项目安排各种工作的依据。因此,用户交付要求应依据软件开发任务要求制定,并与其保持一致。

6.12　用户交付要求

本项目需要交付用户的工作产品如表 18-20 所示。

表 18-20　产品交付表

序号	产品名称	交付形式
1	系统设计说明	电子文档、打印文档各 1 份
2	软件需求规格说明	电子文档、打印文档各 1 份
3	软件设计说明	电子文档、打印文档各 1 份
4	软件配置项测试报告	电子文档、打印文档各 1 份
5	系统测试报告	电子文档、打印文档各 1 份
6	软件用户手册	电子文档、打印文档各 1 份
7	软件研制总结报告	电子文档、打印文档各 1 份
8	软件可执行程序	以 CD-ROM 介质提供文实相符的可执行映象(包括运行、维护所必须的系统软件、动态链接库、安装软件等)

18.4　软件开发计划常见问题

软件开发计划是开展软件开发活动的依据,因此应对其正确性、可操作性、协调一致性等进行关注。常见的软件开发计划问题如下:

(1)系统概述不清晰。主要表现在未能清晰地说明系统/配置项的主要功能、性能和接口,缺少接口关系图等内容。

(2)引用文件不完整。主要表现在缺少必要的依据文件,例如缺少研制任务书、接口控制文件等。

(3)资源识别不完整,描述不具体。在提出环境资源时往往忽略了一些必要的测试环境资源,导致到测试阶段才发现缺少相应的测试工具或测试设备,使部分测试无法开展,只能遗留到后续阶段进行测试,错过了发现问题的最佳时机。另外,对测试资源的描述不具体,例如缺少软件环境版本信息、硬件配置信息等内容。

(4)软件开发模型定义不恰当。主要表现在对某些活动的裁剪不合理,未按照用户要求、软件工程规范等的要求进行项目活动的裁剪。主要表现在未按要求进行评审、测试活动的安排等,测试活动裁剪的理由不充分。

(5)软件开发标准定义缺乏可操作性。主要表现在引用的标准很多,但真正能够实施的却很少。

(6)重用的分析不到位。未能够深入分析软件重用的问题,包括可重用软件的采用和可重用软件的开发。

(7)评审活动中未能提出关键的参与人员,例如需求评审时,用户和交办方应参与评审等。

(8)关键依赖关系识别的不完整,且未适时跟踪,影响项目按计划实施。

(9)风险识别不完整。主要表现在对技术风险的识别不充分。

(10)知识和技能获取计划缺少必要的分析。例如未分析需要的知识和技能,以及现有的知识和技能,也未分析两者的差距。

(11)数据管理计划不完整。主要表现在项目中产生的部分数据未纳入管理。

(12)项目监控计划未明确监控的阈值。

(13)用户交付的要求与研制任务书不一致。主要表现在研制任务书中明确要求交付的内容,在开发计划中未说明,也未作为工作产品列入开发计划。

软件配置管理计划

随着软件技术的不断更新、软件系统功能的日趋复杂、参与人员数量的大规模增加，很多软件组织在日常的开发工作中都会或多或少地遇到如下的问题。

（1）组织的知识和过程财富流失。现代的社会竞争激烈，人员流动频繁，如果没有必要地配置管理和工具，大量的文档和代码等知识财富缺乏统一管理，可能随意地保存在项目经理和软件工程师各自的机器里，往往会因为硬盘的故障或人员的离职而永远消失，软件组织的数字财富就这样因为缺乏必要的配置管理而白白流失。

（2）软件复用率低下。软件复用是提高软件产品生产效率和质量的重要手段。软件产品是一个软件开发机构的宝贵财富，代码的可重用性是相当高的，如何建好知识库，用好知识库将对软件开发机构优质高效开发产品产生重大的影响。如果没有良好的配置管理，软件复用的效率将大打折扣，例如，对于复用的代码进行了必要的修改或改进，却只能通过手工的方式将发生的变更传递给所有复用该软件的项目，效率如何可想而知。另外，由于缺乏进行沟通的必要手段，各个开发人员各自为政，编写的代码不仅风格迥异，而且编码和设计脱节，往往会导致开发大量重复的难以维护的代码。

（3）对软件版本的发布缺乏有效的管理。因为缺乏有效的管理手段，往往会在产品发布时无法确定该版本所有的组件，或者向用户提供了错误的版本。对于特定客户出现的问题，无法重现其使用的版本，只能到用户现场才能进行相应的调试工作。由于应用软件的特点，各个不同的客户会有不同的要求，开发人员要保持多份不同的拷贝，即使是相同的问题，但由于在不同地方提出，由不同人解决，其做法也不尽相同，造成程序的可维护性越来越差。这些都会延长实施的周期，同时意味着人力物力的浪费。

（4）缺乏历史数据的积累，没有软件开发的历史数据。缺乏软件开发的历史数据是大多数软件项目失败的关键所在，这样的结论也许使很多人感到吃惊，但事实就是如此。因为软件开发的历史数据是反映软件开发队伍的能力的标尺，没有了这个标尺，就无法对软件的开发过程有一个清醒的认识。而良好的配置管理正是收集软件开发历史数据的重要来源。

（5）无法有效的管理和跟踪变更。毫不夸张地说，对软件开发项目而言，变化是"持续的、永恒的"，找不到不变化的项目。需求会变，技术会变，系统架构会变，代码会变，甚至连环境都会变，所有的变化最终都要反映到项目产品中。如何应对这些变化，如何在受控的方式下引入变更，如何监控变更的执行，如何检验变更的结果，如何最终确认并固化变更，如何使变更具有追溯性，这一系列问题都将直接影响项目的进行。没有配置管理将无法对软件的变更进行有效的记录、跟踪和控制。

综上所述,制定软件配置管理计划,并按计划有效实施是保证是保持项目的稳定性,减少项目混乱的必要措施。

软件配置管理计划应尽早按照软件开发要求、软件开发计划制定。制定软件配置管理计划的工作内容包括:

(1) 提出配置管理组织、人员和资源安排;

(2) 标识配置管理项;

(3) 定义基线;

(4) 制定配置控制规程;

(5) 明确配置状态报告的要求;

(6) 制定配置审核的活动安排;

(7) 说明软件发行和交付的要求;

(8) 如果有供方,还应说明对供方的配置管理;

(9) 根据软件开发计划制定配置管理活动进度计划安排;

(10) 提出配置管理库的安全性要求。

软件配置管理计划使用人员几乎涉及所有与软件开发活动相关的技术人员、质量保证人员和管理人员。

为了保证软件配置管理计划的有效落实,需要在完成计划编写后对其进行评审,以保证软件配置管理计划与软件开发计划、质量保证计划、测试计划、验收交付计划、供方协议管理计划等保持一致。

19.1　软件配置管理计划编写要求

本文档是开展软件配置管理活动的计划,详细说明了与本项目相关的配置管理的各项内容,包括明确从事配置管理活动的人员、使用的工具、基线的设置和活动安排、记录的收集维护和保存、配置管理库的安全性要求等。

软件配置管理计划应满足如下要求:

(1) 应明确说明软件配置管理的组织与成员,并规定每个成员的职责与权限;

(2) 应明确提出软件配置管理所需的资源保障条件,包括硬件资源、软件资源和工具等;

(3) 应完整标识需要管理的软件配置管理项,并按照相关要求分配唯一标识;

(4) 应明确定义软件项目的基线和基线工作产品,并明确规定各个基线的建立时间;

(5) 应明确定义配置管理库的管理要求;

(6) 应具体说明配置状态报告的要求;

(7) 应详细说明配置审核的具体要求;

(8) 如果有供方,还应详细说明对供方的配置管理要求;

(9) 软件配置管理活动进度计划安排应明确、具体;

(10) 软件配置管理库的安全性要求应具有可操作性。

19.2 软件配置管理计划内容

软件配置管理计划的编写内容如下所示。

软件配置管理计划

1 范围

1.1 标识

写明本文档的:

(1) 标识;

(2) 标题;

(3) 本文档的适用范围;

(4) 本文档的版本号。

1.2 系统概述

概述本文档所适用的系统和/或 CSCI 的用途、主要功能、性能、接口,运行环境要求等,并说明软件的需求方、用户、开发方和维护保障机构等。

1.3 文档概述

说明编写本文档的依据,并概述本文档的用途和内容。另外,还应说明该文档在保密性方面的要求。

1.4 与其他文档的关系

概述本文档与其他文档之间的关系。

2 引用文档

应按标题和标识列出本文档引用的所有文档,并说明每一文档的版本、编写单位和发布日期,如表 19-1 所示。

表 19-1 引用文档表

序号	引用文档标题	引用文档标识	文档版本	编写单位	发布日期

3 术语和定义

给出所有在本文档中出现的专用术语和缩略语的确切定义,如表 19-2 所示。

表 19-2 术语和缩略语表

序号	术语和缩略语名称	术语和缩略语说明

4 组织与资源

4.1 组织机构

描述软件配置管理的组织机构,包括每个组织的权限和责任以及该组织与其他组织的关系。可以用图表的方式描述执行软件配置管理活动的组织结构以及在项目管理体系中的位置。

4.2 人员

描述用于配置管理的人员、人员的技术水平以及在配置管理组织中的角色。

4.3　资源

　　描述用于软件配置管理的所有资源。

5　软件配置管理活动

　　描述配置标识、配置控制、配置状态记录与报告,以及配置审核等方面的软件配置管理活动。

5.1　基线划分与配置标识

　　详细说明软件的配置基线。软件生存周期中,至少应有 3 个基线,即功能基线、分配基线和产品基线。对于每个基线,应描述下列内容:

　　(1) 每个基线应交付的配置管理项(包括文档、程序和数据等);

　　(2) 对每个基线应交付的配置管理项进行标识,例如配置管理项名称、标识、受控时间等。

5.2　配置控制

　　描述软件生存周期各个阶段都适用的配置控制方法,包括以下 4 点:

　　(1) 在本计划所描述的软件生存周期各个阶段使用的更改批准权限的级别。

　　(2) 对已有配置管理项的更改申请进行处理的方法,其中包括:

　　① 详细说明在本计划描述的软件生存周期各个阶段提出更改申请的规程;

　　② 描述实现已批准的更改申请,例如源代码、文档等的修改的方法;

　　③ 描述软件配置管理库控制的规程,其中包括例如库存软件控制、对于使用基线的读写保护、成员保护、成员标识、档案维护、修改历史以及故障恢复等规程;

　　④ 描述配置管理项和基线变更、发布的规程以及相应的批准权限。

　　(3) 当与不属于本软件配置管理计划适用范围的软件和项目存在接口时,应描述对其进行配置控制的方法。如果这些软件的更改需要其他机构在配置管理组评审之前或之后进行评审,则应描述这些机构的组成、他们与配置管理组的关系以及他们相互之间的关系。

　　(4) 与特殊产品(如非交付的软件、现有软件、用户提供的软件和内部支持软件)有关的配置控制规程。

5.3　配置状态报告

　　配置状态报告包括如下内容:

　　(1) 指明怎样收集、验证、存储、处理和报告配置管理项的状态变更信息;

　　(2) 详细说明要定期提供的报告及其分发方法;

　　(3) 如果提供动态查询,则要说明所提供的动态查询的能力;

　　(4) 如果要求记录用户指定的特殊项目的状态时,则要描述其实现手段。

　　在配置状态记录和报告中,对于每一个变更记录,至少应包括下述信息:

　　(1) 发生状态变更的配置管理项;

　　(2) 发生的变更以及变化的原因;

　　(3) 谁在什么时候实施了该项变更;

　　(4) 该项变更可能的影响范围。

5.4　配置审核

　　配置审核应包括如下内容:

　　(1) 说明软件生存周期内的特定时间点上要执行的配置审核工作;

　　(2) 规定每次配置审核所包含的配置管理项和检查内容;

　　(3) 说明配置审核所发现问题的处理规程。

> 5.5 软件发行和交付
> (1) 控制有关软件发行管理和交付的规程和方法；
> (2) 确保软件配置管理项完整性的规程和方法；
> (3) 确保一致且完整地复制软件产品的规程和方法；
> (4) 按规定要求进行交付的规程和方法。
>
> **6 对供方的管理**
> 说明对供方工作产品实施的配置管理的规程，还应说明评价供方软件配置管理能力的方法以及监督其执行本计划的方法。
>
> **7 进度计划**
> 说明配置管理活动的进度计划。
>
> **8 配置管理库的安全性要求**
> 指明在软件生存周期过程中，对配置管理库的安全保密性和可靠性所采取的措施，还应包括配置管理库的备份方式、频度、责任人等。

19.3 软件配置管理计划示例

本节给出软件配置管理计划一些关键部分的示例。

19.3.1 基线划分与配置标识

基线划分与配置标识应定义项目基线，一般至少包括 3 个基线：功能基线、分配基线和产品基线。每个基线应描述其名称、标识、版本、计划发布时间，以及其包含的配置管理项。在划分基线时有阶段式和连续式两种方式：阶段式，即基线只包含本阶段产生的配置管理项（configuration management items，CMI），基线之间一般不重复，任一 CMI 变更时，根据影响域分析重新发布所有受影响的基线；连续式，即后面阶段的基线可以包含部分或全部包含前面阶段基线的 CMI，当 CMI 变更时，受影响 CMI 在后阶段基线中都能找到，这时只重新发布后阶段基线即可。

每个 CMI 的标识应包括名称、标识、版本和受控时间等。基线划分与配置标识的示例如下所示。

> 5.1 基线划分与配置项标识
>
> 5.1.1 基线划分
>
> 本项目受控库的基线划分及配置管理项的标识如表 19-3 所示。流水号定义为 3 位数字，其首次编号为 001。
>
> **表 19-3　CMI 标识和基线划分**
>
> | 基线名称 | 基线标识 | 计划发布时间 | 基线 CMI |
> |---|---|---|---|
> | 功能基线 | YCPT_RTS/Baseline_AR/版本 | 2013-09-30 | 关于远程测试系统软件研制需求的沟通纪要 |
> | | | | 7任务远程支持平台远程测试系统·软件系统设计说明 |
> | | | | 任务远程支持平台远程测试系统·软件研制任务书 |

续表

基线名称	基线标识	计划发布时间	基线 CMI
分配基线	YCPT_RTS/Baseline_RS/版本	2013-11-15	任务远程支持平台远程测试系统遥控数据仿真软件·软件需求规格说明
产品基线	YCPT_RTS/Baseline_PB/版本	2014-04-30	任务远程支持平台远程测试系统·软件开发计划
			任务远程支持平台远程测试系统·软件质量保证计划
			任务远程支持平台远程测试系统·软件配置管理计划
			任务远程支持平台远程测试系统·软件测量与分析计划
			任务远程支持平台远程测试系统·软件系统测试计划
			任务远程支持平台远程测试系统·软件系统设计说明
			任务远程支持平台远程测试系统遥控数据仿真软件·软件需求规格说明
			任务远程支持平台远程测试系统遥控数据仿真软件·软件配置项测试计划
			任务远程支持平台远程测试系统遥控数据仿真软件·软件设计说明
			任务远程支持平台远程测试系统遥控数据仿真软件·软件单元测试方案
			任务远程支持平台远程测试系统遥控数据仿真软件·软件单元测试记录
			任务远程支持平台远程测试系统遥控数据仿真软件·软件单元测试问题报告
			任务远程支持平台远程测试系统遥控数据仿真软件·软件单元回归测试方案
			任务远程支持平台远程测试系统遥控数据仿真软件·软件单元回归测试记录
			任务远程支持平台远程测试系统遥控数据仿真软件·软件单元测试报告
			任务远程支持平台远程测试系统遥控数据仿真软件·软件源码
			任务远程支持平台远程测试系统遥控数据仿真软件·软件可执行程序
			任务远程支持平台远程测试系统遥控数据仿真软件·软件用户手册
			任务远程支持平台远程测试系统遥控数据仿真软件·软件配置项测试说明

续表

基线名称	基线标识	计划发布时间	基线 CMI
产品基线	YCPT_RTS/Baseline_PB/版本	2014-04-30	任务远程支持平台远程测试系统遥控数据仿真软件·软件配置项测试记录
			任务远程支持平台远程测试系统遥控数据仿真软件·软件配置项测试问题报告
			任务远程支持平台远程测试系统遥控数据仿真软件·软件配置项回归测试方案
			任务远程支持平台远程测试系统遥控数据仿真软件·软件配置项回归测试记录
			任务远程支持平台远程测试系统遥控数据仿真软件·软件配置项测试报告
			任务远程支持平台远程测试系统·软件系统测试说明
			任务远程支持平台远程测试系统·软件系统测试记录
			任务远程支持平台远程测试系统·软件系统测试问题报告
			任务远程支持平台远程测试系统·软件系统回归测试方案
			任务远程支持平台远程测试系统·软件系统回归测试记录
			任务远程支持平台远程测试系统·系统测试报告
			任务远程支持平台远程测试系统·软件研制总结报告

开发库中配置管理项除包括表 19-3 中的工作产品外,还包括表 19-4 所有记录。

表 19-4　开发库中记录的标识

项目管理记录	培训记录表	YCPT_RTS/REC_TTR/流水号	相应活动完成后 2 天内
	会议纪要	YCPT_RTS/REC_MEET/流水号	
	需求更改申请/确认表	YCPT_RTS/REC_ReqM_CRV/流水号	
	需求状态跟踪表	YCPT_RTS/REC_ReqM_ST/流水号	
	规模估计表	YCPT_RTS/REC_PP_PET/流水号	
	进度计划表	YCPT_RTS/REC_PP_PPT/流水号	
	工作量估计表	YCPT_RTS/REC_PP_WET/流水号	
	例会记录表	YCPT_RTS/REC_PMC_MR/流水号	
	问题跟踪表	YCPT_RTS/REC_PMC_TR/流水号	
	问题报告与处置表	YCPT_RTS/REC_PMC_PPRD/流水号	
	项目阶段/里程碑跟踪报告	YCPT_RTS/REC_PMC_PWR/流水号	

续表

支持过程记录	不符合项报告与处置表	YCPT_RTS/REC_QA_NRP/流水号	相应活动完成后 2 天内
	质量保证报告	YCPT_RTS/REC_QA_QR/流水号	
	评价报告	YCPT_RTS/REC_QA_ER/流水号	
	问题上报表	YCPT_RTS/REC_QA_PR/流水号	
	记录登记表	YCPT_RTS/REC_CM_IREC/流水号	
	入库申请表	YCPT_RTS/REC_CM_In/流水号	
	出库申请表	YCPT_RTS/REC_CM_Out/流水号	
	配置审核检查表	YCPT_RTS/REC_CM_BACT/流水号	
	配置审核报告表	YCPT_RTS/REC_CM_BAR/流水号	
	配置管理状态报告	YCPT_RTS/REC_CM_CMSR/流水号	
	基线发布表	YCPT_RTS/REC_CM_BLR/流水号	
	更动申请报告表	YCPT_RTS/REC_CM_CRR/流水号	
	更动追踪表	YCPT_RTS/REC_CM_CT/流水号	
	记录借阅登记表	YCPT_RTS/REC_CM_OREC/流水号	
	决策分析与决定报告	YCPT_RTS/REC_DAR_REP/流水号	
软件评审记录	评审意见表(附检查单、评审问题记录表、评审委员会成员登记表、会议代表签到表)	YCPT_RTS/REC_SR_RR/流水号	
其他记录	项目过程中或外部输入的其他记录	YCPT_RTS/REC_OTHER	

5.1.2　配置管理项版本标识

(1) 开发库

开发库版本标识采用 0.A 的形式标识,其中 0 表示版本号,A 表示修订号,修订号位数据根据实际需要确定。具体说明如下:

① 以修订号为 1 位为例,初始版本为 0.0;

② 修改时,版本号不变,修订号加 1。

(2) 受控库

受控库 CMI 及基线版本标识采用 X.Y 的形式标识,其中 X 表示版本号,Y 表示修订号,修订号位数为 1 位。具体说明如下:

① 初始版本为 1.0;

② 发生局部修改或错误改正时,版本号不变,修订号加 1;

③ 发生重大变化或者修订号累积超出范围等情况下,版本号加 1,修订号变为 0。

(3) 产品库

产品库版本标识采用 X.Y 的形式标识,其中 X 表示版本号,Y 表示修订号,修订号位数为 1 位。具体说明如下:

① 初始版本为 1.0;

② 当产品发生小的变化时,版本号不变,修订号加 1;

③ 在产品发生重大变化或者修订号累积超出范围等情况下,版本号加 1,修订号变为 0。

19.3.2　配置控制

配置控制是软件配置管理的核心工作。因此,在软件配置管理计划中应明确配置控制的策略与方法。应说明开发库、受控库和产品库的出入库管理规程,以及配置管理项发生变更时,对开发库、受控库和产品库的变更控制规程。配置控制的示例如下所示。

5.3.1　出入库管理

5.3.1.1　开发库管理

开发库由项目技术主管负责管理。项目技术主管为每个项目成员分配操作权限。一般地,项目成员拥有增加、检入、检出、下载等权限,但是不能拥有"删除"权限;项目技术主管拥有所有权限。项目技术主管可根据选择的工具灵活掌握,但必须进行版本控制。

开发库产品在提交评审时,开发库被锁定,送审产品不能进行修改。

开发库的 CMI 经过内审且评审问题已关闭后,文档类 CMI 按照质量管理体系文件《文件管理程序》进行技术文件呈报,呈报获得批准后,该 CMI 初始入受控库。

5.3.1.2　受控库管理

受控库由项目配置管理组进行管理。受控库 CMI 分为基线产品、非基线产品和记录等。记录按照《记录管理规程》进行管理,基线产品和非基线产品按以下规程进行管理。

(1) 入库

① 申请人填写《入库申请单》;

② 项目 CCB 审批《入库申请单》;

③ 项目 CMG 依据批准的《入库申请单》,按照检查单上规定的内容对 CMI 进行检查,确认合格后将 CMI 入库,不合格者予以拒绝;

④ 更动入库的 CMI 关闭其更动状态,更新版本。

(2) 出库

① 申请人填写《出库申请单》;

② 项目 CCB 审批《出库申请单》;

③ 项目 CMG 依据批准的《出库申请单》或《更动申请报告表》将 CMI 出库;

④ 对于更动出库的 CMI,将其标识为更动状态。

5.3.1.3　产品库管理

当受控库发布产品基线后,项目技术主管填写《入库申请表》,将发布的产品及受控库中的所有 CMI 纳入产品库。产品库由所级 CMG 按《文件管理程序》进行管理。

向用户交付产品时,由申请人提交出库申请表,将相应的产品进行出库。

(1) 入库

① 项目技术主管填写产品《入库申请单》;

② 项目 CCB、所级 CCB 主任(副主任)逐级审批《入库申请表》;

③ 所级 CMG 依据批准的《入库申请单》操作入库。

(2) 出库

① 申请人填写产品《出库申请单》;

② 项目 CCB、所级 CCB 主任(副主任)逐级审批《出库申请表》;

③ 所级 CMG 按照已批准的《出库申请单》操作出库。

5.3.2　变更控制

5.3.2.1　开发库变更控制

项目成员根据项目技术主管赋予的检入、检出权限进行开发库产品变更。

5.3.2.2　受控库变更控制

（1）提出更动申请

由发起者提出更动申请，申请中应包括更动方案（包括验证与确认方案）、影响域分析、更动负责人、预期完成时间等，填写《更动申请报告表》。

（2）评估更动申请

项目技术主管负责组织相关人员对更动进行评估，给出评估意见。评估一般包括以下内容：

① 对项目进度的影响；

② 对工作量的影响；

③ 对系统的影响；

④ 对其他配置管理项的影响；

⑤ 对测试的影响；

⑥ 对资源和培训的影响；

⑦ 对开发工具的影响；

⑧ 对接口的影响；

⑨ 对利益相关方的影响。

（3）审批更动申请

① 对于受控库中 CMI 的更动，项目 CCB 负责组织相关人员对更动进行评审，给出审批意见；

② 涉及对外承诺的更动（如需求更改、交付时间变更等），需所级 CCB 审批。

（4）实施更动

① 审批结论为"同意"时：

a. 项目 CMG 根据《更动申请报告表》及该 CMI 配置管理状态，将相应的 CMI 更动出库，同时将该 CMI 置为"更动中"，如果该 CMI 已为"更动中"，不允许再次更动出库；

b. 更动负责人根据《更动申请报告表》中的更改方案组织相关人员实施更动并验证与确认；

c. 验证确认通过后的 CMI 按照《配置库管理规程》入受控库，同时将该 CMI 置为"更动完成"，如果是基线产品，重新发布基线。

② 审批结论为"拒绝"时，项目 CMG 根据《更动申请报告表》将更动关闭。

（5）更动追踪

项目 CMG 接收到《更动申请报告表》后，填写《更动追踪表》，每两周更新表中该 CMI 的状态，直至更动关闭。

5.3.2.3　产品库变更控制

需要对产品库中的产品进行更动时，申请人按照 5.3.1.3 将该产品从产品库出库，导入受控库后再实施更动。

19.3.3　配置状态报告

配置状态报告是及时准确反映配置管理项技术状态的记录，因此在配置管理计划中应明确配置状态报告的要求。配置管理计划中配置状态报告的示例如下。

5.3 配置状态报告

　　配置管理采用工具进行管理,其状态信息可通过工具进行管理和查询等。另外,要求配置管理员在阶段结束后编写《配置管理状态报告》或者按项目要求随时提供《配置管理状态报告》,并将配置管理状态通报软件工程组、软件测试组、项目质量保证组、项目CCB等。配置状态报告的模板如下所示。

配置状态报告

1　基线及阶段状态

　　项目当前的基线及基线阶段状态如表19-5所示。

表19-5　基线及阶段状态表

基线名称	阶段	阶段状态	到达时间	包含CMI	版本	CMI状态

　　项目配置管理库中各个配置管理项的版本情况如表19-6所示。

表19-6　配置管理项版本及状态表

CMI名称	标识	版本	前向版本	状态

　　各个配置管理项的出入库记录如表19-7所示。

表19-7　配置管理项出入库记录表

CMI名称	版本	配置活动	实施时间

2　变更状态

2.1　问题报告

　　项目实施中提交的问题报告情况如表19-8所示。

表19-8　问题报告统计表

问题标识	问题类型	问题级别	报告人	报告时间	状态	对应的更动标识

2.2　更动申请

　　项目实施中提交的更动申请情况如表19-9所示。

表19-9　更动申请报告统计表

更动标识	更动类型	预期完成时间	实际完成时间	状态	负责人

2.3　更动追踪

　　项目实施中产生的更动过程如表19-10所示。

表19-10　更动过程追踪表

更动申请标识	配置管理项	更动前版本	出库时间	更动后版本	入库时间

3　配置审核结果

配置管理审核结果如表 19-11 所示。

表 19-11　配置审核记录表

配置审核报告标识	审核日期	审核组长	审核结果	备注

19.3.4　配置审核

配置审核是保证配置完整、正确的重要手段,因此在制定软件配置管理计划时应明确配置审核的具体要求,包括审核时机和审核项。配置审核示例如下。

5.4　配置审核

(1) 项目 CMG 在 CMI 入库时根据入库申请单上规定的检查内容进行入库检查,检查的具体内容如下:

① 入库介质是否完好,是否经过防病毒处理;

② 入库申请的配置管理项与实际入库配置管理项是否一致;

③ 初始入库的配置管理项是否经过评审且评审问题已关闭;

④ 更动入库配置管理项与申请更动配置管理项是否一致;

⑤ 更动入库配置管理项的更动位置与实际更动是否一致(不多也不少);

⑥ 更动入库配置管理项是否经过验证与确认。

(2) 项目 CCB 组织项目 QAG 和项目 CMG 在基线发布前对配置管理对象和配置管理活动实施审核。审核的内容如下:

① 配置管理项的标识是否与计划一致;

② 配置管理项是否均已按照配置管理计划要求放入适当级别的配置管理库;

③ 需要的配置管理项能否在受控库中找到;

④ 基线设置与计划是否一致;

⑤ 发布基线的 CMI 是否完整;

⑥ 受控库中的配置管理项是否全部符合配置管理计划规定的入库条件;

⑦ 配置管理记录是否完整,与实际操作一致;

⑧ 受控库是否按计划做了备份,备份是否可恢复;

⑨ 基线中各配置管理项是否经过评审,问题是否归零;

⑩ 功能配置管理项的操作支持文档是否完备;

⑪ 组成基线的配置管理项的入库审批手续是否完备;

⑫ 基线的变更是否遵循变更控制规程;

⑬ 基线变更的配置管理项是否经过了验证,是否有明确的责任人和验证人。

19.4　软件配置管理计划常见问题

软件配置管理计划是实施软件配置管理的依据,因此,其与其他计划的协调一致性、可操作性等需要重点关注。软件配置管理计划中常见问题如下:

(1) 软件配置项识别不完整或与相关文件定义不一致。配置管理项标识时,应根据软件开发任务要求、软件开发计划和质量体系文件等对相关工作产品的要求进行,避免应该受控的工作产品未纳入配置管理或工作产品的名称等与实际不一致。

(2) 缺少基线计划发布时间的定义,以及配置管理项受控时机的规定。

(3) 未说明版本管理的要求。主要表现在未说明版本变化的规则。

(4) 未按照要求对配置管理项进行分级控制,控制流程复杂。

(5) 未清晰定义配置管理人员的职责。当对配置管理项进行分级管理时,应具体明确地规定不同角色应履行的职责,以确保配置管理工作有效落实。

(6) 未明确配置状态报告的机制,且配置状态报告的内容要求不具体。配置管理应能够及时、准确地提供各配置管理项、基线等的状态信息,保证配置管理库的可用性。因此,配置管理计划中应详细规定配置状态报告的机制和配置状态报告的具体内容。

(7) 配置审核的要求不具体。主要表现在配置审核缺乏可操作性和有效性。配置审核是保证配置管理项正确性和完整性的关键活动。因此,在配置管理计划中应明确、具体地规定配置审核的要求,包括人员、职责、时机以及审核的内容等。

(8) 存在供方时,缺少对供方相关配置管理项的管理要求。供方软件工程产品的质量直接影响整个软件产品的质量、进度等。因此,如果存在供方,应对其工作产品实施配置管理,并在项目的配置管理计划中对供方的工作产品提出具体、明确的配置管理要求。

(9) 配置管理库的安全性要求不具体,缺乏可操作性。配置管理库等的安全性直接影响项目的安全性。因此,在软件配置管理计划中应具体、明确地规定对配置管理库的安全性要求等。

软件质量保证计划

制定软件质量保证计划是软件项目管理的重要环节之一，其目的是为项目质量的监督和审核提供合理规划，使项目质量保证工作顺利进行，为及时消除项目的质量隐患提供有利条件。质量保证计划是项目质量保证活动开展的依据，其内容是否全面、合理是关乎项目质量管理活动是否能够及时、高效开展的重要前提。

质量保证计划对质量保证工作的重要作用体现在以下 4 个方面。

（1）为质量审核活动安排合理的时间节点，引导质量保证人员按照计划执行适当的质量保证活动，有利于项目质量审核活动的有效统筹与及时开展，避免质量管理活动的盲目性与随意性。

（2）明确质量保证组织人员及其职责，强化并规范质量保证人员的责任意识。

（3）明确项目管理过程中质量管理活动的内容与要求，保证项目质量管理活动规划的充分性。

（4）为质量保证人员的审核制定细化准则，引导和规范质量保证人员的质量审核实践活动的有效开展。

质量保证计划的内容主要包括质量保证组织及职责、质量保证资源、质量保证活动、质量保证进度、各过程及产品评价的要求等。制定质量保证计划具体活动如下。

（1）明确质量保证计划的编写依据；

（2）明确质量保证的组织与人员；

（3）明确质量保证人员的职责；

（4）标识质量保证活动所需要资源；

（5）确定项目过程中需要的质量保证活动及内容；

（6）确定项目过程中实施各质量保证活动的时间计划；

（7）为每项质量审核活动明确具体的检查准则。

制定软件质量保证计划的策略如下：

（1）质量保证计划编写依据：项目开发计划文档、相关标准要求和软件研制任务书等。

（2）质量保证计划编写时机：尽早开始，在项目开发计划初步完成后即可进行。

（3）质量保证计划编写人员：应由质量保证人员进行编写。

（4）质量保证计划的变更：质量保证计划是一个发展变化的文档，会随着项目进展的变动而变化，应根据项目开发计划的更动及时调整质量保证计划的相应内容，确保质量保证计划的及时更新，并由质量保证人员严格依据质量保证计划执行相应活动。

（5）质量保证计划的优先级：质量保证活动不可能做到面面俱到，好的质量审核活动应该重点突出,有一定的针对性,因此在质量保证计划中,可根据关注程度对质量保证活动进行优先级分级并进行说明。

(6) 质量保证计划的评审:软件项目参与人员应参与质量保证计划的评审,评审其内容是否全面、有效、可操作。评审内容主要包括:

① 是否明确定义软件质量保证组织与成员;

② 是否明确定义质量保证人员的职责;

③ 是否清晰定义要求开展质量保证的软件工作产品及其审核准则;

④ 是否清晰定义要求开展质量保证的软件工作过程及其审核准则;

⑤ 是否具体策划了开展软件质量保证活动的时间节点;

⑥ 质量保证计划是否与其他计划协调一致;

⑦ 文档是否编制规范、内容完整、描述准确一致。

(7) 质量保证计划的管理:质量保证计划应按照配置管理的要求进行管理。

(8) 质量保证计划的原则:质量保证计划应按照严格遵循开发计划、及时变更、审核内容全面、质量保证进度合理、审核可操作性强的原则制定和管理。

软件质量保证计划的依据是项目开发计划,是开展质量管理工作的依据,软件质量保证计划的落实需要项目其他计划的协调实施。

20.1　软件质量保证计划的编写要求

制定软件质量保证计划需要根据软件开发计划,详细说明与软件开发项目质量管理活动有关的各项内容,包括组织、资源、进度、规程及软件质量记录等。应在质量保证计划中确定参与项目质量保证的组织与人员、质量保证人员职责、质量保证所需要资源、质量保证计划编写所依据的标准和规范,明确开展质量保证活动包括的软件工作产品和工作过程及其审核准则,定义质量保证活动流程,确定不符合项处理及跟踪验证要求,并对软件质量保证活动的时间进行安排。

软件质量保证计划的编写应满足如下要求。

(1) 质量保证组织人员职责的说明应尽量具体,避免含混不清。

(2) 软件过程和软件产品审核活动的定义应包含其审核对象、评价时机、评价方式和必需的参与者等信息,力图清晰、明确。

(3) 一般情况下,质量保证活动的时间进度安排应明确每个质量保证活动的预计开始及结束时间,但如果针对周期短或开发进度更动变数大的项目,为了避免质量保证进度计划随着开发进度的变动而频繁更动,对质量保证活动进度的说明粒度可宽泛一些。例如可以每个项目阶段为节点,说明其预计开始及结束时间,并说明每个阶段应进行的所有过程评价及产品评价活动。

(4) 每个软件过程及软件产品的审核准则应尽量细化以利于质量保证人员的操作,建议以条款方式进行说明。

(5) 质量保证时间进度的安排应合理、可行。

(6) 质量保证计划的信息应与所依据的软件开发计划保持一致。

（7）质量保证计划文档编写应规范、符合要求。

（8）质量保证计划的编写者应与项目负责人、其他项目管理人员进行充分地沟通和协调，保证质量保证计划的有效执行。

质量保证计划是引导质量保证人员进行项目质量管理活动的依据文件，因此质量管理人员应重视该计划的编制。编制过程中应依据软件项目的开发计划，对项目过程和产品的待审核内容做到全面覆盖，不同审查对象的审查标准应尽量细化、具体，还应通过评审对计划审查内容及准则进行全面性、合理性及可操作性的审核，使质量管理人员依据此文件能够实施有效、操作性强的质量审核活动，真正起到把牢软件项目质量关口的关键作用。

20.2　软件质量保证计划的内容

质量保证计划

1　范围

1.1　标识

　　写明本文档的：

　　（1）标识；

　　（2）标题；

　　（3）本文档的适用范围；

　　（4）本文档的版本号。

1.2　软件概述

　　概述软件的下列内容：

　　（1）软件的名称、版本、用途；

　　（2）软件的组成、功能、性能和接口；

　　（3）软件的开发和运行环境等。

1.3　文档概述

　　概述本文档的用途和内容。

1.4　与其他文档的关系

　　概述本文档与其他文档之间的关系。例如与软件开发计划、配置管理计划、测量分析计划的协调性等。

2　引用文件

　　按文档号、标题、编写单位（或作者）和出版日期等，列出本文档引用的所有文件。

3　术语和定义

　　给出所有在本文档中出现的专用术语和缩略语的确切定义。

4　组织和资源

4.1　组织与人员

　　描述实施质量保证活动的组织机构及其组成人员信息，包括实施质量保证活动的组织机构、组成人员、人员的技术水平及职责，以及该组织机构与其他组织机构（例如负责配置管理的组织）的关系。可以用图形的方式描述执行软件质量保证活动的组织结构以及在项目管理体系中的位置，也可以用表 20-1 描述组织与人员信息。

表 20-1　参与质量保证的人员及职责表

组织	人员	职称	人员职责

4.2　资源

标识和描述软件承制方用于质量保证活动的所有设施、设备和工具,包括资源名称、资源标识、数量、用途、状态,如表 20-2 所示。

表 20-2　质量保证资源表

序号	资源名称	资源标识	数量	用途	状态

4.3　审核依据

说明软件开发过程应遵循的标准、规范和约定等。

5　质量保证活动

说明软件承制方进行质量保证的关键活动。例如由交办方组织的各项正式评审、评价和起关键作用的会议等。

另外,还应详细描述软件质量保证活动的过程与步骤,说明质量保证活动所使用的规程,明确标识其文档编号、标题、版本号和日期。还应描述执行软件质量保证活动的记录,标识要使用的格式和要记录的信息。例如评审记录的格式等。

5.1　过程评价活动

说明对软件项目活动进行评价的计划,包括评价对象、评价时机、评价方式、必须的参与者等,如表 20-3 所示。

表 20-3　过程评价活动

序号	评价对象	评价时机	评价方式	必需的参与者
	××阶段			

过程评价应涵盖对软件生存周期过程阶段的评价和对各软件过程域的评价,如表 20-4 所示。

表 20-4　软件过程域评价活动

序号	评价对象	评价时机	评价方式	必需的参与者
	××过程			

5.2　产品评价活动

说明对软件工作产品进行评价的计划,包括评价对象、评价时机、评价方式、必须的参与者等,如表 20-5 所示。

表 20-5　软件产品评价活动

序号	评价对象	评价时机	评价方式	必需的参与者
	××产品			

5.3　问题解决

说明评价所发现的不符合项的解决规程,应说明不符合项的处理与跟踪要求。

6　质量保证进度

说明软件承制方进行质量保证活动的进度安排,可以用进度表的形式提供。该进度表要与软件开发计划协调一致。一般应在进度表中对每个质量保证活动标明其开始与完成的时间以及与其他事件

（例如提供文档草稿）的关系；但当项目周期紧张、更动变数大时，对质量保证的进度安排可以着眼于描述项目各个组成阶段内需要评价的内容，如表 20-6 所示。

表 20-6 质量保证进度表

阶段	开始日期	结束日期	过程评价	产品评价
××阶段				

附录：过程评价准则及产品评价准则

建议在附录中将项目待评价的过程及产品的审查准则分别列出。每个待评价对象下属一份准则，其准则描述应尽量细化，建议以条款方式列出，做到全面、清晰、易于操作。

20.3 软件质量保证计划编写示例

本节给出软件质量保证计划一些关键部分的描述示例。

20.3.1 与其他文档的关系

应在与其他文档的关系中描述质量保证计划编写依据的项目计划文档，以及需要协调执行的其他计划文档。以下是与其他计划的示例。

> 1.4 与其他文档的关系
>
> 本计划依据《××系统软件开发计划》和《××系统软件研制任务书》制定，并与《××系统配置管理计划》和《××系统软件测量分析计划》协调执行。

20.3.2 组织与人员

在组织与人员中描述参与质量保证活动的组织及人员信息，其中各组织描述应该全面，人员职责应尽量具体，以便各类人员明确自己的职责要求。以下是参与质量保证的组织与人员示例。

> 4.1 组织与人员
>
> 参与质量保证的人员及职责如表 20-7 所示。
>
> **表 20-7 参与质量保证的人员及职责表**
>
> | 组织 | 人员 | 职称 | 人 员 职 责 |
> |------|------|------|-----------|
> | 质量管理委员会 | ××× | 所长 | 解决组织层和项目层不能解决的质保问题 |
> | 所级质量保证组 | ××× | 软件总师 | (1) 负责项目实施过程中的质量管理咨询与指导工作；
(2) 负责处理项目质量保证组不能解决的问题；
(3) 负责对项目质量保证组的工作绩效考核与验证 |

续表

组织	人员	职称	人员职责
软件工程过程组	×××	软件总师	负责审核项目对质保过程活动所作的剪裁和修改
	×××	研究员	
研究室	×××	主任	解决项目层不能解决的管理问题
专业主任设计师	×××	副主任	解决项目层不能解决的技术问题
项目技术主管	×××	研究员	负责协调软件工程组、软件测试组、项目配置管理组与项目质量保证组之间的各种关系
项目质量保证组	×××	工程师	(1) 策划项目的质量保证活动,编制并维护软件质量保证计划; (2) 依据软件质量保证计划实施过程和产品评价,记录质量信息; (3) 参加软件项目的评审; (4) 跟踪软件项目的不符合项,直至其关闭; (5) 提出软件过程改进的建议; (6) 向更高层管理者直至最高管理者报告质量信息; (7) 参与受控库的配置审核
项目配置管理组	×××	工程师	配合质保人员的质量检查
软件工程组	×××	工程师	依据软件质量管理体系提供过程跟踪和质量控制所需的信息
	×××		
	×××		
	×××		
软件测试组	×××		
	×××		
	×××		

20.3.3 资源

应在资源中标识和描述软件承制方用于质量保证活动的所有资源,包括各设施、设备和工具的信息。资源信息的描述应尽量全面、准确,以便于评估质量保证活动能否顺利开展。资源的示例如下所示。

4.2 资源
　　质量保证资源如表 20-8 所示。

表 20-8　质量保证资源表

序号	资源名称	资源标识	数量	用　　途	状　　态
1	质量保证微机	××××××	1	用于质量审核、编制质量管理文档	现有,已就位
2	Word2010	××××××	1	用于质量审核记录、不符合项报告、质量保证报告等质量管理文档的编辑	现有,已就位
3	项目管理工具	×××××××	1	进行质量管理活动的平台,能够在其上提交各质量审查活动的进行步骤及结果,辅助生成质量管理文档	现有,已就位
…	…	…	…	…	…

20.3.4　审核依据

为了避免质量评价活动的随意性,应在审核依据中明确软件开发过程应遵循的设计、编码、技术文档编制标准,以及质量管理活动所依据的质量标准。相应示例如下所示。

4.3　审核依据
　　本项目依据的设计标准和编码标准见《×××软件开发计划》。本项目技术文档编制标准见《×××软件工程规范》。本项目依据软件质量管理体系文件及本文档附录中的检查表开展软件质量管理活动。

20.3.5　过程评价活动

应在过程评价活动中说明软件生存周期中各过程的质量评价活动的评价对象、评价时机、评价方式及必需的参与者等信息。软件过程评价活动的示例如下所示。

5.1　过程评价活动
　　依据《×××系统软件开发计划》确定项目的软件过程评价活动。表 20-9、表 20-10 列出了项目质量保证组需要评价的软件过程,明确了评价对象、评价时机、评价方式和必需的参与者。

表 20-9　软件开发过程评价活动

序号	评价对象	评价时机	评价方式	必需的参与者
1	软件系统分析与设计阶段	系统分析与设计阶段评审之前进行评价	(1) 依据《软件开发计划》及检查表进行评价活动; (2) PQA 可采用与项目技术主管及成员访谈、参与到项目活动中、检查有关的过程产品进行过程评价活动	(1) 项目技术主管; (2) 项目配置管理组; (3) 软件测试组; (4) 项目质量保证组

续表

序号	评价对象	评价时机	评价方式	必需的参与者
2	软件需求分析阶段	软件需求分析阶段评审之前进行评价	(1) 依据《软件开发计划》及检查表进行评价活动；(2) PQA可采用与项目技术主管及成员访谈、参与到项目活动中、检查有关的过程产品进行过程评价活动	(1) 项目技术主管；(2) 项目配置管理组；(3) 软件测试组；(4) 项目质量保证组
3	软件设计与实现阶段	软件设计与实现阶段评审之前进行评价		(1) 项目技术主管；(2) 项目配置管理组；(3) 项目质量保证组
4	软件测试阶段	软件测试阶段评审之前进行评价		(1) 项目技术主管；(2) 软件工程组；(3) 项目配置管理组；(4) 软件测试组；(5) 项目质量保证组
5	软件验收与移交阶段	软件验收与移交阶段评审之前进行评价		(1) 项目技术主管；(2) 项目配置管理组；(3) 项目质量保证组

表 20-10　其他软件过程评价活动

序号	评价对象	评价时机	评价方式	必需的参与者
1	软件项目管理过程	每两周实施一次评价	依据软件项目管理过程检查表进行评价	(1) 项目技术主管；(2) 项目质量保证组；(3) 项目配置管理组
2	需求管理过程	以两周为周期,有需求管理活动发生就评价	依据需求管理过程检查表进行评价	(1) 项目技术主管；(2) 项目质量保证组；(3) 项目配置管理组
3	配置管理过程	以两周为周期,有配置管理活动发生就评价	依据配置管理过程检查表进行评价	(1) 项目配置管理组；(2) 项目质量保证组
4	测量与分析过程	每两周实施一次评价	依据测量与分析过程检查表进行评价	(1) 项目技术主管；(2) 项目质量保证组；(3) 项目配置管理组
5	决策分析与决定过程	以两周为周期,有决策分析与决定活动发生就评价	依据决策分析与决定过程检查表进行评价	(1) 项目技术主管；(2) 项目质量保证组；(3) 项目配置管理组

20.3.6　产品评价活动

应在产品评价活动中说明需要进行质量评价的各软件产品及其评价时机、评价方式及必需的参与者等信息。软件产品应罗列全面,避免漏缺。

软件产品评价活动的示例如下所示。

5.2　产品评价活动

依据《×××系统软件开发计划》确定项目的软件产品评价活动。表 20-11 列出了软件项目质量保证组需要评价的软件产品，明确了评价对象、评价时机、评价方式和必需的参与者。

表 20-11　软件产品评价活动

序号	评价对象	评价时机	评价方式	必需的参与者
1	软件系统设计说明	(1) 产品完成通知；(2) 产品发生更动	依据软件系统设计说明检查单进行评价	×××
2	软件开发计划		依据软件开发计划检查单进行评价	×××
3	软件配置管理计划		依据软件配置管理计划检查单进行评价	×××
4	软件测量分析计划		依据软件测量分析计划检查单进行评价	×××
5	软件系统测试计划		依据软件系统测试计划检查单进行评价	×××
6	软件需求规格说明		依据软件需求规格说明检查单进行评价	×××
7	软件配置项测试计划		依据软件配置项测试计划检查单进行评价	×××
8	软件设计说明		依据软件设计说明检查单进行评价	×××
9	软件源代码	(1) 每个软件开发人员的第一个软件单元代码产品完成时；(2) 所有软件代码完成时	依据产品评价中对代码检查要求，对软件代码进行抽样评价	×××、××
10	软件单元测试方案	(1) 产品完成通知；(2) 产品发生更动	依据单元测试方案检查单进行评价	×××、××
11	软件单元测试记录		依据软件测试记录检查单进行评价	
12	软件单元测试报告		依据软件测试报告检查单进行评价	
13	软件单元问题报告		依据软件问题报告检查单进行评价	
14	软件单元回归测试方案		依据软件回归测试方案检查单进行评价	
15	软件单元回归测试记录		依据软件回归测试记录检查单进行评价	
16	软件用户手册		依据软件用户手册检查单进行评价	×××

续表

序号	评价对象	评价时机	评价方式	必需的参与者
17	软件配置项测试说明		依据软件配置项测试说明检查单进行评价	
18	软件配置项测试记录		依据软件测试记录检查单进行评价	
19	软件配置项测试报告		依据软件测试报告检查单进行评价	
20	软件配置项回归测试方案		依据软件回归测试方案检查单进行评价	×××、××
21	软件配置项回归测试记录		依据软件测试记录检查单进行评价	
22	软件配置项问题报告		依据软件问题报告检查单进行评价	
23	软件系统测试说明	(1) 产品完成通知; (2) 产品发生更动	依据软件系统测试说明检查单进行评价	
24	软件系统测试记录		依据软件测试记录检查单进行评价	
25	软件系统测试报告		依据软件测试报告检查单进行评价	
26	软件系统问题报告		依据软件问题报告检查单进行评价	×××
27	软件系统回归测试方案		依据软件回归测试方案检查单进行评价	
28	软件系统回归测试记录		依据软件测试记录检查单进行评价	
29	软件研制总结报告		依据软件研制总结报告检查单进行评价	×××

20.3.7 质量保证进度

通常应在质量保证进度中说明各质量评价活动的开始及结束时间。但当项目周期紧张、更动变数大时,质量保证的进度安排可以着眼于描述项目各个阶段需要评价的活动内容,如下示例所示。这样做的目的是让质量评价人员对项目各个阶段进展过程中需要进行的过程评价、产品评价内容做到心中有数,但不再预先安排某一项评价活动的具体时间,以避免更动变数大而带来的计划的无效性。

6　质量保证进度

　　根据软件开发计划各开发阶段的时间安排,该项目的质量保证进度计划如表 20-12 所示。

表 20-12　质量保证进度表

阶段	开始日期	结束日期	过程评价	产品评价
软件系统分析与设计阶段	2013-09-16	2013-09-30	系统分析与设计阶段、软件项目管理过程、需求管理过程、配置管理过程、测量分析过程、决策分析与决定过程、供方协议管理过程。将按照软件过程评价活动表中的各过程评价时机进行评价	软件系统设计说明、软件开发计划、软件配置管理计划、软件测量分析计划、软件系统测试计划。将按照软件产品评价活动表中的各产品评价时机进行评价
软件需求分析阶段	2013-11-01	2013-11-15	软件需求分析阶段、软件项目管理过程、需求管理过程、配置管理过程、测量分析过程、决策分析与决定过程。将按照软件过程评价活动表中的各过程评价时机进行评价	软件需求规格说明、软件配置项测试计划。将按照软件产品评价活动表中的各产品评价时机进行评价
软件设计与实现阶段	2013-11-16	2014-03-14	软件设计与实现阶段、软件工程过程、软件项目管理过程、需求管理过程、配置管理过程、测量分析过程、决策分析与决定过程。将按照软件过程评价活动表中的各过程评价时机进行评价	软件设计说明、软件单元测试方案、软件单元测试记录、软件单元测试问题报告（如果单元测试提交问题）、软件单元测试报告、软件用户手册、软件编码，如果单元测试有回归发生，还需要评价软件单元回归测试方案、软件单元回归测试记录。将按照软件产品评价活动表中的各产品评价时机进行评价
软件测试阶段	2014-03-15	2014-04-23	软件测试阶段、软件项目管理过程、需求管理过程、配置管理过程、测量分析过程、决策分析与决定过程。将按照软件过程评价活动表中的各过程评价时机进行评价	软件配置项测试说明、软件配置项测试记录、软件配置项测试报告、软件配置项问题报告（如果配置项测试提交问题），配置项测试如果有回归发生，还需要评价配置项测试的软件回归测试方案、软件回归测试记录；软件系统测试说明、软件系统测试报告、软件系统测试记录、软件系统问题报告（如果系统测试提交问题），系统测试如果有回归发生，还需要评价系统测试的软件回归测试方案、软件回归测试记录。将按照软件产品评价活动表中的各产品评价时机进行评价

续表

阶段	开始日期	结束日期	过程评价	产品评价
软件验收与移交阶段	2014-04-24	2014-04-30	软件验收与移交阶段、软件项目管理过程、需求管理过程、配置管理过程、测量分析过程、决策分析与决定过程。将按照软件过程评价活动表中的各过程评价时机进行评价	软件研制总结报告,将按照软件产品评价活动表中的产品评价时机进行评价

20.3.8　过程检查准则

各个过程都应有自己的审核准则,审核准则应当尽量具体、可操作。

下面是配置管理过程的审核准则示例。

> (1) 配置管理人员是否接受过有关知识技能的培训;
> (2) 配置管理的硬件环境、软件环境是否能正常运行;
> (3) 受控库是否按软件配置管理计划中规定的时机进行了备份;
> (4) 开展配置管理是否使用了工具,配置管理工具是否能正常运行;
> (5) 是否编写了软件配置管理计划,并对其进行了评审;
> (6) 是否按照评审意见对计划进行了调整,修改了软件配置管理计划;
> (7) 软件配置管理计划是否得到相关方的承诺;
> (8) 软件配置管理计划是纳入配置管理;
> (9) 软件配置管理计划基线划分是否跟软件开发计划一致;
> (10) 基线的变更是否受控,并符合《更动控制规程》;
> (11) 基线发布的内容是否与配置管理计划中基线生成计划中的内容一致;
> (12) 基线发布是否走正式流程,是否有基线发布表;
> (13) 是否生成配置管理状态报告;
> (14) 变更请求是否与最终修改的工作产品保持一致;
> (15) 根据配置审核检查单检查配置项是否正确和完整;
> (16) 库中配置项和基线内容是否与软件配置管理计划一致;
> (17) 是否进行了配置审计,所有配置审计发现的不一致都被记录。

20.3.9　产品检查准则

下面是软件需求规格说明(含接口需求规格说明)的审核准则示例。

> (1) 是否描述了引用文件,包括引用文档/文件的文档号、标题、编写单位(或作者)和日期等;
> (2) 是否给出了所有在本文档中出现的专用术语和缩略语定义;

（3）是否以软件配置项为单位进行软件需求分析；

（4）是否描述了软件需求分析方法；

（5）是否总体概述了每个软件配置项应满足的功能需求和接口关系；

（6）是否描述了由待开发软件实现的外部接口，所描述的接口信息是否全面、符合要求；

（7）是否描述了由待开发软件实现的功能，所描述的功能信息是否全面（例如业务规则、处理流程、数学模型、容错处理要求、异常处理要求等）、符合要求；

（8）是否描述各个软件配置项的性能需求；

（9）是否描述了软件的安全性、可靠性、易用性、可移植性、维护性需求等其他要求；

（10）是否用名称和项目唯一标识号标识每个内部接口，描述在该接口上将要传递的信息的摘要；

（11）是否用名称和项目唯一标识号标识软件配置项的数据元素，说明数据元素的测量单位、极限值/值域、精度/分辨率、来源/目的（对外部接口的数据元素，可引用详细描述该接口的接口需求规格说明或相关文档）；

（12）是否描述了各个软件配置项的设计约束；

（13）是否说明在将开发完成了的软件配置项安装到目标系统上时，为使其适应现场独特的条件和/或系统环境的改变而提出的各种需求；

（14）是否描述运行环境要求，包括运行软件所需要的设备能力、软件运行所需要的支持软件环境；

（15）是否说明用于审查软件配置项满足需求的方法，标识和描述专门用于合格性审查的工具、技术、过程、设施和验收限制等；

（16）是否说明要交付的软件配置项介质的类型和特性；

（17）是否描述软件配置项维护保障需求；

（18）是否描述本文档中的工程需求与《软件系统设计说明》和/或《软件研制任务书》中的软件配置项的需求的双向追踪关系；

（19）文档是否与依从的标准一致并完备；

（20）文档是否编制规范，其内容是否与相应文档模板一致并完备；

（21）文档是否与相关文档的内容一致（例如《软件需求规格说明》应与《软件研制任务书》保持一致）。

20.4　软件质量保证计划的常见问题

在制定软件质量保证计划中常见的问题如下。

（1）缺少软件开发过程中应遵循的标准、规范和约定等信息，例如缺少依据的设计标准、编码标准、技术文档编制标准等。

（2）对质量保证人员的职责描述笼统，不利于相应人员明确自身责任并开展工作。

（3）过程审核及产品审核的待审核项必须参与者信息不全面，不利于质量保证实施过程中的及时协调，且一旦发现不符合项无法及时通报到相关人员，影响审核的效果。

（4）缺少不符合项的处理流程说明，对发生不符合项后的处理和解决跟踪流程及要求没有详细说明。

（5）质量保证活动的信息与软件开发计划不一致。在制定质量保证计划时，由于没有对照开发计划中的相应信息，容易造成待审核活动及产品、审核时间安排与开发计划有关内容不一致的现象。

（6）未详细说明质量保证工作产生的文档产品及记录的内容要求，不利于质量保证工作的高标准开展。

（7）审核产品和活动的准则笼统，不全面、不具体，不利于质量保证人员的审核操作，且容易漏掉重要的审核环节，影响审核效果。

（8）产品和活动的审核准则未经过评审，随意性强，不利于审核结论的客观得出。

第 21 章

软件研制总结报告

编写软件研制总结报告是项目结束的一个重要标志和环节。软件研制总结报告应在软件开发过程完成后对项目的开发工作及管理工作进行全面、系统地总结。其总结内容是否全面、到位是关乎项目能否顺利移交的一个重要依据。

软件研制总结报告对项目开发工作的重要作用体现在：

（1）通过对项目的开发工作及管理工作进行全面、系统地总结，获取项目的实现与计划偏差的情况，有助于客观、真实地评价项目完成的程度及质量；

（2）通过总结软件满足开发要求的情况，明确软件是否具备移交条件；

（3）通过总结明确项目的不足之处，并制定相应的优化措施，有助于避免今后项目中类似问题的重复出现；

（4）通过总结提炼项目中值得借鉴的宝贵经验，并列举项目的优秀工作产品，为今后项目的开展创造更扎实的基础及良好的标杆。

编写软件研制总结报告的具体活动如下：

（1）描述项目的任务背景；

（2）概述项目的需求情况；

（3）对软件实现情况进行综述；

（4）对项目开发工作进行综述；

（5）从各个管理过程着手，对项目的管理工作进行综述；

（6）对管理过程提出改进意见；

（7）列举项目中的优秀工作产品；

（8）基于上述总结，对软件是否满足开发要求的情况进行说明，明确软件是否具备移交条件。

编写软件研制总结报告的策略如下。

（1）软件研制总结报告编写依据：项目各阶段的技术及管理工作。

（2）软件研制总结报告编写时机：项目完成准备移交之前。

（3）软件研制总结报告编写人员：应由项目技术主管进行编写。

（4）软件研制总结报告的变更：如果项目不满足移交条件，则项目应做相应调整，完成后应重新编写软件研制总结报告，对项目是否满足开发要求的情况及是否具备移交条件重新进行说明。

（5）软件研制总结报告的评审：软件项目参与人员应参与评审软件研制总结报告的内容是否全面、真实、客观。评审内容主要包括：

① 是否清晰说明了软件的设计思想；

② 是否对软件各阶段的开发工作进行了全面总结；

③ 是否对软件管理工作进行了全面总结；

④ 是否对软件的各项功能、性能和接口满足研制任务书的要求情况进行说明；

⑤ 是否明确说明了软件是否具备移交条件；

⑥ 软件研制总结报告是否与其他项目文档协调一致；

⑦ 文档是否编制规范、内容完整、描述准确。

（6）软件研制总结报告的管理：软件研制总结报告应按照配置管理的要求进行管理。

（7）软件研制总结报告的原则：软件研制总结报告应遵循项目的技术及管理工作描述全面、详实，项目是否满足开发要求的结论客观，总结的经验教训得到项目组成员认可，列举出的优秀工作产品具有代表性的原则进行编写。

阶段/里程碑总结报告是在项目某个阶段结束或某个里程碑到达时，对该阶段或里程碑内软件开发情况进行总结的文档。通过该报告对项目每个阶段或里程碑的开发状态进行及时跟踪，总结项目一段时间内按照计划执行的偏差程度及项目的质量趋势，是促进项目及时总结、归纳已做工作，纠正存在问题，保证项目顺利进展的必要条件。

阶段/里程碑总结报告与软件研制总结报告同属项目总结报告一类，报告内容基本相似，只是阶段/里程碑总结报告还需要说明各种计划的跟踪情况及下阶段的计划。

21.1　软件研制总结报告的编写要求

软件研制总结报告的编写是决定项目是否满足交付条件的重要评判依据，因此应针对项目的技术实现及管理情况进行全面、具体、清晰地总结及分析，保障项目顺利通过相应审查，完成交付工作，为项目结束划上圆满的句号。

软件研制总结报告的内容主要包括任务背景、项目需求、软件实现、开发工作综述、管理工作综述、改进意见及建议等。编写应满足如下要求。

（1）在项目需求总结中，应全面、具体地描述软件功能及性能方面的需求，方便审查时对软件实现与相应需求进行比对，得出实现是否满足要求的客观结论。

（2）在软件实现总结中，应对软件的设计原则和指导思想进行明确、具体地描述。应在主要技术性能指标中列出软件实现的主要性能指标，方便其与相应要求的比对。

（3）在开发工作综述中，应对软件开发各阶段工作进展是否满足相应进度要求情况进行总结；应针对每个阶段过程中所做主要工作及其进度，以及完成相应评审的情况进行总结。

（4）在管理工作综述中，应针对软件管理过程（包括项目策划、需求管理、配置管理、质量保证、项目监控、测量分析、决策分析与决定等）的管理内容及其进度情况进行总结。

（5）在管理工作综述中应说明项目实施过程中的经验及教训，并提出过程改进的建议，包括组织类过程、工程类过程、管理类过程和支持类过程的改进建议，并列举项目的优秀工作产品。优秀工作产品应能够代表项目某方面优秀的特性，并对后续项目的发展具有重要指导意义。所列举的优秀产品应得到项目组成员及专家组的认可。

（6）在软件研制总结报告中应对软件项目的各项功能、性能和接口满足软件研制任务书的要求情况进行说明，并明确软件是否具备交付条件。

（7）软件研制总结报告的编写应尊重客观事实，真实总结、描述软件的实现及管理过程。总结应全面、具体。测量分析总结中当出现工作量、产品规模、项目进度与计划不符等情况时应有相应的原因分析。

阶段/里程碑总结报告应总结某个阶段或里程碑内软件开发项目的完成情况，其内容应包括以下方面。

（1）技术工作完成情况：该时间段内计划完成的产品和实际完成情况，应包括项目进度完成情况、工作量完成情况、规模完成情况。

（2）各种计划跟踪情况：应包括资源、知识和技能，以及数据管理计划执行情况，利益相关方参与活动跟踪情况，关键依赖关系情况，供方协议情况，决策分析与决定情况，承诺等方面的跟踪情况。

（3）项目变更情况：如项目发生变更应加以说明。

（4）质量保证情况：应总结本阶段质量保证人员进行的质量保证活动的次数，发现的不符合项个数、其严重程度统计情况、来源统计情况、不符合项的关闭情况，并说明项目进展到报告时所发现不符合项的趋势变化情况。

（5）配置管理情况：应总结本阶段所进行的配置管理活动。

（6）问题跟踪情况：应总结项目之前各阶段及里程碑的内部评审、外部评审和测试等发现问题情况，问题关闭情况，问题数量、变化趋势情况。

（7）风险跟踪情况：应总结项目共跟踪的风险数量，本阶段新识别及跟踪的风险、新关闭的风险，是否有风险发生等情况统计。

（8）经验教训：应总结项目在当前阶段/里程碑过程中的经验、教训，提出过程改进的建议。

（9）下阶段计划：包括项目下一个阶段的规模估计、工作量估计、进度计划估计。

21.2　软件研制总结报告的内容

21.2.1　软件研制总结报告模板

软件研制总结报告

1　范围

1.1　标识

　　写明本文档的：

　　（1）标识；

　　（2）标题；

　　（3）本文档的适用范围；

　　（4）本文档的版本号。

1.2 软件概述

概述软件的下列内容：

(1) 软件的名称、版本、用途；

(2) 软件的组成、功能、性能和接口；

(3) 软件的开发和运行环境等。

1.3 文档概述

概述本文档的用途和内容。

1.4 与其他文档的关系

概述本文档与其他文档之间的关系。

2 项目需求

2.1 功能需求

概述软件项目的功能需求。

2.2 性能需求

概述软件项目的性能需求。

3 软件实现

3.1 设计原则和指导思想

概述软件项目的主要设计思想。

3.2 软件组成

可用框图介绍软件的主要组成情况。

3.3 主要技术性能指标

概述软件项目的主要性能要求。

4 开发工作综述

对各个阶段的起止时间及相应软件产品及完成情况进行汇总，如表 21-1 所示。之后分章节对项目包含各阶段的主要工作及其进度情况进行概述。

表 21-1 软件开发各阶段工作进展情况总结

序号	阶段	起止时间	软件产品	完成情况

4.1 软件系统分析与设计

概述在软件系统分析与设计阶段完成的主要工作及其进度，完成相应评审的情况。

4.2 软件需求分析

概述在软件需求分析阶段完成的主要工作及其进度，完成相应评审的情况。

4.3 软件设计与实现

概述在软件设计与实现阶段完成的主要工作及其进度，单元测试中发现问题及归零情况的总结，完成相应评审的情况。

4.4 软件测试

概述软件进行配置项测试和系统测试的主要工作及其进度，对发现问题及归零情况进行总结，完成相应评审的情况。

4.5　软件验收与交付

概述软件在验收与交付阶段完成的主要工作及其进度,完成相应评审的情况。

5　管理工作综述

5.1　项目策划

说明项目相关人员组成情况,主要完成了哪些项目策划计划,项目策划的主要工作节点,以及计划变更的情况。项目相关人员组成情况如表 21-2 所示。

表 21-2　项目相关人员组成

角色	人员	职称

5.2　需求管理

说明需求管理的主要活动,包括获取需求、建立与维护对需求的追踪、管理需求的变更等方面。

5.3　配置管理

说明软件配置管理工作的情况,可包括软件配置管理活动的进展及与软件配置管理计划的偏差、为纠正不符合规程要求的配置管理活动所采取的措施、配置项的版本变更情况、软件开发过程中的所有变更情况、所有基线的发布及变更情况、配置项的入库记录及出库记录、配置审核情况、备份记录等内容。

5.4　质量保证

说明质量保证工作的情况,总结质量保证过程共开展质量评价活动的次数,质量变化趋势,发现不符合项以及最后问题归零的情况。此外,如进行了第三方软件评测,应说明其评测情况及质量评价结论。

5.5　项目监控

说明项目监控工作的主要活动,可包括会议、例会、评审、问题报告与处置、风险跟踪、阶段跟踪等方面。其中对评审情况的描述如表 21-3 所示。

表 21-3　评审情况总结表

序号	评审时间	工作内容	参与人员	评审类型	评审问题数

5.6　测量分析

说明项目测量分析的主要活动,汇总分析工作量情况(实际工作量总量、各阶段、类型工作量及所占比例、估计值与实际值对比等),规模情况(实际产品规模、估计与实际对比、编码的生产率等)、进度情况(计划进度与实际进度的差异情况等)和项目缺陷情况(缺陷总数,测试、评审、质量保证各自发现缺陷数及其缺陷密度等),提出测量分析的意见建议,如表 21-4~表 21-7 所示。

表 21-4　工作量情况分析表

阶　　段		计划工作量	比例	实际工作量	比例	备注
阶段 1 名称	技术活动					
	管理活动					

续表

阶 段		计划工作量	比例	实际工作量	比例	备注
...	技术活动					
	管理活动					
合计	技术活动					
	管理活动					

表 21-5　产品规模情况分析表

产品类型	估计规模	实际规模	工作量	生产率	备注
文档				—	
编码				行/人日	

表 21-6　项目进度情况分析表

里程碑	计划开始日期	计划结束日期	实际开始日期	实际结束日期	提前/延期时间	原因分析

表 21-7　项目缺陷情况分析表

产品类型	测试提交缺陷数	解决率	评审提交缺陷数	解决率	缺陷总数	规模	缺陷密度	备注
文档						(页)	个/页	
编码						(行)	个/千行	

5.7　决策分析与决定情况

可针对决策分析与决定的管理情况进行说明。

5.8　其他管理情况

可针对除上述管理方面以外的其他管理情况进行说明。

6　过程改进意见

说明项目在实施过程中的经验、教训,提出过程改进的建议,包括组织类过程、工程类过程、管理类过程和支持类过程的过程改进建议,并列举项目的优秀工作产品,如表 21-8～表 21-10 所示。

表 21-8　经验教训表

序号	过程域	经验/教训描述	应用/处理情况

表 21-9　过程改进建议表

序号	过程域	过程改进建议

表 21-10　优秀工作产品表

序号	过程域	产品名称	特点	应用前景

7　结束语

　　对软件系统的各项功能、性能和接口满足开发任务书的要求情况进行说明，明确软件是否具备移交条件。

21.2.2　软件阶段/里程碑总结报告模板

　　软件阶段/里程碑总结报告的编写可参照软件研制总结报告的模板，在此基础上做适当调整。如可增加章节，通过以下规模估计表（表 21-11）、工作量估计表（表 21-12）、进度计划估计表（表 21-13）的形式对下阶段计划进行说明：

　　软件阶段/里程碑总结报告的部分模板内容如表 21-11～表 21-13 所示。

表 21-11　规模估计表

阶段名称				
序号	产品标识	产品名称	说明	规模
1				
2				
…				
合计				
估计人员				
估计理由				

表 21-12　工作量估计表

阶段名称				
WBS 标识	WBS 名称	工作产品	人员安排	工作量
…				
估计人员				
估计理由				
说明				

表 21-13　进度计划估计表

阶段名称					
WBS 标识	WBS 名称	持续时间	预计开始时间	预计结束时间	前置任务
1	需求分析阶段				
1.1	活动 1				
1.2	活动 2				
	...				
与初始策划的比较					

并可通过下述章节形式对各种计划跟踪情况进行说明。

软件阶段/里程碑总结报告的部分模板内容

X　各种计划跟踪情况

X.1　资源跟踪情况

X.1.1　计算机资源跟踪情况

　　说明计算机资源跟踪情况。

X.1.2　人力资源跟踪情况

　　说明人力资源跟踪情况。

X.2　知识和技能跟踪情况

　　说明知识和技能跟踪情况。

X.3　数据管理计划执行情况

　　说明所有数据得到管理的情况,文档及记录管理的情况。

X.4　利益相关方参与活动跟踪情况

　　说明利益相关方参与活动的情况,如表 21-14 所示。

表 21-14　利益相关方参与活动跟踪表

序号	活动安排	开始时间	结束时间	参与人员	跟踪情况
1	××评审				
2					
3	...				

X.5　关键依赖关系跟踪情况

　　说明关键依赖关系跟踪情况,如表 21-15 所示。

表 21-15　关键依赖关系跟踪情况

序号	依赖关系	交付方	接收方	时间	跟踪情况

X.6　供方协议情况

　　说明供方协议按计划的执行情况。

X.7　决策分析与决定情况

　　说明决策分析与决定的相关情况。

X.8　承诺的跟踪情况

　　说明所有承诺按计划的完成情况。

21.3　软件研制总结报告编写示例

本节给出软件研制总结报告一些关键部分的描述示例。

21.3.1　设计原则和指导思想

应在设计原则和指导思想中描述项目的概要设计思路及所遵循的原则。以下是设计原则和指导思想的示例。

> 3.1　设计原则和指导思想
>
> 　　基于适用、好用、灵活易扩展的原则，进行××系统的设计和实现。系统各软件功能既相互独立，又能够互相配合，内部各软件之间能够通过网络、文件等方式进行数据交换和共享，对外通过数据收发软件与被测软件系统进行数据交换。各软件与数据收发软件组合后，能够完成对不同被测软件的测试任务。

21.3.2　软件开发工作综述

应在软件开发工作综述中详细总结项目各阶段的主要工作内容。如下面所示的某软件研制总结报告中开发工作综述的示例，项目包括以下阶段：软件系统分析与设计、软件需求分析、软件设计与实现、软件测试、软件验收与交付。示例首先在软件开发各阶段工作进展情况总结表中描述上述各阶段的起止时间、相应工作产品及工作完成情况，之后针对各阶段分别描述所完成的开发工作，包括完成时间及主要完成的工作内容，按照时间顺序分条进行描述。

> **4　软件开发工作综述**
>
> 　　项目各开发过程共分 5 个阶段，各阶段工作的进展情况如表 21-16 所示。
>
> **表 21-16　软件开发各阶段工作进展情况总结**
>
> | 序号 | 阶段 | 起止时间 | 软件产品 | 完成情况 |
> | --- | --- | --- | --- | --- |
> | 1 | 软件系统分析与设计 | 2013-09-16—2013-09-30 | 软件系统设计说明
软件系统测试计划
软件开发计划
软件配置管理计划
软件质量保证计划
软件测量分析计划 | 按进度完成 |

续表

序号	阶段	起止时间	软件产品	完成情况
2	软件需求分析	2013-11-01—2013-11-15	软件需求规格说明	按进度完成
			软件配置项测试计划	
3	软件设计与实现	2013-11-16—2014-03-14	软件设计说明	按进度完成
			软件单元测试方案	
			软件单元测试记录	
			软件单元测试问题报告	
			软件单元回归测试方案	
			软件单元回归测试记录	
			软件单元测试报告	
			软件用户手册	
4	软件测试	2014-03-15—2014-04-23	软件配置项测试说明	按进度完成
			软件配置项测试记录	
			软件配置项测试问题报告	
			软件配置项回归测试方案	
			软件配置项回归测试记录	
			软件配置项测试报告	
			软件系统测试说明	
			软件系统测试记录	
			软件系统测试报告	
5	软件验收与交付	2014-04-24—2014-04-30	软件研制总结报告	按进度完成

4.1　软件系统分析与设计

2013-09-16—2013-09-30,项目组完成了以下各项工作:

(1) 依据《关于××开发需求的沟通纪要》的要求,进行了软件系统分析与设计,明确了软件的功能和性能,定义了内外部接口,编写了软件系统设计说明和软件系统测试计划;

(2) 完成了项目的各项策划工作,制定了软件开发计划、软件配置管理计划、软件质量保证计划、软件测量分析计划;

(3) 2013-09-27,组织进行了本阶段里程碑内部评审,评审共发现 38 个问题,项目组对评审所发现的问题进行了归零处理;

(4) 2013-09-28,通过了科技处组织的本阶段里程碑外部评审,专项总师、科技处、用户等相关利益方参加了评审,评审共发现 7 个问题,项目组对评审所发现的问题进行了归零处理。

4.2　软件需求分析

2013-11-01—2013-11-15,项目组完成了以下各项工作:

(1) 项目组依据软件系统设计说明进行了软件需求分析,完成了软件需求规格说明、软件配置项测试计划的编写工作;

（2）2013-11-14,组织进行了本阶段里程碑内部评审,评审共发现 11 个问题,项目组对评审所发现的问题进行了归零处理;

（3）2013-11-15,通过了本阶段里程碑外部评审,专项总师、科技处、用户等相关利益方参加了评审,评审共发现 2 个问题,项目组对评审所发现的问题进行了归零处理。

4.3　软件设计与实现

2013-11-16—2014-03-14,项目组按计划完成了以下各项工作:

（1）2013-11-16—2013-12-13,依据需求规格说明,对软件进行了概要设计和详细设计,对需求中明确的功能、性能及接口,在概要设计中予以设计分配,采用面向对象的设计方法,主要设计内容包括逻辑视图设计、线程视图设计、实现视图设计、部署视图设计等构成的体系结构设计以及数据设计,定义了类及类的属性及操作,在此基础上,完成了软件设计说明文档的编写工作;

（2）2013-12-13,组织对软件设计说明进行了内部评审,评审共发现 9 个问题,项目组对评审所发现的问题进行了归零处理;

（3）2013-12-14—2014-01-24,依据软件设计说明完成了软件编码和调试;

（4）2014-02-08—2014-03-07,按计划完成了单元测试方案设计、单元测试和单元测试文档的编写工作,首轮单元测试发现 10 个问题,项目组对测试问题进行影响域分析后,对问题进行了归零处理,并进行了单元回归测试;

（5）2014-02-21,组织对单元测试方案进行了内部评审,评审共发现 6 个问题,项目组对评审所发现的问题进行了归零处理;

（6）2014-03-08—2014-03-14,完成了用户手册的编写;

（7）2014-03-14,组织对单元测试的执行情况和软件设计与实现阶段进行了内部评审,评审共发现 4 个问题,项目组对评审所发现的问题进行了归零处理。

4.4　软件测试

按计划要求,软件测试阶段需要完成软件配置项测试和软件系统测试。

软件测试阶段的主要活动如下:

（1）2014-03-15—2014-04-11,软件测试组完成了配置项测试设计,依据配置项测试说明对软件实施了配置项测试,完成了配置项测试文档的编写工作。配置项测试共发现 4 个问题,对测试问题进行影响域分析后,对问题进行了归零处理,并进行了配置项回归测试。

（2）2014-03-28,组织对配置项测试就绪情况进行内部评审,评审共发现 4 个问题,项目组相关人员对评审问题进行了归零处理;

（3）2014-04-11,组织对配置项测试执行情况进行了内部评审,评审共发现 1 个问题,项目组相关对评审问题进行了归零处理;

（4）2014-03-29—2014-04-22,软件测试组进行了软件系统测试设计,依据软件系统测试说明对软件实施了系统测试,完成了系统测试文档的编写工作;

（5）2014-04-11,组织对系统测试就绪情况进行内部评审,评审共发现 1 个问题,项目组相关人员对评审问题进行了归零处理;

（6）2014-04-23,组织对系统测试执行情况和软件测试阶段进行了内部评审,评审共发现 1 个问题,项目组相关人员对评审问题进行了归零处理。

4.5　软件验收与交付

2014-04-24—2014-04-30,项目组开展了软件开发工作的总结活动,编写了软件研制总结报告,2014-04-29 通过了本阶段里程碑内部评审,2014-04-30 通过了本阶段里程碑外部评审(验收评审),专项总师、科技处、用户等相关利益方参加了里程碑外部评审。

21.3.3 软件管理工作综述

应在软件管理工作综述中针对项目各管理过程域的完成工作情况分别进行总结。如下面所示的某软件研制总结报告中管理工作综述的示例,就是从项目策划、需求管理、配置管理、质量保证、项目监控、测量分析、决策分析与决定几个方面出发,分别总结了各自的完成情况。总结了主要完成的工作内容及相关人员,并将所完成工作内容按照其时间先后顺序逐项列出。

---

5 管理工作综述

5.1 项目策划

按照软件质量管理体系项目策划过程要求,主要完成了工作产品分解、顶层 WBS 策划、人员策划。项目相关人员如表 21-17 所示。

表 21-17 项目相关人员组成

角色	人员	职称
所级配置控制委员会	×××	研究员
	×××	研究员
专项总师	×××	研究员
所级质量保证组	×××	工程师
所级软件产品配置管理组	×××	工程师
科技处	×××	工程师
主管室领导	×××	工程师
专业主任设计师	×××	高工
用户	×××	工程师
	×××	工程师
项目配置控制委员会	×××	高工
	×××	工程师
项目技术主管	×××	研究员
软件工程组	×××	工程师
	×××	工程师
	×××	工程师
	×××	工程师
软件测试组	×××	工程师
	×××	工程师
	×××	工程师
项目质量保证组	×××	工程师
项目配置管理组	×××	工程师

项目策划主要工作节点如下：

2013-09-16，完成初始策划；

2013-09-16，完成软件系统分析与设计阶段策划；

2013-09-30，完成软件需求分析阶段策划；

2013-11-15，完成软件设计与实现阶段策划；

2014-03-14，完成软件测试阶段策划；

2014-04-23，完成软件验收与交付阶段策划。

5.2　需求管理

按照软件质量管理体系需求管理过程要求，主要完成了需求理解与承诺、需求追踪矩阵、需求状态跟踪，以及对需求的变更控制。其中，需求追踪矩阵是在技术文档中实现，开发过程需求无变更。

需求管理主要活动如下：

2013-09-30，建立软件系统分析与设计阶段需求状态跟踪表；

2013-11-15，建立软件需求分析阶段需求状态跟踪表；

2014-03-14，建立软件设计与实现阶段需求状态跟踪表；

2014-04-23，建立软件测试阶段需求状态跟踪表；

2014-04-30，建立软件验收与交付阶段需求状态跟踪表。

5.3　配置管理

按照软件质量管理体系配置管理过程要求，按计划主要完成了配置管理计划、出入库管理、基线发布、配置审核、配置状态报告，以及对配置的变更控制，未发生偏差。

配置管理主要活动如下：

(1) 2013-09-30，建立并发布了功能基线；

(2) 2013-09-30，软件系统设计说明 V1.0、软件系统测试计划 V1.0、软件开发计划 V1.0、质量保证计划 V1.0、配置管理计划 V1.0、测量分析计划 V1.0 入受控库；

(3) 2013 年 10 月项目挂起期间，由软件质量管理体系内部评估问题，带来系统分析与设计阶段的软件开发计划、配置管理计划、质量保证计划和软件系统测试计划发生更动，更动后的产品已入受控库，产品的版本由 V1.0 升为 V2.0；

(4) 2013-11-15，建立并发布了分配基线；

(5) 2013-11-15，需求规格说明 V1.0、软件配置项测试计划 V1.0 入受控库；

(6) 2014-01-15，软件开发任务书 V1.0 入库，重新发布了功能基线 V2.0；

(7) 2014-01-15，三级预评价问题整改，软件开发计划 V3.0、软件质量保证计划 V3.0、软件配置管理计划 V3.0、测量分析计划 V2.0、软件配置项测试计划 V2.0、软件系统设计说明 V2.0、软件设计说明 V2.0 更动入库；

(8) 2014-03-14，软件设计说明 V1.0、软件单元测试方案 V1.0、软件单元测试记录 V1.0、软件单元测试问题报告 V1.0、软件单元回归测试方案 V1.0、软件单元回归测试记录 V1.0、软件单元测试报告 V1.0、软件源码 V1.0、软件可执行程序 V1.0、软件用户手册 V1.0 初始入库；

(9) 2014-04-23，软件配置项测试说明 V1.0、软件配置项测试记录 V1.0、软件配置项回归测试方案 V1.0、软件配置项回归测试记录 V1.0、软件配置项测试问题报告 V1.0、软件配置项测试报告 V1.0、软件系统测试说明 V1.0、软件系统测试记录 V1.0、软件系统测试报告 V1.0 初始入库，软件源码 V1.1、软件可执行程序 V1.1 更动入库；

(10) 2014-04-30，软件研制总结报告 V1.0 初始入库，产品基线发布 V1.0，提交了出库申请（包括交付产品出库申请单和归档产品出库申请单）。

在 2013-09-30、2013-11-15、2014-01-15、2014-04-30 分别进行了配置审核，审核未发现问题。

在 2013-11-15、2014-04-30 由配置管理员对配置库已有内容在文件服务器上进行了备份。

5.4 质量保证

质量保证人员按照软件质量管理体系要求,编写了质量保证计划并按照计划进行了质量保证活动。质量保证活动综述如下。

(1)项目开展以来共进行 18 次过程和产品评价,覆盖了体系文件要求的过程域、软件生存周期过程和重要工作产品。共发现 25 个不符合项(NCI),其中产品的 NCI 数为 24 个,过程的 NCI 数为 1 个。质量保证人员对所有 NCI 的处理情况进行了跟踪验证直至其关闭,在项目组例会上进行通报,并报告给利益相关方。

(2)项目开展以来共编写 7 份质量保证报告,对项目的质量信息进行了总结和分析。项目在软件系统分析与设计阶段 NCI 个数为 10,在软件需求分析阶段 NCI 个数为 3,在设计与实现阶段 NCI 个数为 7,在软件测试阶段 NCI 个数为 4,在软件验收与交付阶段 NCI 个数为 1。项目开展过程中 NCI 呈下降趋势,说明项目质量趋势良好。

(3)质量保证活动具有独立性和客观性。本项目评价过程中所有不符合项均得到及时解决,没有出现需要质量保证人员填写《问题上报表》进行上报的情况。

5.5 项目监控

按照所软件质量管理体系项目监控过程要求,主要完成了项目监控计划、任务分派与跟踪、周例会、里程碑评审、风险跟踪、问题跟踪、资源跟踪、利益相关方参与跟踪等,以及对问题的报告与处置。

项目监控主要活动如下。

(1)会议

2013-09-16,与用户进行了需求理解,形成了《关于××软件开发需求的沟通纪要》。

(2)例会

每双周五召开例会(如果例会时间在阶段结束处,例会与阶段/里程碑跟踪合并,不再召开例会),共召开 10 次例会,例会中对项目进展的进度、规模、工作量、问题、风险、需求管理情况、配置管理情况、质量保证情况以及下一双周工作计划等进行分析和确认。

(3)评审

项目开发过程中所进行的评审情况如表 21-18 所示。

表 21-18　评审情况总结表

序号	评审时间	工作内容	参与人员	评审类型	评审问题数
1	2013-09-27	软件系统分析与设计阶段里程碑内部评审	主管室领导 专业主任设计师 项目组	会议	38
2	2013-09-28	软件系统分析与设计阶段里程碑外部评审	专项总师 科技处 主管室领导 专业主任设计师 用户 项目组	会议	7
3	2013-11-14	软件需求分析阶段里程碑内部评审	主管室领导 专业主任设计师 项目组	会议	11

续表

序号	评审时间	工作内容	参与人员	评审类型	评审问题数
4	2013-11-15	软件需求分析阶段里程碑外部评审	专项总师 科技处 主管室领导 专业主任设计师 用户 项目组	会议	2
5	2013-12-13	软件设计说明评审	主管室领导 专业主任设计师 项目组	会议	9
6	2014-02-21	软件单元测试策划与设计评审	主管室领导 专业主任设计师 项目组	会议	6
7	2014-03-14	软件单元测试评审 软件设计与实现阶段评审	主管室领导 专业主任设计师 项目组	会议	4
8	2014-03-28	软件配置项测试就绪评审	主管室领导 专业主任设计师 项目组	会议	4
9	2014-04-11	软件配置项测试评审 软件系统测试就绪评审	主管室领导 专业主任设计师 项目组	会议	1
10	2014-04-11	软件系统测试就绪评审	主管室领导 专业主任设计师 项目组	会议	1
11	2014-04-23	软件系统测试评审 软件测试阶段评审	主管室领导 专业主任设计师 项目组	会议	1
12	2014-04-29	软件验收与交付阶段里程碑内部评审	主管室领导 专业主任设计师 项目组	会议	0
13	2014-04-30	软件验收与交付阶段里程碑外部评审(验收评审)	专项总师 科技处 主管室领导 专业主任设计师 用户 项目组	会议	0

（4）问题报告与处置

在项目管理过程、评审和审查活动、测试活动以及项目人员自身检查活动中，共发现和解决了135个问题。

（5）风险跟踪

共跟踪3个风险，每双周跟踪一次，风险系数如果发生变化，重新对风险进行排序，其中2个风险已发生，1个未发生。

（6）阶段跟踪

2013-09-30，完成软件系统分析与设计阶段里程碑跟踪报告；

2013-11-15，完成软件需求分析阶段里程碑跟踪报告；

2014-03-14，完成软件设计与实现阶段跟踪报告；

2014-04-23，完成软件测试阶段跟踪报告；

2014-04-30，完成软件验收与交付阶段里程碑跟踪报告。

5.6 测量分析

按照所软件质量管理体系测量分析过程要求，主要完成了测量分析计划、测量数据采集、测量与分析报告等，如表21-19～表21-22所示。

表21-19 工作量情况分析表

阶段名称	活动类型	计划工作量	比例	实际工作量	比例
软件系统分析与设计阶段	技术活动	157人时	9.9%	169人时	10.3%
	管理活动	58人时	3.7%	58人时	3.5%
软件需求分析阶段	技术活动	75人时	4.7%	80人时	4.9%
	管理活动	39人时	2.5%	36人时	2.2%
软件设计与实现阶段	技术活动	727人时	45.8%	767人时	46.9%
	管理活动	55人时	3.5%	56人时	3.4%
软件测试阶段	技术活动	379人时	23.9%	370人时	22.6%
	管理活动	26人时	1.6%	26人时	1.6%
软件验收与交付阶段	技术活动	44人时	2.8%	45人时	2.8%
	管理活动	29人时	1.8%	28人时	1.7%
合　计	技术活动	1382人时	87%	1431人时	87.5%
	管理活动	207人时	13%	204人时	12.5%

表21-20 产品规模情况分析表

产品类型	估计规模	实际规模	工作量	生产率	备注
文档	1029页	1203页	712人时	—	文件规模746页，各种记录457页
编码	11000行	10030行	210人时	35行/人日	用于计算生产率的工作量包含所有技术活动工作量，1431人时，不包含管理活动工作量，每天按5小时计算工作时间

表 21-21　项目进度情况分析表

里程碑	计划开始日期	计划结束日期	实际开始日期	实际结束日期	提前/延期时间	原因分析
软件系统分析与设计	2013-09-16	2013-09-30	2013-09-16	2013-09-30	0 天	
软件需求分析	2013-11-01	2013-11-15	2013-11-01	2013-11-15	0 天	
开发总结	2014-04-24	2014-04-28	2014-04-24	2014-04-28	0 天	

表 21-22　项目缺陷情况分析表

产品类型	测试提交缺陷数	解决率	评审提交缺陷数	解决率	质保提交缺陷数	解决率	缺陷总数	规模	缺陷密度	备注
文档	0	100%	83	100%	23	100%	106	746 页	0.142 个/页	
编码	16	100%	0	100%	1	100%	17	10 千行	1.7 个/千行	

5.7　决策分析与决定情况

对××软件是通过××软件转发仿真数据,还是自主发送仿真数据进行决策分析,该决策事项涉及××系统设计中××软件接口方案的选择。按照技术架构/技术方案选择准则进行评价,采用的评价方法是专家组所提供的判断。根据打分结果,最终采纳了自主发送模式,即××数据仿真软件实现 UDP 帧头的配置,直接将仿真数据发送给被测软件。

5.8　其他管理情况

无。

21.4　软件研制总结报告的常见问题

在编写软件研制总结报告中常见的问题如下。

(1) 软件实现说明中缺少主要技术性能指标的信息,造成未真实反应项目实现性能的真实状况。

(2) 开发工作综述中每个阶段的工作内容总结不全面、不具体,造成无法得出与项目计划是否存在偏差的结论。

(3) 管理工作综述中缺少对某些过程管理情况的说明,或对每个过程管理工作内容的总结笼统、不具体,造成无法得出项目管理工作是否到位的结论。

(4) 管理工作综述的测量分析总结中缺少工作量、产品规模、项目进度等方面的实际完成情况与计划情况的具体对比,不利于项目测量分析结果的直观展示。

(5) 管理工作综述的质量保证总结中缺少对问题趋势的说明,或缺少对已发现问题的解决情况的说明,不利于全面了解项目的问题追踪情况。

（6）缺少项目经验教训、过程改进意见信息，不利于对项目已有问题举一反三和对过程管理方法的持续改进。

（7）所列举的优秀产品不具有代表性，敷衍了事，不利于已有项目优秀经验及成果的积累及推广。

软件研制总结报告的编写需要避免以上常见问题的出现，否则将不利于全面、真实、具体地反应软件项目的实现及管理过程以及对项目经验教训的总结积累。

参 考 文 献

[1] Rierson L. 安全关键软件开发与审定—DO-178C 标准实践指南[M]. 崔晓峰,译. 北京:电子工业出版社,2015.

[2] 古乐,史九林. 软件测试技术概论[M]. 北京:清华大学出版社,2004.

[3] 罗晓沛,侯炳辉. 系统分析师教程[M]. 北京:清华大学出版社,2003.

[4] 肖钢,张元鸣,陆佳炜. 软件文档[M]. 北京:清华大学出版社,2012.

[5] Yue A,张玉祥,翟磊. 技术文档篇:跟 Microsoft 工程师学技术文档编写[M]//软件开发技能实训教程. 北京:科学出版社,2010.

[6] 刘文红,等. CMMI 项目管理实践[M]. 北京:清华大学出版社,2013.

[7] 张卫祥,刘文红,吴欣. 软件可信性定量评估:模型、方法与实施[M]. 北京:清华大学出版社,2015.

[8] 刘文红,等. 基于 CMMI 的软件工程实施:高级指南[M]. 北京:清华大学出版社,2015.

[9] 刘文红,等. 软件测试实用方法与技术[M]. 北京:清华大学出版社,2017.

[10] 中华人民共和国信息产业部. GB/T 8567—2006 计算机软件文档编制规范[S]. 北京:中国标准出版社,2006.

[11] 中华人民共和国信息产业部. GB/T 11457—2006 信息技术软件工程术语[S]. 北京:中国标准出版社,2006.

[12] 中国人民解放军总装备部. GJB 2786A—2009 军用软件开发通用要求[S]. 北京:总装备部军标出版发行部,2009.

[13] 中国人民解放军总装备部. GJB 438B—2009 军用软件开发文档通用要求[S]. 北京:总装备部军标出版发行部,2009.

[14] 中国人民解放军总装备部. GJB 5000 军用软件研制能力成熟度模型[S]. 北京:总装备部军标出版发行部,2009.

[15] 中国人民解放军总装备部. GJB 5236 军用软件质量度量[S]. 北京:总装备部军标出版发行部,2009.

[16] 中国人民解放军总装备部. GJB 6921 军用软件定型测评大纲编制要求[S]. 北京:总装备部军标出版发行部,2009.

[17] 中国人民解放军总装备部. GJB 6922 军用软件定型测评报告编制要求[S]. 北京:总装备部军标出版发行部,2009.

[18] 中国人民解放军总装备部. GJB 8000 军用软件研制能力等级要求[S]. 北京:总装备部军标出版发行部,2009.